化学工业出版社"十四五"普通高等教育规划教材

普通高等教育一流本科专业建设成果教材

高性能土木工程材料

GAOXINGNENG
TUMU GONGCHENG CAILIAO

谢祥兵　李广慧　主编　　代洁　展猛　副主编

U0389435

化学工业出版社

·北京·

内 容 简 介

《高性能土木工程材料》根据土木工程专业的培养要求，结合国家标准和行业规范编写而成，旨在帮助学生了解土木工程常用高性能材料、新技术，以利于学生开阔新思路和合理选用材料。着重阐述了高性能混凝土和增材制造混凝土、纤维增强复合材料、高性能钢材、智能土木工程材料及土工合成材料的性能、测试及应用。

本书可作为土建类高等院校本科生、研究生的教学用书，也可作为土木类专业和水利类专业教师教学参考书和相关专业科研、设计、管理的工程技术人员参考使用。

图书在版编目（CIP）数据

高性能土木工程材料/谢祥兵，李广慧主编；代洁，展猛副主编 . —北京：化学工业出版社，2024.8

化学工业出版社"十四五"普通高等教育规划教材

普通高等教育一流本科专业建设成果教材

ISBN 978-7-122-45758-5

Ⅰ.①高… Ⅱ.①谢…②李…③代…④展… Ⅲ.①土木工程-工程材料-高等学校-教材 Ⅳ.①TU5

中国国家版本馆 CIP 数据核字（2024）第 108123 号

责任编辑：刘丽菲
文字编辑：王 琪
责任校对：刘 一
装帧设计：刘丽华

出版发行：化学工业出版社
　　　　　（北京市东城区青年湖南街 13 号 邮政编码 100011）
印　　装：大厂聚鑫印刷有限责任公司
787mm×1092mm 1/16 印张 15 字数 316 千字
2024 年 10 月北京第 1 版第 1 次印刷

购书咨询：010-64518888
售后服务：010-64518899
网　　址：http://www.cip.com.cn
凡购买本书，如有缺损质量问题，本社销售中心负责调换。

定　　价：48.00 元　　　　　　　　版权所有　违者必究

前言

党的二十大报告明确提出了"建设现代化产业体系""积极稳妥推进碳达峰碳中和"。土木工程作为国家基础设施建设的重要组成部分，其所使用的材料也必然要与时俱进，不断革新。

本书依据高等学校土木类专业教学指导委员会标准（TML-TMGC-081001-2023）和国务院学位委员会第七届学科评议组制定的《高等建筑材料学教学大纲》的要求编写，结合编撰者已开展过的研究课题，突出知识体系的全面性和适用性，体现多学科的交叉融合，反映新时代土木工程材料技术发展水平。本教材重点介绍高性能混凝土和增材制造混凝土、纤维增强复合材料、高性能钢材、智能土木工程材料、土工合成材料等前沿领域，上述领域的研究和应用充分体现了节能减排、绿色环保和可持续发展的理念，有利于读者对相关概念、测试方法及性能评价的深刻认识。

本书共有 6 章。第 1 章介绍了土木工程与材料之间的紧密关系，回顾了土木工程材料的发展历程，并展望了未来的发展趋势。第 2 章详细探讨了高性能混凝土的定义、特征和技术性质。此外介绍了增材制造混凝土的配合设计要点和微细观空间物相结构。第 3 章聚焦纤维增强复合材料，重点阐述了 FRP 的组成、制备工艺、耐久性及其工程应用。第 4 章系统性地阐述了高性能钢材的定义、特征、化学组成及微观结构，并介绍了高性能钢断裂性能。第 5 章突出了智能材料的定义、分类及特征，介绍了形状记忆合金、压电材料、磁致伸缩材料等智能材料在土木工程中的设计、测试和应用。第 6 章介绍了土工合成材料的分类、应用及特性试验。

本书编写得到了郑州航空工业管理学院研究生教育质量提升工程"研究生精品教材（2023YJSJC03）"项目、河南省自然科学基金面上项目（242300421258）、河南省重点研发专项项目（241111240400）、中原科技领军人才项目（194200510015）的资助。感谢长安大学廖芳芳副教授在高性能钢材章节、北京新桥技术发展有限公司何亚斌高工、绿色高性能材料应用技术交通运输行业研发中心（河南站）邵景干教授级高工在本书工程实际案例部分提供的帮助，感谢西安建筑科技大学童申家、河南省信阳安装公司杨金文提供的宝贵建议。

由于土木工程材料相关技术的发展迅猛，编者在编写过程中查阅国内外相关资料，结合课题组已有研究成果对教材内容进行完善，如有疏漏或者错误之处、引用不当之处恳请读者提出宝贵意见。

编者

2024 年 6 月

目录

第1章
绪论

1.1　土木工程与材料之间的关系

　　材料是一切房屋建筑工程、交通土建工程、水利工程等土木工程的重要物质基础，也是决定其工程性能的重要因素和质量基础之一。在材料的选择、生产、储运、保管、使用和检验评定等各个环节中，任何失误都有可能造成工程的质量缺陷，甚至导致重大质量事故。因此，材料对于土木工程的重要性不言而喻。土木工程材料的类型很多，从狭义范围来讲主要是指构成建筑物或构筑物实体的材料。

　　土木工程材料的发展与人类社会生产技术水平密切相关。最早的土木工程材料主要来自自然界。人们使用木材、石头、泥土、芦苇等天然材料来建造简单的居所、庇护所、防御设施；随着社会的发展和技术的进步，人们开始探索更多种类的土木工程材料如砖石、水泥、钢材、高性能材料、玻璃以及其他复合材料来应用在土木工程中。其中，高性能土木工程材料主要是研发和应用具有高强度、高耐久性等性能的材料，这种材料以其健康、绿色、安全、环保等优势受到工程师们的广泛关注。随着我国"双碳"战略及绿色生态环境意识的不断提高，各地政府和部门大力投入资金和人力支持绿色建筑产业的发展。高性能土木工程材料的应用，可以在一定程度上降低土木工程对能源总量的需求。另外，高性能土木工程材料也可利用建设过程中产生的大量固体废物去生产无毒、无污染、无放射性、有利于环保和人体健康的满足功能需求的绿色材料。

　　随着绿色建筑、交通强国等的持续落实，高性能土木工程材料在提高工程质量、延长使用寿命、提升安全性能、降低能源消耗等方面发挥着重要的作用。未来，随着科技的不断进步，新技术、新装备、新材料、新产品将不断涌现，高性能土木工程材料将继续得到广泛的研究和应用，为人类创造更加安全、便利和可持续的建筑环境。

1.2　土木工程材料发展概论

1.2.1　土木工程材料发展的历史回顾

（1）土与木

最原始的土木工程材料是土与木，其适用于土木工程的历史最早可以追溯到石器时代，人类利用简单工具挖土凿石、伐木搭棚来建造房屋，因此砂石、木材至今仍是土木工程领域应用最为广泛的材料。

石材具有强度较高、容易获取的特点，所以它们是古代常用的建筑材料，人们利用石材堆砌出自己的居所。

木材具有弹性好、强度高、热导率小、韧性好、便于加工、容易获得、装饰性强、无毒无副作用等特点。从材料力学性能的角度来说，在工程上充分利用其顺纹抗拉强度、抗压强度和抗弯强度，这使木材在土木工程结构中承担起了重要的作用。我国古代有名的木结构建筑有山东曲阜的孔庙奎文阁、北京的故宫太和殿等。

（2）砖和瓦

人类从火山口的硬土得到灵感，将土烧结成砖，烧结成的砖的强度、硬度大大高于土，且易于制造和使用。如通过对河南安阳的殷墟、西周早期的陕西凤雏遗址等考古发现，人类在3000多年前就已进入人造土木工程材料的阶段，即岩石烧制石灰、黏土烧制砖瓦。

（3）水泥与混凝土

1824年，英国人J. Aspdin获得了硅酸盐水泥的生产专利，由于这种水泥硬化后的颜色非常像当时的波特兰石灰石，因此它被称为波特兰水泥。硅酸盐水泥的出现与应用无疑是近代土木工程材料史上的一个重要里程碑。水泥是水硬性胶凝材料，来源广泛，成本较低。在磨制水泥的过程中掺加活性混合材料可以改善水泥性能，且活性混合材料基本是可回收利用的工业废料，符合当代环保的主题。

自1824年水泥问世以来，混凝土成为用量最大的土木工程材料。混凝土是指以水泥、骨料和水为主要原料，也可加入外加剂和矿物掺和料等原料，经拌合、成型、养护等工艺制成的硬化后具有强度的工程材料。

（4）钢材

钢材质地均匀，抗剪强度、抗拉强度、抗压强度较强，具有良好的塑性、韧性，并且具有一定的塑形能力，在桥梁、铁路工程中有较广泛的应用。1859年，贝塞迈在谢菲尔德市建设了世界上第一个基于"转化"炼钢技术的炼钢厂，从此钢铁冶炼技术不断创新和发展。1889年在法国巴黎战神广场上建造的埃菲尔铁塔是钢结构应用的范例，我国国家体育场——鸟巢，也是具有艺术性与实用性的钢结构建筑的典范。

（5）钢筋混凝土

由于混凝土比强度小，抗压强度远大于抗拉强度，而钢筋比强度大，抗拉强度基本等于抗压强度，在混凝土中配入钢筋，形成钢筋混凝土复合材料，弥补了纯混凝土抗拉强度不足的缺陷，大大促进了混凝土在各种工程结构上的应用，这是土木工程材料的巨大进步。钢筋混凝土具有施工方便、性能可调控、原材料来源广泛等优点，在现代土木工程中广泛地应用，使许多原本只能存在于想象中的具有复杂结构、奇特造型的建筑的建造施工成为可能。

20世纪30年代预应力混凝土的出现，使结构物的跨度从砖、石、木结构及钢筋混凝土结构的几十米发展到上百米、几百米，直至现代的千米以上，这也是土木工程材料史上的再一次飞跃，促进了世界范围内工程结构和建筑艺术的迅速发展。20 世纪 80 年代，水泥高效减水剂的研制和使用，是混凝土技术向高强与高性能混凝土技术发展的转折点。

（6）未来的土木工程材料

21 世纪，全球性的生存环境恶化问题日益显露，如资源日益匮乏、河流湖泊干涸、土地沙漠化、气候异常等，人类意识到资源环境问题的严重性，逐渐意识到土木工程材料的发展必须遵循"循环再生、协调共生和持续自然"的原则，即 3R 原则（减量化 reducing、再利用 reusing、再循环 recycling）。因此低碳化、绿色生态化、高性能及多功能等逐渐成为土木工程材料发展的重要趋势。

1.2.2 土木工程材料发展的未来展望

党的二十大报告提出"推动绿色发展，促进人与自然和谐共生"和"推动能源清洁低碳高效利用，推进工业、建筑、交通等领域清洁低碳转型"。绿色生态化必然是建筑行业未来的发展方向，是实现建筑节能和绿色发展的必然要求。

建筑业的节能减排，对"双碳"目标的实现有着决定性作用，《"十四五"建筑节能与绿色建筑发展规划》明确提出：到 2025 年，城镇新建建筑全面建成绿色建筑，建筑能源利用效率稳步提升，建筑用能结构逐步优化，建筑能耗和碳排放增长趋势得到有效控制，基本形成绿色、低碳、循环的建设发展方式，为城乡建设领域 2030 年前碳达峰奠定坚实基础。围绕着建筑业节能与绿色的发展要求，土木工程材料具有以下发展趋势：

（1）绿色化

充分利用工业、矿业、建筑业废料、废渣作为原材料；使用清洁生产技术，实现生产和使用过程中不产生废水、废气、废渣；尽可能满足减量化、再利用、再循环的 3R 原则，达到建筑全生命周期后的可回收再利用。因此开发和利用绿色生态化土木工程材料已成为趋势。

（2）高性能与智能化

土木工程材料的高性能是指材料的某些性能，如轻质、高强度、高耐久性、高保温、高防水等，这种高性能复合为一体是节约建设成本、降低结构自重、改善工程结构运维环境的有效途径。智能化的材料在土木工程结构中主要是指具有感知、反馈或响应等一系列功能的材料，而目前在工程结构中实现自诊断、自修复、自调控功能于一体的材料是未来智能材料发展的重要方向，尤其对工程结构健康监测及防灾减灾将产生重要意义和深远影响。

（3）多功能化

土木工程材料多功能化是指通过优化材料的组合和结构设计，使其具备多种不同的性能和功能，以满足工程结构中的各种要求，如自清洁、自修复和智能调控等功能。研究人员常通过添加纳米材料、纤维、橡胶颗粒和化学添加剂等方式，达到材料性能的增强和调控的目标。多功能化的材料可以改善工程结构耐久性、可持续性和安全性，有助于减少维护成本、延长结构的使用寿命，并实现对环境的保护。因此，多功能化材料的研究和应用在土木工程领域具有重要意义。

总之，随着科技发展与社会进步，人类对土木工程材料的使用功能、性能、美观等各方面的要求越来越高。

1.3　高性能土木工程材料的主要类型

高性能土木工程材料是指具有特殊性能和功能的材料，用于增强工程结构的强度、耐久性、可持续性和安全性。高性能土木工程材料通常具有优异的力学性能、耐候性能和化学稳定性，能够抵抗荷载、温度变化、湿度变化、化学物质侵蚀等不利环境条件的影响。

高性能土木工程材料的广泛应用，促进了结构设计理念、工程结构形式及土木工程施工技术的巨大革新与发展。通过使用高性能材料，可以建造更安全、更耐久、更环保的建筑和结构，提高资源利用效率，降低能源消耗，增强工程的可持续性。

（1）高性能混凝土

高性能混凝土（high-performance concrete，HPC）自 1990 年在美国 NIST 和 ACI 召开的一次国际会议首先提出来后，各国学者和工程技术人员对其进行了广泛的研究，然而国内外目前尚无统一的定义。我国《高性能混凝土应用技术规程》（CECS 207：2006）术语部分的高性能混凝土是指采用常规材料，以常规工艺生产，具有混凝土结构所要求的各项力学性能，且具有高耐久性、高工作性和高体积稳定性的混凝土。高耐久性是高性能混凝土应用的主要目的，耐久性主要取决于抗渗性，高性能混凝土常采用超细粉填充水泥颗粒之间的空隙，且参与胶凝材料的水化反应，提高水泥石的密实度，以提高混凝土的抗渗性；高性能混凝土掺加高效减水剂降低水灰比，增大坍落度，赋予混凝土良好的密实度和流动性。另外，高性能混凝土也可以掺入某些纤维材料以提高其韧性。高性能混凝土被广泛地应用于桥梁工程、高层建筑、工业厂房结构、港口及海洋工程、水工结构等工程中。

（2）超高性能混凝土

超高性能混凝土（ultra-high performance concrete，UHPC）的名称形成于 20 世纪 90 年代，以最大堆积密度理论为基础，即毫米级颗粒（骨料）堆积的间隙由微米级颗粒（水泥、粉煤灰、矿粉）填充，微米级颗粒堆积的间隙由亚微米级颗粒（硅灰）填充。与活性粉末混凝土（reactive powder concrete，RPC）相比，UHPC 具备更加优异的能量耗散能力、耐久性能、弹性模量、抗渗性和抗冻融性，已成为水泥基材料主要发展方向之一。UHPC 与普通混凝土或高性能混凝土的主要区别是：不使用粗骨料，必须使用硅灰和纤维（钢纤维或复合有机纤维），水泥用量较大，水胶比很低。目前，对于 UHPC 的定义并没有统一的说法，国外一般要求其抗压强度等级应不低于 150MPa，抗折强度达 40MPa 以上，且具有良好的韧性和耐久性；我国对 UHPC 的技术指标要求根据近年来颁布的 UHPC 技术规程，将 28d 龄期的抗压强度标准值高于 130MPa、单轴抗压强度高于 4MPa、弹性模量高于 40GPa 的混凝土材料定义为超高性能混凝土。

（3）纤维增强复合材料

① 纤维增强水泥基复合材料（fiber-reinforced cementitious composites）是由水泥净浆、砂浆或混凝土作基材，以非连续的短纤维或连续的长纤维作增强材料组合而成的一种复合材料。当所用水泥基材为水泥净浆或砂浆时，称为纤维增强水泥（fibre reinforced cement），当所用水泥基材为混凝土时，称为纤维增强混凝土（fibre reinforced concrete）。纤维增强水泥基复合材料的纤维可以增强基材的韧性或者拉伸性能，因此纤维增强水泥基复合材料可以用于路面、装饰罩面、耐久性模板、盛水罐、游泳池、薄壳屋顶等，是当代高性能土木工程材料研究的一个重要方向。

② 纤维增强树脂基复合材料由两个主要组成部分构成：纤维和树脂基体，其中纤维是复合材料的增强成分，常用的有碳纤维、玻璃纤维、芳纶纤维、玄武岩纤维等，常用的树脂基体有环氧树脂、聚酰亚胺树脂、双马来酰亚胺树脂等，其制备过程包括纤维预处理、纤维取向、层叠和固化等步骤。纤维增强树脂基复合材料按照树脂基体的结构形式不同，可分为纤维增强热固性树脂基复合材料和纤维增强热塑性树脂基复合材料，在土木工程中发展应用最早的是纤维增强塑料（fiber reinforced plastics，FRP）。FRP 是利用多股连续纤维与基体材料，通过拉拔、挤压等工艺制作而成的，具有高强度、耐疲劳、耐腐蚀、易透电磁波等特点，并被公认为可以代替钢筋，是解决传统钢筋混凝土结构腐蚀问题的理想材料，应用场景涉及铁路、公路、桥梁、水利等诸多领域。

（4）高性能钢材

目前，关于高性能钢的定义并没有统一的说法，狭义的高性能钢材（high-performance steels）为集良好强度、延性、韧性、可焊性等力学性能于一体的钢种；而广义的定义则为具有某一种或多种特殊力学性能的钢材，如我国的耐火钢和耐候钢。国内外研究者普遍将屈服强度超过 420MPa 的钢材称为高强钢，屈服强度高于 690MPa 的钢材称为超高强钢。相较于普通强度钢材，高强度钢材有着更高的屈服强度和极限抗拉强度，在工程结构中仅需较小的截面即可满足承载力。近年来，高性能钢虽然在国内外越来越多的实际工程中得到应用，且取得了良好的经济和社会效果，但是由于碳元素的含量较低，使得其在提供高强度的同时，会导致构件屈强比的升高和材料塑性变形能力的下降，这严重限制了高强度结构钢的使用范围。

（5）工程高分子材料

高分子（high polymer）又称聚合物，从结构上看是由许多结构相同的单元（称为链节）聚合而成的物质，按其链节在空间排列的几何形状，可分为线型聚合物、支链型聚合物和体型聚合物三大类。建筑行业常见的高分子材料有塑料、橡胶、化学纤维，以及某些胶黏剂、涂料等。其中，塑料、合成橡胶和合成纤维被称为现代三大高分子材料，它们质地轻巧、原料丰富、功能多、易加工成型、性能良好、用途广泛，因而发展速度大大超过了钢铁、水泥和木材这些传统材料。高分子材料的发展旨在提高工程结构的质量、可靠性和可持续性，降低结构的维护和修复成本，延长结构的使用寿命，提高工程的抗震性和安全性。

（6）土木工程智能材料

智能材料发源于"自适应材料"（adaptive material），最早由著名材料科学家Rogers和Claus等共同提出。智能材料（intelligent material，IM）当前没有一个明确的定义，在学术领域中仅是结合材料科学的发展特征，将在天然材料、合成高分子材料、人工设计材料之后的第四代材料，直接命名为智能材料。智能材料在土木工程中的应用有助于提升土木工程的功能性、可持续性和智能化水平，为人们提供更舒适、安全和高效的居住和工作环境。同时，智能材料的应用也能够提高建筑的能源利用效率，减少环境的负荷。然而，距离真正实现将多种功能集合于一体的健康、环保土木工程智能材料的生产和应用，尚有较大差距，有待于土木工程材料的研究者、生产者、使用者共同努力，实现土木工程智能材料生产和使用的可持续发展目标。

（7）土工合成材料

土工合成材料（geosynthetic materials）被工程界视为继木材、钢筋和水泥之后的第四大建筑材料。结合国际土工合成材料学会等所给出的土工合成材料的定义，土工合成材料是以人工合成的聚合物，如塑料、化纤、合成橡胶等为原料，制成各种类型的产品，置于土体内部、表面或各种土体之间，常常发挥隔离、反滤、排水、防渗、加筋和防护等功能和作用，可应用于环境、交通、岩土工程领域。交通工程是土工合成材料使用较多的领域，如道碴隔离、盲沟排水、边坡防护、地基处理等，另外在水利、航运、环保工程、污水处理等方面也有广泛的应用。随着工程建设的需要和制造技术的发展，新品种或新功能材料将不断出现（如吸水土工织物、排水土工格栅等），智能土工合成材料（如导电土工膜等）将是未来发展趋势。

1.4　本课程的内容和任务

本课程可作为土木类专业、水利类专业的基础课程，主要任务是使学生获得有关高性能土木工程材料的技术性质及应用的基础知识和必要的基础理论，并获得主要高性能土木工程材料性能检测和试验方法的基本科研技能。高性能土木工程材料课程的研究内容包括但不仅限于以下几个方面：

（1）材料成分与配方优化

通过改变不同比例的材料成分，如添加掺和料和化学外加剂等，开展配方优化分析，改善材料的强度、耐久性、抗裂性等。

（2）材料的力学性能研究

研究目前较为实用的高性能土木工程材料的力学性能，包括强度、刚度、韧性、蠕变行为等。通过有关试验和数值模拟等手段，评估材料在不同应变和荷载条件下的性能表现。

（3）耐久性研究

关注高性能土木工程材料长期暴露于不同环境条件下的耐久性能，通过暴露试验、加速老化试验等方法，评估材料的耐腐蚀性、耐久性和抗氧化性，以及其对化学物质、水分和高温等因素的抵抗能力。

（4）结构与性能关联研究

研究材料的性能与结构之间的关联，以了解材料在结构中的作用和响应。通过理论模型、数值分析和试验测试等手段，评估材料对结构性能的影响，为结构设计和工程实践提供参考和指导。

（5）可持续性和环境影响研究

评估材料的碳足迹、能源消耗、资源利用率等指标，探索材料的循环利用和再生利用方法，以减少对环境的负面影响。

高性能土木工程材料的研究内容广泛且多样化，目的在于不断推动材料的创新和发展，以满足不断变化的土木工程需求，提高土木工程的质量和效益，同时也为建筑行业的绿色发展、可持续发展提供支持。

1.5　高性能土木工程材料技术标准

标准就是对某项技术或产品实行统一规定的各项技术指标要求。任何技术或产品必须符合相关标准才能生产和使用，因此高性能土木工程材料技术标准是确保材料质量和性能的重要指导依据。在我国，技术标准分为四级：国家标准、行业标准、地方标准和企业标准。以下是一些常用的高性能土木工程材料的技术标准：

（1）高性能混凝土

目前国家对于高性能混凝土并没有统一的标准，仅有中国工程建设标准化协会和某些省份颁布的地方标准，如中国工程建设标准化协会标准《高性能混凝土应用技术规程》（CECS 207：2006）、地方标准《高性能混凝土应用技术规范 DBJ/T 15-130—2017》（DBJ/T 15-130—2017）、地方标准《高性能混凝土应用技术规程》（DB32/T 3696—2019）。

（2）超高性能混凝土

中国土木工程学会发布的《超高性能混凝土梁式桥技术规程》（T/CCES 27—2021）、中国混凝土与水泥制品协会颁布的《超高性能混凝土结构设计规程》（T/CCPA 35—2022/T/CBMF 185—2022）、中国工程建设标准化协会最近颁布实施的《公路超高性能混凝土（UHPC）桥梁技术规程》（T/CECS G：D60-02—2023）、河北省地方标准《超高性能混凝土制备与工程应用技术规程》（DB13/T 2946—2019）。

（3）高性能钢

高性能钢目前有国家标准《低合金高强度结构钢》（GB/T 1591—2018），中国工程建设标准化协会的《CRB600H 高延性高强钢筋应用技术规程》（CECS 458：2016）、《高强箍筋混凝土结构技术规程》(CECS 356：2013)、《预应力混凝土用超高强钢绞线》(T/CECS 10327—2023) 及《高性能建筑钢结构应用技术规程》(T/CECS 599—2019)，部分地方标准如陕西省地方标准《高性能钢桥技术规程》(DB61/T 1611—2022)。

    上述只是部分高性能土木工程材料标准，实际上每种材料都会有相应的技术标准（规程）。具体的标准可以根据地区和项目的要求进行选择和应用。在实际工程中，严格按照相关标准进行检验和质量控制，有助于确保土木工程材料的高质量和可靠性。

参考文献

[1]　李宇坤. 浅谈土木工程材料的发展历程 [J]. 科技风，2016 (12)：131.

[2]　白宪臣，朱乃龙. 土木工程材料 [M]. 北京：中国建筑工业出版社，2019.

[3]　粟彬，李松，丁世宁. 浅谈土木工程材料的发展趋势 [J]. 科技向导，2010 (23)，75-87.

[4]　王丽丽，张向荣，王丽. 土木工程材料的应用及发展趋势 [J]. 建材技术与应用，2011 (8)：17，32.

[5]　李天孝. 土木工程材料的性能及其在建筑领域中的应用 [J]. 工业建筑，2023，53 (4)：214.

[6]　黄康. 土木工程材料在绿色建筑中的应用研究 [J]. 居舍，2023 (10)：75-77.

[7]　丁小雅，杨楠，肖添远. 新时代背景下土木工程材料课程思政教学改革与探索 [J]. 安徽建筑，2021，28 (9)：146-147.

[8]　陈明明. 关于土木工程材料的应用及发展趋势分析 [J]. 建材与装饰，2017 (21)：184.

[9]　土木工程材料发展趋势之浅析 [J]. 中国招标，2017 (15)：36-38.

[10]　史袁晨. "双碳"目标背景下我国绿色建筑的发展实现途径 [J]. 中国建筑金属结构，2023 (2)：144-146.

[11]　罗毅. "双碳"目标下发展绿色建筑、建设低碳城市研究 [J]. 江南论坛，2022 (4)：21-25.

[12]　夏俊杰. 浅谈土木工程的发展 [J]. 价值工程，2018，37 (30)：201-202.

[13]　李宛谕，杨恒. 关于土木工程材料的应用及发展趋势分析 [J]. 科技展望，2016，26 (32)：32.

[14]　李宇坤. 浅谈土木工程材料的发展历程 [J]. 科技风，2016 (12)：131.

[15]　吴中伟. 高性能混凝土——绿色混凝土 [J]. 混凝土与水泥制品，2000 (1)：3-6.

[16]　吴中伟. 高性能混凝土 (HPC) 的发展趋势与问题 [J]. 建筑技术，1998 (1)：7-13.

[17]　王德辉，史才军，吴林妹. 超高性能混凝土在中国的研究和应用 [J]. 硅酸盐通报，2016，35 (1)：141-149.

[18]　陈宝春，季韬，黄卿维，等. 超高性能混凝土研究综述 [J]. 建筑科学与工程学报，2014，31 (3)：1-24.

[19]　沈荣熹，崔琪，李清海. 新型纤维增强水泥基复合材料 [M]. 北京：中国建材工业出版社，2004：59-83，290.

[20]　Holmer Savastano Jr, Vahan Agopyan. Transition zone studies of vegetable fibre-cement paste composites [J]. Cement and Concrete Composites，1999 (21)：49-57.

[21]　Romildo D Toledo Filho, Karen Scrivener, George L England. Durability of alkali-sensitive sisal and coconut fibres in cement mortar composites [J]. Cement and Concrete Composites，2000 (22)：126-143.

[22]　GB/T 19879—2023 建筑结构用钢板 [S].

[23]　Bjorhovde R. Developement and use of high performance steel [J]. Journal of Constructional Steel Research，2004，60 (3-5)：393-400.

[24]　Bjorhovde R. Performance and design issues for high strength steel in structures [J]. Advances in Structural Engineering，2010，13 (3)：403-411.

[25]　郑同利，郑同超，许耕昕，等. 一种新型高分子聚合物抑尘剂在建筑渣土覆盖中的应用 [J]. 中国高新科

技，2018 (3)：63-65.

[26] 李琪，游国强，王磊，等 . 玄武岩纤维增强树脂基复合材料的最新研究进展 [J]. 汽车零部件，2022 (9)：82-92.

[27] 韩子健，李清庆 . 智能建筑与智能材料 [J]. 天津建材，2009 (3)：21-24.

[28] 罗柳 . 使用土工格栅和土工织物层提高路基强度 [J]. 建筑机械，2023 (6)：41-44.

[29] 包承纲 . 土工合成材料界面特性的研究和试验验证 [J]. 岩石力学与工程学报，2006 (9)：1735-1744.

[30] 张慧，张超 . 土木建筑材料中的高性能混凝土材料和绿色材料 [J]. 粘接，2021，45 (1)：111-114，145.

[31] 任秋荣，叶龙，李向召 . 土木工程发展现状及趋势 [J]. 制造业自动化，2011，33 (12)：150-152.

[32] 夏俊杰 . 浅谈土木工程的发展 [J]. 价值工程，2018，37 (30)：201-202.

[33] 李绮文 . 新型土木工程材料应用分析 [J]. 建材与装饰，2018 (39)：46-48.

[34] 李丽娟 . 绿色高性能混凝土材料及其在土木工程中应用的基础研究 [D]. 广州：广东工业大学，2016.

[35] 林庆 . 土木工程中绿色高性能混凝土材料的应用与改进 [J]. 居舍，2023 (11)：43-46.

[36] 叶子涵 . 土木工程的发展现状与发展趋势初探 [J]. 居舍，2018 (22)：11，33.

第 2 章
高性能混凝土和增材制造混凝土

2.1　混凝土材料组成及发展概述

2.1.1　混凝土材料微观结构组成

现代材料科学表明，当材料的组分确定后，它的各种性能与其内部结构有着密切的关系。硬化混凝土是一种多相、多孔的复合材料，具有高度不均匀和复杂的内部结构。从宏观水平看，混凝土可视为由骨料颗粒（粗骨料和砂）分散在水泥基体中所组成的两相材料；从微观水平看，不仅骨料和水泥基体两相分布不均匀，而且两相自身也是不均匀的。水泥基体的微观结构中，存在水化产物、未水化水泥颗粒、毛细孔等，分布极不均匀。虽然混凝土结构具有高度不均匀和不稳定性，难以从材料科学的角度建立结构-性能关系模型，但是较深入地了解混凝土各组成的重要结构特征，对了解和控制混凝土的性能还是具有实际工程意义的。

2.1.1.1　骨料相的结构构造

在普通混凝土中，骨料较另外两相的强度高，故骨料对混凝土的强度无直接影响。但骨料粒径越大，针、片状颗粒增多，会使混凝土强度降低。因这类骨料表面聚积的水膜较大，使水泥石过渡区趋于变得更弱，更易于引发微裂缝。如果混凝土的材料组成不合理，用水量过多，造成离析分层，将极大地影响混凝土的整体性。

2.1.1.2　硬化水泥浆体结构

硬化水泥浆体是固相、液相和气相多孔的复杂结构体系，而且随时间、外界温度及湿度等因素的变化而变化。混凝土结构系统中的硬化水泥浆体，是水泥水化后所形成的结构体系，水泥浆体中的固体、孔和水对硬化水泥浆体乃至混凝土性能起着关键性的作用。

(1) 硬化水泥浆体中的固体

在扫描电镜下观察，主要有四个固相：水化硅酸钙凝胶相（C-S-H 相）、氢氧化钙相（CH 相）、水化硫铝酸钙相（AFt 相）和未水化水泥熟料颗粒相。

① C-S-H 相　占水泥浆体中体积的 $50\%\sim75\%$，对水泥浆体的性能起着重要作用。C-S-H 相没有固定组成，它是 C/S（钙硅比）变动于 $1.5\sim2.0$ 之间，而且 H/S（水硅比）变化很大的凝胶体；C-S-H 相的形貌也常变动于纤维状和网状之间。C-S-H 相的确

切结构尚不明确，但已有学者对此建立了多种结构模型，以解释硬化水泥浆体的性能，各种模型的共同点是 C-S-H 相具有非常高的比表面积和表面能。因此，改变表面能或增加粒子间的离子共价键，就能改变硬化水泥浆体的物理力学性能。此外，这些模型都强调了水在 C-S-H 相的结构和性能中的作用。

② CH 相　占水泥浆体体积的 $10\%\sim25\%$，具有固定的化学组成 $Ca(OH)_2$，是结晶良好的六方柱晶体。由于其比表面积小且属于层状结构，易出现层状解理，导致水泥石的力学性能减弱。

③ 水化硫铝酸钙相　占浆体体积的 $10\%\sim15\%$，在水泥石的性能中起的作用较小。但硫酸盐对水泥混凝土的腐蚀影响较大，在水泥水化早期，形成钙矾石结晶，后期转变为六方板状的硫铝酸钙。

④ 未水化水泥熟料颗粒相　占浆体体积约小于 5%，由于水泥颗粒的尺度为 $1\sim50\mu m$，随着水化进程，小颗粒很快水化，而大颗粒在长期水化后仍能在水泥石中发现。

（2）硬化水泥浆体中的孔隙

硬化水泥浆体中的孔隙是一个重要的结构组成，对水泥石的物理力学性能有很大影响。孔结构的特征包括孔隙率大小、孔径分布、孔的形貌、连通性及开口性等。硬化水泥浆体中孔隙，按其大小和性质，可分为毛细孔和凝胶孔两大类。水泥的水化过程，可看作原来由水泥和水占有的空间，越来越多地被水化产物占有；而那些没有被水泥或水化产物所占有的空间，构成了毛细孔。毛细孔的尺寸和体积主要取决于水灰比和水泥水化的程度。水化良好的低水灰比浆体，水化早期的毛细孔尺寸约 $10\mu m$，而后期则多数降至 $0.05\mu m$ 左右。在扫描电镜中能看到毛细孔，却无法分辨出凝胶孔。凝胶孔包含在 C-S-H 占有的体积内，可看作是 C-S-H 的一部分。另外，水泥浆体在拌合的过程中，还会嵌入一些气孔，其尺寸范围为 $5\sim200\mu m$，有时可大至 $3mm$，对水泥石起不良作用。

由此可见，减少毛细管孔隙是水泥混凝土具有高性能、超高性能的必要条件。英国的试验研究表明，通过降低水泥石中的毛细管孔隙，使孔隙率降低至 2% 时，可得到抗压强度 $665MPa$ 的水泥石。

（3）硬化水泥浆体中的水

根据水从水泥石中失去的难易程度，可将水分划分为以下四种类型：

① 化学结合水　是水化产物中的一部分，只有当水化产物受热分解时才会释放出来。

② 层间水　处于 C-S-H 层间，为氢键牢固固定，仅在强烈干燥（相对湿度＜11%）时才会失去，对收缩和徐变影响很大。

③ 吸附水　是物理吸附于水泥浆表面的水，可形成多分子层吸附。当相对湿度≤30%时，该部分水大部分失去，对收缩和徐变有较大的影响。

④ 毛细孔水　是一种重力水，分为两类，孔尺寸＞5nm 的毛细孔水，可视为自由水，失去该部分水，水泥石不会产生体积变形；孔尺寸＜5nm 的毛细孔水，具有较强

的毛细作用，失去后会使水泥石发生收缩。

此外，水泥石中的含水状态还会影响其强度，水饱和时水泥石的抗压强度比干燥状态下水泥石的抗压强度约降低10%。

2.1.1.3 骨料与水泥石之间过渡相的结构

过渡相的结构对混凝土的性能影响很大。例如，混凝土拉伸破坏时呈脆性，但在压缩破坏时呈弹塑性。混凝土各组分分别在单轴压力试验中，从加载开始直至破坏保持弹性，但复合成混凝土后，又表现出非弹性行为。为何混凝土的抗压强度比抗拉强度高1个数量级呢？为什么采用相同的材料，做成砂浆的强度高于混凝土？为什么粗骨料的尺寸增大，做成的混凝土强度会降低？这些问题，可以说都是由于过渡区造成的。

（1）过渡相的结构

混凝土在浇筑成型的过程中，在凝结前，由于组成材料的密度不同，粒度大小也不同，会产生不同程度的分层现象。例如混凝土中的水分，由于密度较水泥、骨料的密度小，由底部逐渐向上表面浮动，碰到粗骨料时，在粗骨料下表面积聚，生成水囊，硬化后形成内分层，水分上升至表面形成外分层。由于内分层与外分层，使混凝土结构不均匀，见图2-1。

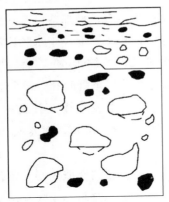
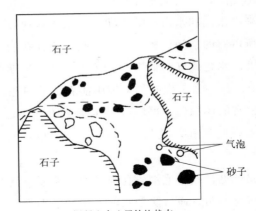

(a)混凝土外分层结构状态　　　　(b)混凝土内分层结构状态

图2-1　混凝土内、外分层结构状态

由于内分层，使混凝土具有各向异性的特征，表现为垂直方向的抗拉强度比水平方向的要低；使贴近粗骨料下表面处水泥浆体中的水灰比大，在该处水化物形成的结晶产物晶形也较大；界面处水泥石的孔隙比水泥浆本体中的孔隙多，并导致氢氧化钙结晶取向层，使其C轴垂直于粗骨料表面。随着水化继续进行，结晶差的C-S-H、CH和较小的钙矾石晶体，填充于结晶较大的钙矾石和CH晶体构成的骨架内。

（2）过渡区的强度

混凝土过渡区的强度一般要比水泥石本体的强度低，普通混凝土性能解决的关键技术在应用中不断研究、改善与总结提高。

综上所述，混凝土由水泥石、界面和骨料三相组成。

① 水泥石由晶体、凝胶体和孔隙组成。这部分的关键是孔结构，也即孔的大小、孔的含量与孔的分布。希望小孔增多，大孔减少。

② 界面相的薄弱环节，是界面水膜层及 $Ca(OH)_2$，在界面上的结晶与定向排列，使混凝土强度差，耐久性低。

③ 骨料相对混凝土性能的影响，主要是骨料的粒径、粒形和强度。希望能得到均匀、密实的骨料。

2.1.2　混凝土材料发展

20 世纪混凝土材料的发展有以下基本规律：

（1）强度提高

最典型的实例是，20 世纪 70 年代，挪威混凝土的强度为 50MPa，坍落度为 120mm；20 世纪 90 年代，混凝土的强度提高到 100MPa。中国常用的混凝土强度等级也由 C20 提高到 C30、C40；现在，强度 150MPa 的多功能混凝土也有试验应用。

（2）工作性能改善

混凝土拌合物由硬性、半干硬性发展到塑性、流动性，以及流态混凝土及自密实混凝土。有人还开发出了能保塑 3h 以上的超高性能混凝土，并成功在工程中应用。

（3）混凝土结构工作寿命的延长

挪威的海岸采油平台，高 370m，沉入水下约 300m。为了提高耐久性，在混凝土中掺入了硅粉。这使混凝土的密实度提高，耐久性提高，有效地延长了混凝土工作寿命。混凝土结构的寿命历来受到国内外的重视，如日本建设的小樽港，至今仍保留着 100 多年前的试件，并对其性能进行持续观测和研究。

（4）节约资源、节约能源与提高经济效益

1981 年，ACI226 委员会开始研究粉煤灰（FA）和矿渣（BFS）在混凝土中的应用，提高了混凝土的耐久性及工业副产品的有效应用，工业废物与建设垃圾成了混凝土的可用资源。我国沈旦升先生对 FA 的研究、推广与应用，为我国工业副产品的应用与提高混凝土的耐久性做出了贡献。

（5）水灰比定律

1918 年提出的水灰比定律是，混凝土的强度与水灰比成反比，耐久性的先决条件也以降低水灰比为主要手段。水灰比定律至今仍对高性能混凝土与超高性能混凝土的配制起着指导性作用。

目前，我国社会经济发展已进入新时代，各种基础设施建设也由规模发展阶段转入提质增效阶段。混凝土结构不仅是我国建筑结构的主要形式，也是地下工程、海洋工程、巷道支护工程、水下工程等工程建设领域应用最为广泛的建筑材料。不论是基础工程大规模兴建，还是城市化高速推进，无一不与混凝土工程密切相关，且都要耗用巨量水泥和混凝土材料，如不提高土木工程材料的耐久性，延长工程服役寿命，必将给国家造成巨大的经济损失，影响到社会可持续发展，并将给工程的安全服役带来威胁。

　　此外，国内外重大基础工程建设的投资都是几十亿、上百亿甚至几百亿，如何提高重大基础工程的耐久性和服役寿命是工程建设的重中之重。从 20 世纪 70 年代起，发达国家已建成并投入使用的诸多基础建设和重大工程，已逐渐显示出过早破坏和失效的迹象。如果混凝土及其结构的服役寿命由 50 年提高到 100 年，甚至到 200 年，材料的用量能相应减少 50% 和 75%。应该说延长混凝土结构的服役寿命是最大节约，也是节能节资的重要举措。如何才能保证达到工程结构设计的服役寿命？应该说混凝土材料是基础、是关键，也是核心。因为一切对混凝土有害的物质，都是以气体或液体的形式出现，并通过混凝土自身不同尺度的孔隙向混凝土内部传输，从而混凝土自身孔隙的尺度、数量和连通程度都是影响有害物质向混凝土内部传输难与易、快与慢的关键。但混凝土材料本身也绝非孤立因素，它与结构设计、施工技术是不能分割的一项系统工程。

　　在建筑原材料方面，水泥的生产消耗能源和资源，会导致环境污染，影响可持续发展。工业废渣各自的物理结构、化学组分、结构形成机理千差万别，对混凝土性能的影响有正也有负。近几十年，我国混凝土科学与工程界采用诸多技术措施，以不同用量的废渣取代水泥熟料，制备的混凝土和纤维混凝土强度等级在 C25～C200 之间，并努力挖掘工业废渣自身的潜力，如粉煤灰因其自身突出的性能优势，又无须粉磨，已是各类重大工程首选的矿物掺和料。在中国，大城市粉煤灰用量已达 100%，全国各城市的平均用量也超过 43%。如果工业废渣取代水泥熟料平均达 30%～50%，则 1 亿吨水泥熟料可得到 1.4 亿～2.0 亿吨水泥。当今用 60% 工业废渣取代水泥熟料，已能制备出强度等级为 C200 的水泥基材料，这不仅社会效益、经济效益突出，而且技术优势鲜明。例如，因优质粉煤灰的掺入，水泥基材料的各项关键技术性能不断有新的突破，当取代水泥熟料 30% 时，干燥收缩率下降 30%，徐变值减少 50%，疲劳寿命提高 3 倍（应力比相同时），除抗冻融、抗碳化有争议外，其他各项耐久性指标均得到显著提高。

　　因此，在生态文明建设战略、碳达峰碳中和目标及工程智能化建设的背景下，采用科学的复合技术，扬其长，避其短，最大限度地高效利用并取代更多的水泥熟料是节能、节资、保护生态环境、提高材料性能的重要举措，也是社会可持续发展的必由之路。为此，国内外学者研发了高性能混凝土、超高性能混凝土、纤维增强混凝土、低碳混凝土、增材制造混凝土、智能混凝土等具有特殊性能的多功能混凝土，使结构混凝土材料也逐步走上了绿色化、生态化、高性能化、高科技的智能化和高耐久性与长寿命化道路。

2.2　高性能混凝土的定义及特征

2.2.1　高性能混凝土的定义

　　20 世纪 80 年代中期，针对工程中混凝土性能的过早劣化问题，发达国家掀起了以改善混凝土材料耐久性为主要目的的"高性能混凝土"研究热潮，自此各国混凝土结构设计规范中开始逐渐突出耐久性设计的理念，从只重视强度设计转向强度和耐久性设计并重。1998 年，ACI 定义当混凝土的某些特性是为某一特定的用途和环境而制定时，这就是高性能混凝土。高性能混凝土是符合特殊性能组合和均质性要求的混凝土，如易于浇筑、压送时不离析、早强、长期力学性能、抗渗性、密实性、水化热、韧性、体积稳定性、恶劣环境下的较长寿命等。如果采用传统的原材料组分和一般的拌合、浇筑与养护方法，未必能大量地生产出这种混凝土。而且，高性能混凝土的各种性能是互相联系的，改变其中一个常会使其他特性发生变化。

在我国，高性能混凝土的发展始于 20 世纪 90 年代中期。许多学者认为，高性能混凝土必须是高强度的，且应有良好的掺和料、减水剂等原材料，这是制备高性能混凝土的基础。也有观点认为高性能混凝土应具有高强度、高工作性、高耐久性，即高强混凝土才可能是高性能混凝土；高性能混凝土必须是流动性好、可泵性好的混凝土，以保证施工的密实性；耐久性也是高性能混凝土的重要指标，但混凝土达到高强度性能后，自然会有较高的耐久性。我国著名的科学家吴中伟院士定义高性能混凝土为一种新型高技术混凝土，是在大幅度提高普通混凝土性能的基础上采用现代混凝土技术制作的混凝土，它以耐久性作为首要指标，针对不同用途要求，对耐久性、工作性、适用性、强度、体积稳定性以及经济合理性等性能有重点地予以保证。此外，吴院士还认为高性能混凝土除了选用优质原材料外，应更多采用以工业废渣为主的掺和料，更多地节约水泥，提出了绿色高性能混凝土的概念。

高性能混凝土（HPC）一般都具有高强度，但高强混凝土（HSC）不一定具有高性能。高性能最重要的指标是高耐久性，而混凝土的强度与耐久性并不具有相关性。混凝土的强度可以通过适当降低水胶比获得；而混凝土与混凝土结构的耐久性，除了适当降低水胶比外，还要通过掺加适当品种的超细粉获得。HSC 与 HPC 相比，后者氯离子扩散系数为前者的 1/2.57，后者电通量为前者的 1/5.5。按照氯离子扩散系数评价其耐久性时，HPC 的使用寿命约为 HSC 的 3 倍。混凝土成型过程中形成的内分层、外分层与毛细管，都是由于混凝土中水分移动造成的，使 HSC（纯水泥高强混凝土）强度降低、抗渗性降低、耐久性降低，但 HPC（含矿渣超细粉的高性能混凝土）中没有发现上述界面孔隙的存在，界面结构致密。

美国 S. P. Shah 教授曾提出："尽管 HSC 具有较高的强度，但其并不具有所需的综合耐久性。"HPC 既包括力学性能，也包括一些非力学性能的概念，如填充性、抗渗性、不离析、抗侵蚀性及体积稳定性等。高性能混凝土在性能上的重要特征是具有高的耐久性；而在组成材料上，除了使用高效减水剂外，无机粉体（超细粉）的应用是其重要的特征。现在，HPC 主要是往高强度、高性能的方向发展。

因此，高性能混凝土的内涵丰富，包括但不限于以下特点：

① 高性能混凝土应以工程所需性能为目标，根据工程类别、结构部位和服役环境的不同，提供"个性化"和"最优化"的混凝土。如高性能混凝土不排斥具体场合对强度要求不高，而对其他性能要求极高的混凝土。

② 高性能混凝土可采用常规材料和工艺生产，保证混凝土结构所要求的各项力学性能，并具有高耐久性、良好的工作性和体积稳定性。"性能"是一个综合概念，不仅仅是单一的某项性能指标。

③ 高性能混凝土强调原材料优选、配合比优化、严格生产施工措施、强化质量检验等全过程质量控制的理念。

④ 高性能混凝土强调绿色生产方式和资源合理利用，以最大限度地减少水泥熟料用量，实现节能减排和环境保护的可持续发展目标。

研究表明，影响混凝土性能（尤其是强度和耐久性）的主要因素有两个：一是混凝土中硬化水泥浆体的孔隙率、孔隙分布和孔特征；二是混凝土硬化水泥基体与骨料界面的结合情况。若想提高混凝土的强度和耐久性，必须降低混凝土中水泥石的孔隙率、改善孔分布、减少开口孔，减小骨料浆体界面上主要由 $Ca(OH)_2$ 晶体定向排列组成的过渡带厚度，进而增强界面物理连接或化学连接的强度。

随着科技的进步，经济社会的发展，高性能混凝土在建筑工程中的应用越来越广泛，人们对高性能混凝土的认识也在不断深化，其定义和内涵也在不断发展完善。高性能混凝土概念反映了现阶段对现代化混凝土技术发展方向的认识，也代表着混凝土技术发展的方向和趋势，我们应重视高性能混凝土的研究和应用，使高性能混凝土的技术获得更好的发展。

2.2.2 高性能混凝土的特征

高性能混凝土的技术特点是在高强混凝土的基础上使用了新型高效减水剂和矿物超细粉材料。高性能混凝土综合的优越性能，使其一经出现就很快在实际工程中得到应用和推广。当今，C60 的高性能混凝土已广泛应用于桥梁、高层建筑及机场建设等重要结构工程；强度为 80MPa、100MPa 以上的高性能混凝土，也在重大工程中获得了应用。高性能混凝土的优越性能主要体现在以下四个方面：

（1）高耐久性

高耐久性是高性能混凝土研发和应用的主要目的。高性能混凝土中掺加了高效减水剂，使其水灰比很低，水泥水化后的混凝土中没有多余的毛细水，成型后孔径小、总孔隙率低；高性能混凝土中掺有矿物质超细粉，使集料与水泥石之间的界面过渡区孔隙量得到明显的降低，且矿物质超细粉的掺入还能改善水泥石的孔结构，使混凝土中 $\geqslant$ $100\mu m$ 的孔含量得到明显减少，早期抗裂性能得到大大提高。高性能混凝土的这些优异性能，能够使结构安全可靠地工作 $50 \sim 100$ 年。

（2）高工作性

坍落度是评价混凝土工作性能的主要指标，高性能混凝土良好的流变学性能能保证其具有较高的坍落度指标。由于高性能混凝土具有高流动性，振捣后粗集料下沉慢，均匀性较好；水灰比低，自由水少，且掺入超细粉，基本无泌水；其水泥浆的黏性较大，很少产生离析现象。

（3）高体积稳定性

高性能混凝土在硬化早期具有较低的水化热，硬化后期具有较小的收缩变形；其体积稳定性还表现在优良的抗初期开裂性能。如果将新型高效减水剂和增黏剂一起使用，能够尽可能地降低单方用水量，防止离析；浇筑振实后立即用湿布或湿草帘加以覆盖养护，能够避免太阳光照射和风吹，防止混凝土的水分蒸发，这样高性能混凝土早期开裂就会得到有效的抑制。

（4）经济性

高性能混凝土良好的耐久性可以减少结构的维修费用，延长结构的使用寿命，获得良好的经济效益；高性能混凝土的高强度可以减小构件尺寸、减轻自重，解决建筑结构中肥梁胖柱问题，这样不仅能增加建筑使用面积，增大建筑使用空间，也可以使结构设计更加灵活，提高建筑使用功能；此外高性能混凝土良好的工作性可以减轻工人工作强度，加快施工速度，减少成本。

2.3 高性能混凝土的技术性质

2.3.1 力学性能

（1）抗压强度

目前，对高性能混凝土抗压强度的要求，目前尚未统一，工程实例中混凝土的强度等级大多在 C40～C80，还有不少工程已成功使用 C100 以上的高性能混凝土。只要技术措施得当，高性能混凝土不仅具有较高的 3d、28d 抗压强度，而且有更高的长期强度。国内外的工程实例表明，高性能混凝土的 90d 抗压强度比 28d 抗压强度还可提高 20%～30%。

（2）抗折强度

高性能混凝土的抗折强度一般为抗压强度的 1/10～1/7，与普通混凝土的折压比类似。但在相同条件下，掺硅灰的高性能混凝土比掺其他活性微细粉的高性能混凝土的折压比高。

（3）弹性模量

高性能混凝土的弹性模量比普通混凝土高，一般在 40GPa 左右，且随抗压强度的提高而略有提高。

2.3.2 耐久性

高耐久性是高性能混凝土必备的性能，主要表现在以下几个方面：

（1）抗渗性

影响混凝土抗渗性的主要因素是混凝土的孔隙率、孔分布和孔特征。由于高性能混凝土孔隙率低（一般为普通混凝土的 40%～60%），有害的大孔和开口孔少，所以抗渗性和抗冻性比普通混凝土明显提高。清华大学研究发现，水胶比低于 0.4 并掺入微细粉的高性能混凝土的渗透系数能达到 $10\sim12cm/s$ 数量级，还有不少资料表明，高性能混凝土的抗渗等级可达到或超过 P30。

（2）抗冻性

混凝土的抗冻性除与混凝土的孔隙率、孔分布、孔特征有关外，还与混凝土本身的强度密切相关。由于高性能混凝土结构致密，大孔少，开口孔也少，水向内部渗透速率低，孔中的水处于非饱和状态，这就减少了混凝土内部可冻水的数量。另一方面，高性能混凝土的高强度使其能承受水结冰膨胀时的破坏力，因此，高性能混凝土有较高的抗冻性。

冯乃谦指出，对于长期处于严寒环境的水中或相对湿度为 100% 的环境中的高性能混凝土，仍有必要引进一定量的气泡以进一步增强高性能混凝土的抗冻性。因为在这样的环境下，混凝土内部迟早会达到水饱和的状态。长期的冻融循环，仍然会使其受到严重的冻害。另外，高性能混凝土在盐冻（海水环境和除冰盐浸渍等）作用下，表面仍然会产生冻害剥蚀，即使这种剥蚀比普通混凝土低，但仍会影响其性能。

（3）抗腐蚀性能

高性能混凝土的高致密性也是其具有很强的抗腐蚀性能的重要原因，因为结构的致密性降低了腐蚀介质（酸、碱、盐）在混凝土内部扩散的速度和数量。另外，由于高性能混凝土制作过程中掺入较多的活性微细粉，这些活性微细粉与水泥水化产生的 $Ca(OH)_2$ 发生二次水化反应，形成了低碱性的水化硅酸钙，降低了混凝土内 $Ca(OH)_2$ 的浓度，从而提高了混凝土的抗硫酸盐侵蚀和抗氯盐侵蚀的能力。这一点，对于一些与海水接触的混凝土工程具有特别重要的意义。

（4）抗碳化性能

高性能混凝土中由于掺入活性微细粉降低了混凝土的碱度，但大量的研究表明，混凝土的抗碳化能力并没有因此而降低，甚至有所提高。其原因仍然是由于其内部结构的高致密性，使碳酸离子向内部扩散的速度变慢。一些研究者认为，如果混凝土强度等级大于 C60，就可以不考虑其碳化的问题，也是因为混凝土的强度是与其结构的致密性密切相关的。C60 以上强度等级的混凝土，其结构的致密性有可能足以抵抗碳化作用。因此，这些研究者建议等级强度达 C60 以上的混凝土可以不测定抗碳化性。

2.3.3　收缩性

混凝土的收缩包括化学收缩、干燥收缩和温度变化引起的收缩。其中化学收缩是由于水泥水化反应后水化产物的总体积小于水化前水泥和水的总体积而引起的，因此也称混凝土的自收缩。很明显，水泥用量越大的混凝土其自收缩将越大。高性能混凝土与普通混凝土相比水泥用量较高，特别是在配制强度等级较高（如 C80 以上）的混凝土，而所用水泥的强度相对又不是很高的情况下，水泥用量往往超过 $600kg/m^3$。因此，高性能混凝土自收缩将大于普通混凝土。还有人认为，高性能混凝土由于水灰比较低，水泥水化所需要的水如果不能从外部得到补充，而只能从内部孔隙中吸水，导致毛细孔内水面下降，使毛细孔收缩压力加大，也可能使高性能混凝土自收缩增大。

但有研究者认为，高性能混凝土的收缩率与普通混凝土类似甚至低于普通混凝土，其主要原因是高性能混凝土十分致密，孔隙率很低。因此干燥收缩和温度引起的收缩应远低于普通混凝土，从而抵消了高性能混凝土自收缩较大的缺陷。但也应考虑到自收缩、干燥收缩及温度收缩不一定在同一时期和同一条件下发生。因此应防止自收缩过大对混凝土的结构造成的不良影响。预防的措施可以通过在配合比设计时尽量选用较高强度等级的水泥，而使水泥用量降低；也可以选择更适宜的砂率，掺用更适宜的活性微细粉。曾有人用硅灰和超细渣粉复合作掺和料，可以使高性能混凝土的自收缩率降低 30％。

2.4　高性能混凝土的模型及其原材料选择

2.4.1　水泥基材料的两个模型

为了提高水泥混凝土的性能，国际上对水泥基材料的高强度高性能进行了系统的研究，并提出了高性能水泥基材料的两个模型。

（1）无宏观缺陷的水泥材料

无宏观缺陷（macro-defect free，MDF）的水泥材料由 Birchall 提出，1979 年英国化学工业公司和牛津大学共同研究；随后，美国、日本、瑞典也开展了该项研究。采用硅酸盐水泥或铝酸盐水泥（90％～99％）；掺入水溶性树脂（4％～7％），水灰比≤20％。采用强制式高效剪切搅拌机，热压成型工艺，能得到的 MDF 的性能：抗压强度300MPa，抗弯强度150MPa，弹性模量50GPa。制备工艺：水泥＋PVA＋外加剂→制成混凝土→剪切搅拌→热压成型→养护→制品。

该模型的主导思想是采用水溶性树脂填充水泥粒子间的孔隙，同时水溶性树脂粒子又把水泥粒子黏结起来，以获得密实度高、强度高的水泥石结构；但由于制成工艺困难，实用化较难。

（2）超细粒子密实填充的水泥材料

超细粒子密实填充的水泥材料（density system containing homogenously arranged ultra-fine particles，DSP），由 Bache 详细阐述（专利 EP0010777A1），是在瑞典、挪威、冰岛等国家对硅粉开发与应用的基础上发展起来的。日本电气化学工业公司将该项技术引入日本，基本组成为：水泥、硅粉、聚羧酸高效减水剂。可见，密实填充体系是由硅酸盐水泥＋超细硅粉＋高效减水剂及水组成的。超细粉的粒径为水泥粒径的1/100～1/10 时，就可以达到微填充效果。这时，拌合水可达到最低，掺入高效减水剂能获得最佳的流动性，便于施工应用。当今的 HPC 与 UHPC 均采用该项技术的基本原理。该材料的抗压强度可达 180～300MPa，抗弯强度可达 20～40MPa。

以 DSP 模型为基础，掺入 SF 及石英砂纤维等材料，可配制工程复合材料（ECC）等超高性能混凝土；而掺入砂石，可配制 HPC 及 UHPC 等高性能、超高性能混凝土。

2.4.2   高性能混凝土的原材料选择

（1）水泥

① 水泥的品种和强度等级   配制高性能混凝土应尽可能采用 C_3A 含量低、强度等级高的水泥。但考虑生产成本等因素，不同强度和性能要求的高性能混凝土可选用不同品种及不同强度等级的水泥。水泥的品种应优先考虑采用硅酸盐水泥或普通硅酸盐水泥。但是，对于体积较大的工程，为防止因水化热温升过大引起的破坏，应选用中低热水泥。一般来说，水泥的强度等级不低于 42.5。另外，水泥强度等级的选择还与所采用的减水剂和活性超细粉的种类、品质及施工工艺有一定关系。如果采用先进的施工工艺和选用减水率较大的减水剂及比表面积较高的活性超细粉，则可适当选用强度较低的水泥。

② 水泥的用量   水泥用量不仅会影响新拌混凝土的和易性，而且影响混凝土的强度、耐久性及收缩变形等性能。若水泥用量低，混凝土的强度会降低，但水泥用量过高，又会出现水化热释放过高，并引起混凝土化学收缩、干湿变形、蠕变性增大的情况。研究表明，水泥用量一般应控制在 $500～620kg/m^3$ 为宜，具体用量视混凝土要求的强度等级及活性超细粉的性能、掺量而定。

（2）骨料

高性能混凝土强度和耐久性提高的主要原因之一是骨料与硬化水泥浆体的界面得到了改善和强化。因此，骨料的强度、表面性能、骨料的级配对高性能混凝土的影响比普通混凝土更大。

① 粗骨料（石子）   高性能混凝土的粗骨料应选用质地致密坚硬、强度高的花岗石、大理岩、石灰岩、辉绿岩、硬质砂岩等品种的粗骨料，并优先考虑采用碎石来改善粗骨料与硬化水泥浆体的界面性能，如配制泵送或大流动度的高性能混凝土可考虑采用卵石。岩石的抗压强度与混凝土的抗压强度之比不宜低于 1.5，或其压碎值宜小于 10%。

粗骨料的最大粒径应比普通混凝土的小一些，一方面能够减少骨料与硬化浆体界面应力集中对界面强度的不利影响，另一方面可以增加浆体与骨料界面的黏结，且能够增加单位体积混凝土中粗骨料的比表面积、增加硬化水泥浆体与粗骨料的界面面积，进而使混凝土承受荷载时受力更为均匀。但是，粗骨料粒径过小又会影响新拌混凝土的和易性。因此，《高性能混凝土应用技术规程》中规定，粗骨料的最大粒径不宜大于 25mm；宜采用 15～25mm 和 5～15mm 两种粗骨料配合。

此外，一般情况下，不宜采用碱活性骨料。当骨料中含有潜在的碱活性成分时，必须按要求检验骨料的碱活性，并采取预防危害的措施。

② 细骨料（砂）　高性能混凝土的细骨料宜选择质地坚硬、级配良好的中粗河砂或人工砂。砂的细度模数应控制在 2.6～3.7；当配制 C50～C60 的高性能混凝土，砂的细度模数可取为 2.2～2.6；如果采用一些特殊的配比和工艺措施，配制 C60～C80 的高性能混凝土也可小于 2.2。

（3）矿物微细粉

矿物微细粉的种类和细度是影响高性能混凝土性能的关键因素。可采用硅灰、粉煤灰、磨细矿渣粉、天然沸石粉、偏高岭土粉及其复合微细粉，且所选用的矿物微细粉必须对混凝土和钢材无害。同时，矿物微细粉的火山灰活性越高，细度越高，对高性能混凝土的强度和耐久性提升越有利。

① 硅灰　硅灰是由高纯石英、焦炭和木屑在电弧炉中高温（1750～2160℃）下发生石英与碳的还原反应，形成不稳定的一氧化硅（SiO），并在气化后随烟气逸出；当温度下降到 1100℃ 时，气态的 SiO 与 O_2 迅速发生氧化反应而转化为颗粒极细的非晶二氧化硅（SiO_2）。由于硅灰的主要成分为高细度非晶态 SiO_2，因此硅灰具有很高的火山灰活性，掺入混凝土后，能迅速与水泥水化产物氢氧化钙反应生成低碱度的 C-S-H 凝胶。

在混凝土中掺入硅灰可提高混凝土的强度、抗渗性和耐化学腐蚀性，也具有抑制碱骨料反应的作用。但是，硅灰会增加混凝土水化热，增大低水胶比混凝土的自收缩，增大混凝土结构的开裂风险。此外，硅灰价格较高，使用时应考虑经济性。

② 粉煤灰　粉煤灰中含有大量球状玻璃珠、莫来石、石英和少量方解石、钙长石、赤铁矿等矿物结晶体，可分为 F 类和 C 类。其中，F 类粉煤灰是由无烟煤或烟煤燃烧收集的粉煤灰；C 类粉煤灰是由褐煤或次烟煤燃烧收集的粉煤灰，其氧化钙含量高于 F 类粉煤灰，一般具有需水量低、活性高等特点。

在高性能混凝土中加入适量粉煤灰，可显著改善混凝土拌合物的和易性、降低混凝土的水化热、提高硬化混凝土的后期强度增长率，也有利于改善混凝土的耐久性能。但掺入粉煤灰会影响混凝土的早期强度，掺量较大时还会对混凝土抗冻、抗碳化、耐磨等性能产生影响。

③ 矿渣粉　矿渣粉是粒化高炉矿渣粉，是以硅酸盐和氯酸盐为主要成分的熔融物，水淬后的主要化学成分是 CaO、SiO_2、Al_2O_3、Fe_2O_3，是一种优质的矿物掺和料。掺加适量的矿渣粉会改善和提高混凝土的综合性能，如减少混凝土需水量，改善胶凝材料与外加剂的适应性，降低混凝土水化热，提高混凝土的后期强度增长率和耐腐蚀性能，改善抑制碱骨料反应，且对混凝土强度的影响明显小于除硅灰以外的其他矿物掺和料，适用于海洋工程中的耐侵蚀混凝土等。但是，当矿渣粉掺量较大时，混凝土黏度较大，会影响混凝土的施工性能，若与粉煤灰复合使用，可以发挥各自的特点和叠加效应，最大程度上实现混凝土的高性能化。

④ 复合掺和料　为了弥补单一矿物掺和料自身固有的某些缺陷，利用两种或两种以上矿物掺和料复合生产复合掺料，可以产生超叠加效应，取得比单掺矿物掺和料更好

的效果。高性能混凝土中，矿物微细粉等量取代水泥的最大用量宜符合下列要求：a. 硅粉不大于 10%；粉煤灰不大于 30%；磨细矿渣粉不大于 40%；天然沸石粉不大于 10%；偏高岭土粉不大于 15%；复合微细粉不大于 40%；b. 粉煤灰超量取代水泥时，超量值不宜大于 25%。

（4）化学外加剂

① 高效减水剂   高效减水剂具有不小于 14% 的减水率，没有严重的缓凝及引气过量的问题。混凝土工程也可采用由缓凝剂与高效减水剂复合而成的缓凝型高效减水剂。目前，我国高性能混凝土采用的高效减水剂主要包括：萘和萘的同系磺化物与甲醛缩合的盐类，氨基磺酸盐等多环芳香族磺酸类；磺化三聚氰胺树脂等水溶性树脂磺酸盐类；脂肪族羟烷基磺酸盐高缩聚物等脂肪族类。

② 高性能减水剂   高性能减水剂要求减水率不小于 25%，具有较好的坍落度保持性能，并具有一定的引气性和较小的混凝土收缩比。目前，我国开发的高性能减水剂以聚羧酸系减水剂为主。

配制高性能混凝土所选用减水剂的品种与产量，应该用工程所选用的水泥和辅助胶凝材料，通过减水剂对水泥加辅助胶凝材料或减水剂对混凝土拌合物适应性试验来选择确定。水胶比≤0.30 或强度等级≥60 的高强与高性能混凝土宜选用收缩比小的高性能减水剂。除此之外，还可根据工程需要加入泵送剂、引气剂、缓凝剂、膨胀剂等。

2.5　高性能混凝土配合设计要点

2.5.1　高性能混凝土配合比设计的基本原则

相比于传统的混凝土配合比而言，在对高性能混凝土配合比进行设计的过程中，必须对各种材料的用量以及比例严格地进行控制，同时在对高性能混凝土配合比进行设计时，必须遵循以下几个方面的基本原则。

首先必须遵循提高配制强度的原则，由于高性能混凝土的强度往往会受到多方面因素的共同影响，在生产的过程中任何一个环节出现偏差都会对混凝土的最终强度造成影响。所以在对其配合比进行设计的过程中，必须考虑一定的富余系数来提高混凝土的配制强度。其次是采用较小水胶比的原则，因为在对高性能混凝土进行制备的过程中，较高的胶凝材料用量和较低的用水量是一个重要的前提，而这样就会使得水胶比降低，但是在对高性能混凝土的水胶比进行设计时，也必须将其控制在一定的范围之内，不能够过低。再次是合理选用砂率原则，由于砂率会对高性能混凝土的工作性能造成重要的影响，在进行配合比设计的过程中必须依据粗集料的空隙率、颗粒级配以及胶凝材料的用量来对砂率进行控制。最后是外加剂及矿物掺和料选用优化原则，在对高性能混凝土配合比进行设计的过程中，之所以要加外加剂以及矿物掺和料，其主要目的就是改善其某一项性能指标，所以在进行高性能混凝土配合比设计的过程中，必须根据其性能需要对外加剂和矿物掺和料进行合理的选用。

2.5.2　考虑外加剂与水泥的适应性

在对高性能混凝土配合比进行设计的过程中，对每一种混凝土外加剂而言，其都有自身特殊的功能，通过掺加特定的外加剂，能够使得混凝土某一方面或者是某几个方面的性能得到改善。但是基本上每一种外加剂和水泥之间都存在适应性问题，而且如果外加剂和水泥不相适应，不仅不能改善混凝土的性能，同时还有可能使得混凝土的其他性能受到影响。例如当减水剂与水泥产生不适应时，就有可能使水泥出现流动性较差以及拌合物板结发热等问题。所以在对高性能混凝土的配合比进行设计时，必须考虑到外加剂和水泥的适应性问题。

2.5.3　确保高性能混凝土配合比的计算精度

在对高性能混凝土配合比进行设计的过程中，由于其对原材料的质量以及配合比参数的变化都较为敏感，所以在对配合比进行设计时，必须保证配合比计算的精度，必须严格按照设计要求以及试验对基本的参数加以确定，如单位用水量、水灰比以及砂率等，都必须严格地进行控制，这样才能够保证高性能混凝土配合比设计的合理性。

2.5.4　高性能混凝土配合比设计

高性能混凝土活性矿物细掺料的配制途径是将含有一定 SiO_2 活性成分的矿物细掺料添加到高性能混凝土中，可以显著地改善桥梁工程用混凝土的孔隙结构，降低混凝土因内部温度变化可能出现的裂缝，使混凝土抗渗性得到有效提高。这主要是由于高性能混凝土中添加的优质粉煤灰、硅粉与磨细矿渣等矿物细掺料当中都含有 SiO_2，混凝土界面中存在的水泥经水化后出现的 $Ca(OH)_2$ 和 SiO_2 会发生反应。

在混凝土当中掺入适量的高效减水剂，确保高性能混凝土具有较低的水胶比，进而得到相对更高的混凝土强度。这是因为高效减水剂能够与表面活性基团产生作用，进而使混凝土当中的凝胶颗粒表面具有一定的负电荷，同时在电性排斥下实现分散，最终使高性能混凝土具有更好的流动性。

2.5.5　配合比参数选择

（1）水胶比

高性能混凝土的主要配制特点之一就是低水胶比。通常情况下，为了能够保障高性能混凝土的耐久性与渗透性能，其水胶比不能超过 0.40。通过试验证明，当其低于 0.40 时会随着水胶比的不断降低，混凝土的强度在不断地增强。究其原因，尽管水泥未能完全被水化，但是随着水胶比的降低，会减小混凝土的孔隙尺寸，并且能够促进水泥颗粒发挥一定的作用。如表 2-1 所示，高性能混凝土水胶比可参照其进行选择。当确定水胶比之后，可以根据细掺料量进行强度选择。

表 2-1　高性能混凝土水胶比

混凝土强度等级	C100	C90	C80	C70	C60	C50
水胶比	0.20～0.24	0.22～0.26	0.23～0.29	0.28～0.32	0.29～0.35	0.32～0.38

（2）高效减水剂掺量

高性能混凝土的持久性与强度是通过水量与水胶比作为保障的，然而，高效减水性是实现大流动性的主要途径。高效减水性是通过混凝土的坍落度来确定的，通常情况下，坍落度与其用量成正比。高效减水剂最佳掺量为 1％～2％。如果超过这个量，其不仅达不到理想效果，而且也不经济。

（3）砂率

砂率是影响混凝土工作性质的直接因素。当混凝土中的水胶比有所不同时，其砂率也将发生变化。通常情况下，随着砂率的增加，混凝土的强度也会增加，同时其弹性会呈现出下降的态势。高性能混凝土的砂率可根据胶凝材料总用量、粗细集料的颗粒级配及泵送要求等因素来选择，见表 2-2。

表 2-2　高性能混凝土砂率

砂子类型 （细度模数）	砂率				
	胶凝材料 总用量 ＜370kg	胶凝材料 总用量 370～430kg	胶凝材料 总用量 430～490kg	胶凝材料 总用量 490～550kg	胶凝材料 总用量 ＞550kg
细砂(1.5～2.3)	0.39	0.37	0.35	0.33	0.31
中砂(2.4～3.1)	0.41	0.38	0.37	0.35	0.33
粗砂(3.2～3.8)	0.43	0.41	0.39	0.37	0.35

2.5.6　配合比设计步骤

第一步，拌合水量预算：依据强度等级方面做出的要求，根据粗集料最大粒径与细集料细度模数对拌合料用水量进行预估。

第二步，浆体体积计算：浆体体积是拌合用水的体积和水泥、粉煤灰等胶凝材料的体积之和。浆体用来填充集料的空隙，浆体的体积按集料的空隙率来计算，一般为0.3～0.42。一般应该尽量采用较小的浆体体积，以降低浆集比。在浆体的体积中去除预估的水的体积，就能得到水泥和粉煤灰等胶凝材料的体积。

第三步，集料用量计算：集料用量是根据集料的体积、集料的表观密度、砂率三者算出砂与碎石的质量，然后依照不同的强度等级、用水量与外加剂等实现对粗集料和细集料使用量占比进行调整。

第四步，对混凝土当中的材料用量进行计算：按照集料的表观密度、胶凝材料的密度、各材料的体积算出各材料质量。

第五步，试配与调整：对使用现场有的原材料进行多次的配制与调整。

第六步，进行现场与实验室配比论证：由于不同地区使用的原材料存在一定的差异，对此需要在施工现场对实验室配比进行验证，最终设计出最佳的配合比。

2.5.7　高强与高性能混凝土发展及应用需要解决的问题

（1）自收缩开裂

HS/HPC 的组成材料中，水泥用量偏高，用水量偏低，混凝土初凝后，水泥进一步水化，吸收混凝土中的毛细管水，使毛细管脱水，变成自真空状态，毛细管产生张力。此张力超过了混凝土的抗拉强度，混凝土就会开裂。这种开裂是混凝土与周围环境没有介质交换条件下由于毛细管脱水、产生毛细管张力造成的，故称为自收缩开裂，如图 2-2 所示。某超高层建筑的首层剪力墙，采用 C80 HPC，脱模后全部剪力墙混凝土开裂，有的墙面上出现 120 多处裂缝。因此自收缩开裂成为 HPC 必须解决的技术难点之一。

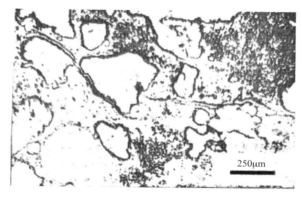

250μm

(a) HS/ HPC试件脱模后的抛光面

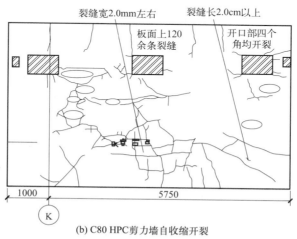

裂缝宽2.0mm左右　　裂缝长2.0cm以上

板面上120余条裂缝　　开口部四个角均开裂

1000　　5750

K

(b) C80 HPC剪力墙自收缩开裂

图 2-2　HS/HPC 的自收缩开裂（单位：mm）

HS/HPC 在发展和应用中的另一个技术难点是湿胀开裂。由于水泥用量偏高，W/C 较低，HS/HPC 长期处于水中时，水分向混凝土内部扩散渗透，未水化水泥的内核吸水膨胀，也可能引起 HS/HPC 的湿胀开裂。

（2）混凝土的脆性增大

HS/HPC 的应力-应变曲线的下降段比较陡斜，反映出其脆性比较大。混凝土的脆性增大，会给工程结构特别是有抗震要求的工程结构带来很大危害。

HS/HPC 的自收缩开裂、湿胀开裂及高脆性，都是由于 W/C 低、水泥用量高、抗压强度高等因素带来的。超高性能混凝土（UHPC）这三方面的问题比 HS/HPC 更为严重。

2.6　超高性能混凝土

19 世纪末期，混凝土材料从骨料、界面到水泥石的研究，逐步转入粉体技术应用的研究。20 世纪 70—90 年代，挪威把硅粉掺入混凝土中，提高了性能，开发出了高性能混凝土。随后，日本开发了超细矿粉、球状水泥、级配水泥等。近年来，还开发了强度为 200MPa 的水泥。美国开发了偏高岭土超细粉，中国开发了天然沸石超细粉，这些都大大地推动了高性能混凝土（HPC）、超高性能混凝土（UHPC）的发展。

在矿物质粉体技术和高效减水剂技术发展的基础上，高性能混凝土进一步发展为超高性能混凝土，并在工程中得到应用。日本已将强度为 200MPa 的超高性能混凝土用于超高层建筑的底层柱中；在美国，强度 250MPa 的超高性能混凝土已商业化；在欧洲，强度 200～250MPa 的超高性能混凝土已用于桥梁及特殊结构中；加拿大魁北克的某座桥梁面板，使用了强度 250MPa 的超高性能混凝土。

在我国，广州的东塔超高层建筑中，试验应用了强度 150MPa 的超高性能混凝土。这种混凝土具有多种功能，如自密实、自养护、低水化热、低收缩、高保塑与高耐久性等，即以某一方面的功能不能完全体现出这种混凝土的特点，故称为多功能混凝土。在东塔工程中，进行了超高泵送试验，由地面直接泵送至 510m 高度处，浇筑了梁板柱及剪力墙。脱模时，构件表面上没有发现任何裂纹，质量上乘。

挪威的混凝土专家指出："超高性能混凝土是混凝土技术突破性的进展。"多功能混凝土技术，强度高的可达 150MPa，但 C30 混凝土也具有多种功能。多功能混凝土的原材料可与普通混凝土类同，也可以用工业废物生产。除了普通混凝土外，还有轻骨料多功能混凝土、生活垃圾焚烧发电飞灰及炉渣制造的免烧陶粒多功能混凝土等。飞灰免烧陶粒还能固化飞灰中的重金属及放射性元素，极微量的二噁英也被包裹在免烧陶粒中，使飞灰无害化及资源化。

超高性能混凝土作为现在和未来的重要水泥基工程材料，在国内外得到了广泛关注。经过四十多年的研究与发展，UHPC 已进入实用化阶段，它也使得水泥基复合材料向着高强、高韧、高耐久方向不断迈进。然而，我们在 UHPC 的标准化方面还未跟上时代步伐，应在较短时间内补上这一"短板"，为 UHPC 的应用和发展搭桥铺路。

2.6.1　UHPC 的发明与原理

硅酸盐水泥问世后，人们一直致力于提高水泥基材料的强度，在 20 世纪 70 年代初取得比较大的进步。1972 年，M. Yudenfreund 等发表系列论文，介绍使用高细度水泥（6000～9000cm^2/g）与助磨剂、木钙和碳酸钾三种外加剂，配制水灰比为 0.2 的低孔隙率水泥净浆，1in（25.4mm）小立方体试件 28d 抗压强度达到了 205MPa。同年，D. M. Roy 等也发表论文，报告了采用高压压制成型、高温、高压养护的水泥净浆试件，孔隙率几乎为零，抗压强度最高达到 510MPa。这些研究证明，提高密实度，当前的水泥基材料强度还有很大的提升空间。

丹麦学者 H. H. Bache 尝试了不同的技术路线，用超细颗粒来提高水泥浆密实度。最初使用超细水泥与普通细度水泥混合，但超细水泥仅仅可加速强度发展，未能实现更高的强度。他早期试验时，尚无高效减水剂，无法在很低水胶比下使超细颗粒充分分散，因此无法实现颗粒体系的密实堆积。经过多年不懈的努力，Bache 教授使用高效减水剂、亚微米材料硅灰和普通水泥、砂石骨料，在 1978 年 5 月 8 日第一次成功配制出可浇筑成型的超高强度混凝土。此后，经过进一步研究和改善，Bache 教授在 1979 年 11 月申报了欧洲发明专利（EP0010777A1）。该专利标志着 UHPC 的发明，即采用密实化颗粒堆积的方法制备超高强混凝土或砂浆，以及用纤维提高抗拉强度、抗弯强度。

与此同时，Bache 教授发展出 DSP（densified system with ultra-fine particles）理论，即用充分分散的超细颗粒（硅灰）填充在水泥颗粒堆积体系的空隙中，实现颗粒堆积致密化。理论上，颗粒尺寸只有 0.1～1μm 的硅灰，填充在粒径为 5～50μm 的水泥颗粒之间的空隙中，占据了大量原本是水填充的空间，大幅度提高了固体颗粒堆积体的密实度。依靠搅拌和高效减水剂的分散作用，实际上也不难获得超高密实度的颗粒堆积体系 DSP 浆体，大幅度减小用水量，使水胶比降低到 0.11～0.20 的低水平。

用 DSP 理论配制超高强度混凝土，是混凝土技术发展的一个重大突破，奠定了制备 UHPC 的基础。在此之前，采用高细度水泥和加压成型等方法提高胶凝材料密实度，虽然能够获得高强度，但在工程应用上实施和实现的难度较大。同时期发明的宏观无缺陷（macro defect free，MDF）水泥（用聚合物填充水泥浆孔隙和裂缝），预填钢纤维灌注水泥细砂浆的混凝土（slurry infiltrated fiber concrete，SIFCON），也可以获得很高的材料强度和韧性，但是前者需要辊压或挤压成型，后者难以使钢纤维形成三维堆积，在应用上受到很大制约，至今只能用于制作小型制品。DSP 理论实现更高的密实度，不需要使用特殊的工艺方法，用传统搅拌设备和振动密实方法，就能生产与成型。因此，基于 DSP 理论配制的 UHPC 进入了实用阶段。

如今，一些数学模型已经替代 DSP 理论，用于全系列颗粒堆积体密实度的分析与优化，材料设计向着智能化方向发展，但基本原理仍然是：颗粒组成与配合比应使颗粒堆积体密实度最大化。提高颗粒堆积体密实度和降低用水量，不仅能制备出高密实度、超高抗压强度的水泥胶凝的混凝土或砂浆，同样重要的是改善和提高了浆体与骨料、纤维、钢筋之间的界面密实度与黏结强度。对于密实度而言，这种"改善"与"提高"可能仅仅是"量变"，但对于 UHPC 发挥利用纤维、钢筋的强度，则产生了"质变"的提高，并因此使 UHPC 能够实现拉伸"应变硬化"性能而成为高韧性材料。同时，高密实 UHPC 基体对内部钢纤维、钢筋的保护作用，也相应地发生了"质变"性的提高。

　　20 世纪 80 年代，在丹麦开展了比较全面的 UHPC 性能研究工作，包括 UHPC 基本力学性能、耐久性、耐磨性、抗爆性，以及钢筋增强 UHPC（CRC、R-UHPC）结构性能等。这期间 UHPC 试件的最高抗压强度达到了 400MPa。根据当时丹麦的研究成果，Bache 教授将 UHPC 基本性能、R-UHPC 以及结合预应力技术可达到的性能范围，概括总结于表 2-3，并与高强韧性钢材进行比较。表 2-3 比较清晰地呈现出 UHPC 的性能、价值和应用潜力。与此同时，丹麦最早将 UHPC 产业化与商业化，并创立了世界上第一个 UHPC 品牌 Densit。其早期应用包括维修加固、耐磨件、抗爆或抗破坏结构等。

表 2-3　高强混凝土、UHPC、钢筋增强 UHPC 和高强韧性钢材的性能对比

性能	普通高强混凝土	Densit/UHPC		CRC、R-UHPC	高强韧性钢材
		$0\sim2\%$ 纤维	$4\%\sim12\%$ 纤维		
抗压强度/MPa	80	$120\sim270$	$160\sim400$	$160\sim400$	—
抗拉强度 f_t/MPa	5	$6\sim15$	$10\sim30$	$100\sim300$	500
抗弯强度 f_b/MPa	—	—	—	$100\sim400$	约 600
抗剪强度/MPa	—	—	—	$15\sim150$	—
密度 ρ/(kg/m³)	2500	$2500\sim2800$	$2600\sim3200$	$3000\sim4000$	7800
弹性模量 E/GPa	50	$60\sim100$	$60\sim100$	$60\sim110$	210
断裂能/(N/m)或(J/m²)	150	$150\sim1500$	$5000\sim40000$	$2\times10^5\sim4\times10^6$	2×10^5
强度/质量比((f_b/ρ)/(m²/s²)	—	—	—	$3\times10^4\sim10^5$	7.7×10^4
刚度/质量比((E/ρ)/(m²/s²)	—	—	—	$2\times10^7\sim3\times10^7$	2.7×10^7
抗冻性	中等/好	不用引气，绝对抗冻			—
抗腐蚀性	中等/好	仅需要 5～10mm 保护层，抗腐蚀性优良			差

　　UHPC 发展至今，缺乏标准已经成为 UHPC 工程应用的主要瓶颈，需要尽快突破。2002 年法国发布了 UHPC 暂行指南，成为最早的 UHPC 材料制备与结构设计的依据，如今法国的 UHPC 标准体系已趋于完善。现在，多个国家初步完成或正在进行 UHPC 标准或指南的编制工作。

2.6.2　UHPC 原材料与生产制备

(1) UHPC 的原材料

　　UHPC 的原材料构成大体可分为：无机固体颗粒材料（矿物材料，包含水泥）、化学外加剂和纤维材料。最初的 UHPC，使用了在当时（20 世纪 70 年代后期）属于新的

原材料——硅灰和萘系高效减水剂，其他均为传统材料。到 20 世纪 90 年代，以 RPC 为代表的 UHPC，引入了磨细石英粉，减水剂则更新换代为聚丙烯酸系和聚羧酸系高性能减水剂。进入 21 世纪，UHPC 矿物原材料的研究涉及纳米二氧化硅、纳米碳酸钙、碳纳米管、磨细或分选超细粉煤灰、超细矿粉、超细水泥、稻壳灰、偏高岭土、玻璃粉等。至今，实用的最细矿物材料仍然是硅灰，因其具有粒形好（球形）、火山灰活性高，以及成熟的商业化供应等优点。使用其他超细矿物材料，有助于降低硅灰用量。使用普通细度粉煤灰、矿粉替代部分水泥，用玻璃粉替代石英粉，均取得良好效果。

矿物超细粉（一般系指比表面积 $\geqslant 6000 cm^2/g$ 的矿物质粉体）在 HPC 与 UHPC 中的功能，首先表现在填充效应。硅酸盐水泥的平均粒径为 $10.4 \mu m$，粉煤灰平均粒径为 $10.09 \mu m$，两者以任意百分比配合，其孔隙体积均无变化；但若以平均粒径为 $0.1 \mu m$ 的硅粉与之配合，当硅粉的体积为 30%，硅酸盐水泥的体积为 70% 时，两者复合后粉体的孔隙体积达到最低，约为 15%。如以平均粒径为 $0.95 \mu m$ 的粉煤灰，以 30% 的体积与 70% 硅酸盐水泥的体积复合时，复合后粉体的孔隙体积达到最低，约为 20%。也就是说，两种粉体的粒径比为 $1/10 \sim 1/20$ 时，按 70% 与 30% 的体积比复配时，粉体的孔隙体积达到最低，密实度达到最大。这样，在单方混凝土用水量相同的情况下，浆体的流动性最好；如果浆体达到相同流动性，则这种复合粉体的用水量最低，硬化水泥石的强度最高，混凝土的强度最高，耐久性也最好。

硅酸盐水泥浆体中，有大量的自由水束缚于水泥颗粒形成的结构中。这种浆体的流动性差，硬化后孔隙大，性能不好。含高效减水剂的浆体，由于排放出自由水分，水泥粒子间隙低，硬化后具有更高的强度和耐久性。由于超细粉填充于水泥粒子之间，硬化后水泥石的密实度、强度和耐久性均得到提高。

如上所述，由于超细粉对水泥粉体的填充效应，以一部分超细粉取代水泥，水泥浆孔隙中的水被超细粉挤出来，能使水泥净浆流动度增大，这称为超细粉的流化效应。

由此可见：

① 磷渣和矿渣均为玻璃态工业废渣。超细粉掺入水泥浆中后，填充于水泥颗粒间的孔隙及絮凝结构中，占据了充水的空间，水被挤放出来，使浆体变稀，流动性增大；

② 沸石超细粉除了上述填充作用之外，由于其系多孔的晶体粒子，能吸收一部分水，吸水的稠化作用比排水的流化作用占优势，使浆体流动性降低；

③ 硅粉比表面积大，表面吸附水量大，使浆体稠度明显增大。

无论何种超细粉均有表面能高的特点，由玻璃体研磨制成的超细粉，在研磨过程中产生极多断裂键，表面能高的特点尤为突出。其自身或对水泥颗粒所产生的吸附作用，也会在一定程度上形成絮状结构的浆体，加上某些超细粉（如天然沸石粉）的吸水性带来的稠化作用，可能会使超细粉的填充稀化效果降低或使其不能表现出来。

此外，毛细管孔对宏观力学性能及抗渗性能影响较大，而凝胶孔对干缩性能影响较大。混凝土要达到高性能和超高性能，首先要降低毛细管孔的含量。业界不同学者用不同的工艺方法，得到不同孔隙含量与强度的水泥石。其中，英国学者获得的水泥石强度最高，抗压强度达 665MPa，水泥石中孔隙含量只有 2%。

实用的 UHPC，抗压强度一般在 150～250MPa，粗细骨料一般选择强度高的天然岩石，如石英石、花岗岩、玄武岩等。是否使用骨料或粗骨料，以及使用什么粒径范围的骨料，需要针对 UHPC 具体应用来确定。如果需要非常高的耐磨性能，可使用人工骨料，如烧结铝矾土、金属骨料等。UHPC 使用的纤维材料分为金属纤维、有机纤维（合成纤维）和无机纤维（耐碱玻璃纤维、玄武岩纤维）。用于承重结构，UHPC 通常使用钢纤维或不锈钢纤维；用于非承重结构，UHPC 可使用钢纤维、聚乙烯醇（PVA）纤维、耐碱玻璃纤维、玄武岩纤维等，或复合使用；用于装饰性构件且表面不允许出现锈斑，UHPC 宜使用不锈钢纤维、有机纤维或无机纤维，应根据力学性能要求选择确定；用于有防火要求的建筑构件，UHPC 应含一定量聚丙烯（PP）纤维，以降低高温作用下 UHPC 的爆裂风险。

（2）UHPC 的生产制备

配制 UHPC 的重点是做好固体颗粒堆积体——以达到最大密实度或最小空隙率为目标。应用数学模型，如改进的 Andreassen 模型（Dinger-Funk 模型），可以计算与优化各粒径范围颗粒最佳的体积比例，从而使颗粒堆积体接近理论上最大密实度，减少试验试配的工作量。UHPC 的水胶比通常小于 0.20，水灰比则小于 0.25。采用经验的方法设计配合比，可参考表 2-4，通过试配优化，但试验工作量相对较大。

表 2-4　UHPC 配合比主要指标和强度统计

配合比		10cm 立方体试件等效抗压强度 /MPa	水泥用量 /(kg/m³)	用水量 /(kg/m³)	与水泥质量比/%		水灰比 W/C	水胶比 W/B
					高效减水剂	硅灰		
UHPC-fi（无粗骨料）29 个配合比	最小	115	711	134	1.5	12	0.193	0.151
	最大	210	1115	230	7.9	33	0.300	0.240
	平均	162	833	178	4.0	24	0.235	0.190
UHPC-ca（有粗骨料）21 个配合比	最小	142	550	137	3.0	15	0.200	0.163
	最大	217	1107	195	5.6	31	0.300	0.282
	平均	178	715	167	4.3	22	0.253	0.212

注：文献 [10] 分析统计了 50 个 UHPC 配合比的主要指标和强度变化范围。这些 UHPC 的组成，部分无粗骨料，部分有粗骨料（d_{max}=7～16mm），大部分为 20℃养护，小部分有纤维和 90℃热养护。

商业化供应的 UHPC 大多为预混料，即将粉状材料在工厂的高效率混合机中拌合均匀，然后包装。在施工现场，只需在搅拌机中，按要求比例加入水（或减水剂、粗骨料）和纤维搅拌均匀，即可使用和浇筑。这样，可在工厂完成颗粒堆积体的质量控制，能够较好保障 UHPC 的性能和质量，并且使用方便。

一般的高效率强制式搅拌机，均可以用于 UHPC 搅拌生产。不同组成与配方的 UHPC，最佳的投料搅拌程序会有所不同，大体可分为先干拌，后湿拌。流动性高的 UHPC，纤维相对容易结团，宜在搅拌过程的最后阶段加入。UHPC 的总搅拌时间比较长，时间过长，不仅生产效率低，还会使拌合物温度升高，增加气泡含量，较长纤维则可能结团。使用的搅拌机分散效率越高，需要的搅拌时间相应越短。在正式生产 UHPC 前，应该试验优化投料搅拌程序。

2.6.3　UHPC"超高"的关键性能分析

2.6.3.1　力学性能

　　UHPC 具备优异的物理力学性能，可概括为"三高"，即高强、高韧和高耐久。UHPC 除抗拉强度与抗压强度大幅度超越其他水泥基材料外，另一个特性是变形能力——可以实现拉伸"应变硬化"（也称"应变强化"）行为，即单轴受拉经历弹性阶段，出现多微裂缝，纤维抗拉作用启动；随后拉应力上升，进入非弹性的应变硬化阶段（类似钢材的"屈服"）；达到开裂后最大拉应力（抗拉强度），出现个别裂缝在局部扩展，之后拉应力下降，进入软化阶段。"应变硬化"是韧性材料的重要特征，体现短纤维增强、增韧作用与效率发生了"质"的变化，即单位面积"桥接"裂缝的纤维所能承受的拉力超过了基体抗拉强度。使用短纤维，目前只有 ECC（或称作 HDCC，高延性水泥基复合材料）和 UHPC 可以实现拉伸"应变硬化"行为。普通纤维混凝土和高强纤维混凝土（FRC、HSFRC）开裂就软化，即基体开裂的同时纤维被拔出和产生滑移，由于基体黏结和锚固纤维的能力不足，纤维强度未能有效发挥，增强、增韧的作用有限。

　　UHPC 的"高强"最直接的体现是抗压强度、抗拉强度与抗弯强度，大量研究证实，其"高强"还包含抗裂、抗剪、抗扭、抗疲劳、抗冲击、钢筋锚固、与混凝土黏结等各种强度。其中，抗压强度实质上体现了 UHPC 基体密实度的高低，也能反映使用纤维的效能，但敏感性较低；拉伸性能则能综合体现 UHPC 的力学性能——既体现了 UHPC 基体强度，又凸显了使用纤维的效能，且与抗弯、抗裂、抗剪、抗扭、抗疲劳、抗冲击、抗爆等性能密切相关；UHPC 韧性所能达到的水平则在很大程度上取决于拉伸是"应变硬化"还是"应变软化"。此外，拉伸性能为结构设计直接提供了一系列重要性能参数。因此，拉伸性能是 UHPC 的关键力学性能，也是 UHPC 不同于传统水泥基材料的关键特征之一。

2.6.3.2　物理性能与耐久性

　　耐久性是 UHPC 另一最有价值的性能。至今，对 UHPC 的耐久性已经开展了大量研究，表 2-5 汇总了 UHPC 的主要耐久性指标，以及与高性能混凝土（HPC）和普通混凝土（NC）的对比。对于普通混凝土需要应对的冻融循环、碱-骨料反应（AAR）、延迟钙矾石生成（DEF）等耐久性破坏因素，UHPC 有良好的免疫能力（在 2.3.2.2 节）；对于其他破坏因素，包括碳化、氯离子侵入、硫酸盐侵蚀、化学腐蚀等，UHPC 有很高的抵抗能力。这来源于 UHPC"超高"的密实度和抗渗性，具体体现在水、气渗透性以及腐蚀性介质扩散速率的大幅度降低。

表 2-5　UHPC 渗透性、耐久性平均指标以及 UHPC 与高性能混凝土和普通混凝土对比

耐久性指标		UHPC 指标	高性能混凝土（HPC）		普通混凝土（NC）	
			指标	与 UHPC 对比（倍数）	指标	与 UHPC 对比（倍数）
盐剥蚀表面质量损失（28 个循环）		$50g/m^2$	$150g/m^2$	3	$1500g/m^2$	30
氯离子扩散系数		$2.0 \times 10^{-14} m^2/s$	$6.0 \times 10^{-13} m^2/s$	30	$1.1 \times 10^{-12} m^2/s$	55
氯离子侵入深度		1mm	8mm	8	23mm	23
氯离子侵入性（电量法）		10～25C	200～1000C	34	1800～6000C	220
氧气渗透性		$1 \times 10^{-20} m^2$	$1 \times 10^{-19} m^2$	10	$1 \times 10^{-18} m^2$	100
氮气渗透性		$1 \times 10^{-19} m^2$	$4 \times 10^{-17} m^2$	400	$6.7 \times 10^{-17} m^2$	670
表面吸水率		$0.20kg/m^2$		11		60
碳化深度（3 年）		1.5mm	4mm	2.7	7mm	4.7
钢筋锈蚀速率		$<0.01\mu m$/年	$0.25\mu m$/年	25	$1.2\mu m$/年	120
耐磨性（相对体积损失指数，与玻璃对比）		1.1～1.7	2.8	2.0	4.0	2.9
抗冻性（1000 次冻融循环后相对动弹性模量）		90%	78%	0.87	39%	0.43
电阻率		$137k\Omega \cdot cm$（2%钢纤维）	$96k\Omega \cdot cm$（无钢纤维）	0.7	$16k\Omega \cdot cm$	0.12
耐酸性（80 周腐蚀深度）	pH＝5	$993\mu m$	—	—	$1845\mu m$	1.86
	pH＝3	$1217\mu m$	—	—	$3023\mu m$	2.48

（1）UHPC 的基体抗渗性与保护内部钢材的能力

对于水泥胶凝的材料体系，水泥水化反应会产生体积减缩（化学减缩），因此浆体必然会产生孔隙，具有渗透性。此外，多余或残留的未参与水化反应的拌合水也会成为孔隙。决定渗透性高低的关键是孔隙生成的尺寸与连通性。与优质混凝土（HPC）对比，UHPC 的孔隙率至少降低超过 50%（约从 10% 降低到 4%），氯离子扩散系数和气体渗透系数至少有 1 个数量级的降低，表明 UHPC 孔隙尺寸和连通性大幅度降低。这样幅度的渗透性降低或抗渗性提高，对于重化学类腐蚀如酸类、硝酸铵等，抵抗能力只有几倍的提高；然而，对于自然环境中各种腐蚀性因素，包括硫酸盐侵蚀、碳化和氯离子引发的钢筋锈蚀，抵抗能力则发生了"质"的提高。

丹麦曾试验，在 UHPC 的拌合水中拌入氯盐，使氯离子含量超过通常引发钢筋锈蚀的临界浓度，两年多后 UHPC 中的钢筋没有锈蚀迹象。日本采用加速方法进行类似

试验，在 UHPC 与对比混凝土（$W/C=0.4$）中拌入氯化物使氯含量达到 13kg/m^3（对于普通混凝土，引发锈蚀的临界氯浓度为水泥质量的 $0.4\%\sim2\%$，在 $1.8\sim9\text{kg/m}^3$ 范围，取决于混凝土密实度），进行 $180℃$、101325Pa 的蒸压加速锈蚀，经过 5 个持续 8h 的蒸压循环，对比混凝土中钢筋全部表面有黑、红铁锈；UHPC 中钢筋虽然轻微变黑，疑似黑铁锈，但看上去是健全的。此外，在海洋氯盐环境进行了 15 年的暴露试验以及对几个服役 10 年左右的实际工程检验显示，UHPC 露出表面的钢纤维会较快锈蚀，但锈蚀不会深入内部；没有露出表面的钢纤维，即使靠近表面几乎没有保护层厚度，也没有发生锈蚀。这些事实说明，在 UHPC 中已经不存在氯离子引发钢材锈蚀的条件，最合理的超高性能混凝土基本性能与试验方法解释为：UHPC 拌合水被水泥水化消耗且远远不足，导致内部非常干燥；其高抗渗性阻止了氧、水的渗入，因而保持了内部的缺氧和缺水状态，使钢材锈蚀不能引发与展开。该机理解释了氯离子在高干燥与高抗渗 UHPC 基体中无法活化钢材表面的原因，还需要进一步从理论和试验上研究证实。但不争的事实是：UHPC 高密实基体能为埋入钢筋和钢纤维提供有效的防腐保护，并且覆盖或保护层厚度可以低至几毫米。

基于高密实、高干燥、高抗渗性的基体为钢材提供防腐保护的能力，是 UHPC "超高"耐久性的基础，也是预期 UHPC 工程结构能够实现百年以上免维护服役寿命的依据。因此，UHPC 的抗渗性是其能够达到和必须具备的关键耐久性，这可以用氯离子扩散系数或氧气渗透系数表征。

（2）UHPC 对冻融循环、AAR 和 DEF 的免疫能力

至今，国际上已经开展了许多 UHPC 抗冻性试验，冻融循环次数高达 1000 次或更多，UHPC 都没有明显的损伤。丹麦采用了新试验方法检验 UHPC 基体在降温过程中的结冰量，结果表明，在 $-40℃$ 左右 UHPC 基体才有微量的冰形成。该试验揭示了 UHPC 抗冻融破坏的原因：UHPC 的拌合水非常少，远远不够水泥水化，硬化后 UHPC 基体内部极其干燥且非常密实，外面的水又无法渗入，因此 UHPC 内部几乎无可冻水，冻融循环无法产生破坏作用。基于上述原因，法国标准、日本指南和瑞士标准均将 UHPC 作为抗冻材料，适用于最严酷的冻融环境。

普通混凝土可能遭遇 AAR（碱-集料反应）膨胀破坏问题，其中以碱-硅酸反应（ASR）类型为主的混凝土发生 AAR 膨胀需要同时具备三个条件：骨料有碱活性、含碱量高（当量 Na_2O 含量超过 3kg/m^3）和有水供应。预防 AAR 膨胀的技术措施包括：①使用非活性骨料；②限制混凝土原材料的碱含量，使当量 Na_2O 含量小于 3kg/m^3；③使用一定掺量的活性矿物掺和料替代水泥抑制 AAR，如不少于 5% 的硅灰，或不少于 25% 的粉煤灰，或不少于 40% 的磨细矿渣等，以及组合或复合采用这些措施。从 AAR 发生条件和可以抑制的措施分析，UHPC 发生 AAR 膨胀的风险非常小，因为：①UHPC 内部干燥且高密实、高抗渗，意味着 UHPC 不具备 AAR 反应和膨胀需要的水；②UHPC 使用大量硅灰，通常占胶凝材料的 10% 以上，可有效抑制 AAR 反应和膨胀。基于上述原因，可以认为 UHPC 不会发生破坏性 AAR。日本指南和瑞士标准均没有要求采取措施防止、抑制或检验 AAR，法国标准要求使用非活性骨料。

普通混凝土的延迟钙矾石生成（DEF），是指早期经历 65℃ 以上温度时，一次钙矾石未能在水化初早期形成或变为分解状态，当降温至环境温度且环境潮湿时，钙矾石可能形成或恢复，从而产生有害膨胀。DEF 理论的发生条件：早期温升或热养护使混凝土经历温度超过 65℃，且水泥高硫、高铝和高碱，并有水供应和有其生成的空间。

UHPC 常采用 90℃ 左右的蒸汽养护，具备 DEF 发生的温度经历条件。基于试验研究和理论分析，日本指南认为 UHPC 不必担心 DEF，理由如下：①UHPC 的水灰比很小，没有多余的孔隙水；②UHPC 为致密结构构成，渗水性很低，通常不会有水渗入UHPC 中；③热养护进一步提高了密实度，侵入或扩散进入的物质非常有限；④初始养护发展了足够的强度，干缩的影响很小，因此，由于收缩形成微裂缝几乎不可能；⑤在初始养护的有效作用下，不太可能出现延迟释放硫酸盐离子；⑥采用标准组分粉料、标准热养护、两年龄期 UHPC 的 X 射线衍射，结果表明没有钙矾石的存在；⑦UHPC 采用的水泥如低热波特兰水泥，C_3A 的含量很低。对于高 C_3A 水泥还没有积累足够充足的数据，需要进一步研究。

（3）UHPC 的微裂缝渗透性与裂缝自愈能力

应变硬化的 UHPC 应力-应变曲线进入非线性段时，基体将出现多缝、微缝。针对微缝对 UHPC 渗透性的影响，进行的试验研究显示：拉伸应变小于 0.13%，UHPC 可保持良好的抗渗性，与无裂缝普通混凝土（水灰比在 0.45 左右）抗渗性相当。从设计确保耐久性的角度考虑，通常将结构中 UHPC 承受的拉应力限制在弹性段避免出现裂缝；在某些强约束场合如 UHPC 与钢或混凝土的复合结构中，宜将拉伸应变限制在0.05% 或微缝宽度限制在 0.05mm 以内。

水泥基材料中，如果水泥颗粒内部有部分未水化，则具有裂缝自愈合能力。因为水或水汽进入裂缝，暴露在裂缝表面的水泥颗粒未水化部分就会"继续"水化，这时的水化是与外界的水分反应，水化产物固相体积会增大一倍多，多出来的体积能够填堵裂缝。由于 UHPC 水胶比非常低，拌合水量仅能供部分水泥水化，绝大多数水泥颗粒的内部处于没有水化的状态，UHPC 也因此具有非常强的裂缝自愈能力。P. Pimienta 等试验研究预裂缝 UHPC 在腐蚀性环境中（干湿循环、氯盐和高温环境）的耐久性。

美国的 "combined effect of structural and environmental loading on cracked UHPC"（结构与环境荷载对裂缝 UHPC 的复合作用）L23 试验，将钢筋增强 UHPC梁（150mm×380mm×4900mm）4 点弯曲加载至开裂（梁下部出现 29 条宽度 0.002～0.009mm 的裂缝），梁底面通过海绵接触 15% 浓度氯化钠溶液（环境荷载），然后循环加载（疲劳结构荷载）。该试验历时半年，加载循环达 50 万次，在结构荷载与环境荷载的复合作用下，沿裂缝出现氯化钠结晶析出，但对 UHPC 抗弯性能影响轻微，梁的抗弯结构响应并没有降低。半年的复合荷载试验结束后，在中心加载使梁弯曲破坏，结果发现：梁的静态破坏不是沿原先的裂缝，而是出现与扩展了一组新的裂缝。这种现象表明，先前的微裂缝已经愈合。

（4）国际上 UHPC 标准化工作进展与 UHPC 性能要求

目前，法国和瑞士已经正式颁布了 UHPC 材料性能与结构设计标准。早在 2004 年，日本土木工程学会（JSCE）就发布了 UHPC 结构设计与施工指南（案），至今还处于试用阶段。德国很早就开始了 UHPC 指南编制的准备工作，但尚未正式颁布。韩国已经编制了 UHPC 材料、设计和施工方面的标准或指南，但未公开发布。美国混凝土学会于 2015 年成立 ACI239C 分会，目前正在编制 UHPC 设计指南；加拿大、西班牙等国的 UHPC 标准也正在编制之中。此外，还有一些国家如捷克、澳大利亚、美国等制定了 UHPC 在一些专业领域设计应用的指南或指导性技术文件。我国与 UHPC 相关的标准，已经颁布了《活性粉末混凝土》（GB/T 31387—2015）的国家标准、广东省地方标准《超高性能轻型组合桥面结构技术规程》（GDJTG/T A01—2015）等。

T/CBMF 37—2018 标准编制参考的主要国外标准为法国标准、瑞士标准、日本指南，以及德国对其指南的介绍。各国标准中，UHPC 名称和缩写有所不同（本书全部使用"UHPC"）。

① 国际通用 UHPC：Ultra-High Performance Concrete（超高性能混凝土）。

② 部分国家使用 UHPFRC：Ultra-High Performance Fibre Reinforced Concrete（超高性能纤维增强混凝土）。

③ 法国使用 BFUP：Béton Fibré Ultra-performant（超高性能纤维增强混凝土）。

④ 德国使用 UHFB：Ultra-Hochleistungs-Faserbeton（超高性能纤维增强混凝土）。

⑤ 日本使用 UFC：Ultra-High Strength Fibre Reinforced Concrete（超高强纤维增强混凝土）。

⑥ 瑞士使用 UHPFRC：Ultra-High Performance Fibre Reinforced Cement-basec Composites（超高性能纤维增强水泥基复合材料，瑞士标准重新定义"C"，代表复合材料）。

2.6.4　UHPC 的工程应用

UHPC 的工程应用，或者是发挥 UHPC 某方面优异性能，或者是综合利用 UHPC 全面优异性能，有些应用已经趋于成熟，例如：

① 建筑构件（轻质高强、免维护、防火）　制造承重结构与装饰一体化建筑构件，如楼梯、阳台等；自承重建筑装饰构件，如镂空建筑幕墙和屋面构件、建筑造型构件、外墙装饰板等。

② 结构连接（高强、高黏结强度、抗疲劳、耐久）　用于钢结构连接，如海上风电钢塔筒采用套接，灌注 UHPC 固定；预制混凝土构件的结构性连接，如预制桥梁构件现场灌注 UHPC 连接，已经成为北美桥梁快速建设、修复或更新的基本方法。

③ 钢-UHPC 轻型桥面（高强与刚度、高黏结强度、抗裂、抗疲劳、耐久）　UHPC 与钢组合结构，很好地解决了两大钢桥难题——铺装易损坏、钢结构易疲劳开裂，因此突

破了制约钢桥发展的这两大技术瓶颈。

④ 桥梁或桥梁构件（轻质高强、耐久、免维护、低造价）　马来西亚的经验显示，合理的结构设计，充分利用 UHPC 的性能，大幅度减少材料用量、减少下部结构、省去防水层等，UHPC 桥梁的初始造价可以低于传统混凝土桥梁，且可在百年以上服役寿命中免维护、维修。

⑤ 混凝土结构维修、加固与保护（高强与刚度、高黏结强度、抗疲劳、低渗透性、耐久、耐磨等）　一次 UHPC 维修可替代多次传统方法维修，大幅度提高结构强度与刚度，并对混凝土结构有抗渗、防水、抗冻、耐磨等多重保护功能；结构节点抗震加固的最佳方法之一。

⑥ 需要长寿命的工程结构（抗裂、耐久）　UHPC 很好地解决了传统混凝土开裂、钢筋锈蚀和冻融破坏等耐久性难题，是迄今为止耐久性最好的工程材料。即使在最恶劣的自然环境中，如高温高湿高盐的海洋环境、盐水冻融环境等，UHPC 工程结构服役寿命预期也在 100 年以上。如建造交通基础设施、核能与核防护工程等。

⑦ 防爆或抗爆结构（抗爆、抗冲击）　用于各种军事工程，民用如防护金库、数据中心、使领馆等重要目标。

⑧ 耐腐蚀层或结构（高黏结强度、耐腐蚀、耐磨）　污水处理厂、污水管道等。

⑨ 抗冲磨层（高黏结强度、抗冲击、耐磨）　水工结构面层的抗冲磨保护。

⑩ 其他　家具、街具和雕塑（轻质高强、耐久、免维护）等。

DSP 理论以及后续的发展完善，使水泥基胶凝材料和骨料的颗粒级配、材料组成趋于最优化，从而获得超高密实度、超高强度同时也是高脆性的混凝土或砂浆；在此基础上应用短纤维，则能够获得超高抗拉强度、抗弯强度、韧性（包括"应变硬化"性能）和高耐久的超高性能混凝土（UHPC）——新一代高价值、高潜力的工程结构和功能材料。UHPC 创新了水泥基材料（混凝土或砂浆）与钢材（钢纤维、钢筋或高强预应力钢筋）的复合模式，使组成材料的互补性能得到优化，性能优势得到充分发挥，大幅度提高了材料的使用效率，可以建造同时具备节材、低碳、高强、高韧性和高耐久的结构。

然而，UHPC 也不是完美的材料，缺点包括成本高、技术与质量控制门槛高，并且 UHPC 材料性能和本构关系的影响因素多，增加了结构设计和生产施工的难度。UHPC 的应用研究方兴未艾，在现今的梁板柱结构、薄壁薄壳结构、维修加固、功能或装饰构件等应用中，已经显示出坚固、耐久、美观、节材、低碳、低维护成本等优越性，彻底改变了混凝土结构的面貌，并且 UHPC 为工程结构开辟了很大的创新空间。可以肯定，还有许许多多 UHPC 新结构、新应用等待研究与开发。

UHPC 作为工程结构材料，还有很大的发展空间，还有许多需要研究、改进和完善的课题，例如，需要建立和完善材料的本构关系、结构设计方法和规范，提高此材料在结构上的使用效率；需要进一步提高纤维效率，降低材料成本；需要继续优化生产配制、浇筑施工工艺，提高结构性能的可靠性；需要更长期深入研究 UHPC 的耐久性等。

2.7　增材制造混凝土材料

3D打印混凝土在性能方面的研究主要可分为湿态工作性能、硬化后力学性能与耐久性能。由于3D打印混凝土需要在材料搅拌后连续通过管道泵送至打印机，并在打印挤出后堆叠成型，因此对混凝土的湿态工作性能提出了更高的要求。

2.7.1　3D打印混凝土材料配合比设计

3D打印混凝土（简称3DPC）需要满足一定的流变性、可打印性能与成型后力学性能，以适应在制作过程中泵送、挤压、堆叠成型、硬化承载等不同阶段的要求，其材料组分有别于现浇混凝土。由于输送系统尺寸限制，目前3D打印胶凝材料体系中不建议使用粒径超过5mm的骨料，少量研究使用了粒径为10mm的粗骨料。现有的3D打印混凝土在原材料的组成可分为胶凝材料、细骨料、水、纤维以及外加剂。其中胶凝材料以硅酸盐水泥或硫铝酸盐水泥为主，以高炉粒渣矿粉、粉煤灰、硅灰、石灰石填料等工业废渣为辅助材料。为控制物料的工作性能与开放时间，还使用了减水剂、促进剂和缓凝剂等外加剂。材料组分及比例对3D打印混凝土性能有较显著的影响。国内外研究表明，水与胶凝材料之比在0.23～0.45，细骨料与胶凝材料之比在0.6～1.2，能够获得较好的打印性能和后期力学强度。

（1）水泥及胶凝材料

3DPC要求材料性能具备适用的凝结时间与较高的早期强度。现有研究大多数采用普通硅酸盐水泥，其凝结时间长，早期强度较低，可采用一定剂量速凝剂调整。硫铝酸盐水泥含有大量的 C_4A_3 矿物成分，具备早强、高强、高抗渗、高抗冻等优良特点，但会过快凝结。因此针对两者开展试验研究以获得3D打印适用的凝结及早期性能成为研究趋势。Sun等采用了硫铝酸盐水泥结合葡萄糖酸钠缓凝剂调节凝固时间，将新拌混凝土的初凝时间控制在20～60min内。楚宇扬等进行了硅酸盐水泥与硫铝酸盐水泥复掺，硫铝酸盐水泥替换硅酸盐水泥14%～20%（质量分数），快硬硫铝酸盐水泥促凝效果明显，净浆凝结时间与砂浆凝结时间都得到了有效的降低，初凝时间可控制在40～70min，满足打印建造需求，同时提升1d抗压强度与抗折强度约20%。Soltan等使用铝酸钙水泥制备了纤维增强3D打印混凝土，获得材料流动性系数为1.2～1.4，满足3D打印的要求，同时具备较高的早期强度，7d强度为30～38MPa。

针对新型水泥开展3D打印材料探索一直是增材建造的热点方向，Panda等采用反应性氧化镁基水泥（MgO-SiO₂），获得了高强度（28d抗压强度38.3～44.3MPa）、低坍落度（最大10mm）、高流动度（100～180mm）以及良好打印性的打印水泥基材料。相较于普通硅酸盐水泥1450℃的煅烧温度，其煅烧温度仅为700℃，生产过程中的碳排放量更小并可从废物中提取研制。Weng等开发了磷酸镁钾水泥（MKPC）应用于3D打印混凝土，具备低碳环保的特点，含有质量分数60%的粉煤灰与10%的硅粉，具备快速硬化能力，初凝时间为 5～25min。试验证明材料及配合比可用于 3D 打印，能够完成 20 层和 180mm 高度的试件打印。除此之外，还使用土基材料配合海藻酸盐等生物聚合物作为打印材料，打印的试件生坯强度与传统土基材料的抗压强度接近，分别为（1.21±0.03）MPa 与（1.22±0.04）MPa。基于地质聚合物的材料同样适用于 3D 打印。Xia 等所制备的基于地质聚合物的材料能够实现足够的可打印性，可用于基于粉末的 3D 打印工艺。文献［37］采用了地质聚合物作为 3D 打印的胶凝材料，进行了流变性研究，获得了材料配合比的静态屈服应力为 0.4～1.6kPa。研究表明，静态屈服应力为 0.6～1.0kPa 时，地质聚合物砂浆可以满足可挤出性能，开放时间为 10～50min，获得了较好的打印性能，成功打印了高度 60cm、宽度 35cm 的柱结构。

（2）辅助胶凝材料（SCM）

目前国内外最为广泛应用的辅助胶凝材料为粉煤灰、高炉矿渣、硅灰以及偏高岭土等，其内部均含有矿物质成分，在水泥水化过程中会引起二次水化反应，通常称为火山灰反应。这些材料部分替代胶凝材料可以改善 3D 打印混凝土拌合物与硬化后的力学性能，如抗压强度、抗折强度、抗渗性能等，同时节省了原材料成本。目前已经有较多研究采用 SCM 替代部分胶凝材料，取得了较好的打印效果与材料性能。

Chen 等分析了 3D 打印混凝土中使用 SCM 的可行性，归纳总结使用硅粉和粉煤灰可代替高达 45%（质量分数）比例的水泥，获得了良好的可打印性能。Chen 等使用掺量 1%～3%（质量分数）的偏高岭土，提升了水泥浆体的静态屈服应力，结构变形从 7.69% 减小到 4.87%，获得良好的触变性，提升了 3D 打印混凝土结构的堆积稳定性。Panda 等使用大量粉煤灰（45%～75%，质量分数）替代了水泥，同时加入少量的硅灰，提高了材料的触变性。Nerella 研究表明，与仅使用水泥的 3D 打印混凝土材料相比，含有 55% 水泥、30% 粉煤灰和 15%（质量分数）硅微粉的胶凝材料的 3DPC 具有更高强度，同时硬化后力学性能呈现的各向异性幅度获得了较大程度的降低，界面黏结强度降低幅度更小。Sun 等使用 64% 矿粉、18%（质量分数）硅灰两种胶凝辅助材料，获得了 115～120MPa 的 28d 力学强度，可打印性能优异，可打印单条未封闭结构 40 层、单条封闭圆形结构 80 层。Ma 等使用 20% 粉煤灰与 10%（质量分数）硅灰，获得了 41～55MPa 的 28d 力学强度，打印以每层 8mm 厚度累计 20 层，其垂直变形仅为 0.5%～2.8%，具备较好的可打印性能。Zhang 等使用了 2%（质量分数）硅灰替代了部分硅酸盐水泥，试件打印最大高度为 260mm，生坯强度为 1～7MPa，获得了较好的可打印性能与力学性能。使用过程中可复合掺入两种掺和料形成胶凝材料三元体系，更好地改善拌合物性能与硬化后的材料性能，超细矿物掺和料的掺入可以增加堆积密度，填充到水泥颗粒之间的孔隙，形成"滚珠效应"，改善材料的流动性。

（3）骨料

骨料是 3D 打印混凝土材料的重要组成部分。骨料的类型、细度将会较大程度地影响材料的流变行为和可打印性能。3D 打印混凝土因挤压成型，材料中最大粒径不能影响打印机绞龙旋转，同时需要适应喷嘴的尺寸。Kazemian 使用最大粒径为 2.36mm、细度模数为 2.9 的人工砂作为细骨料。Zhang 测试了三种粒径范围不同的细骨料，最大粒径与细度模数分别为 4.75mm 和 2.61、1.18mm 和 2.02、2.36mm 和 2.33，研究表明，骨料比例影响拌合物需水量，骨料含量从 1195kg/m³ 增大至 1455kg/m³，为保持拌合物的可建造性，需水量从 183kg/m³ 降低至 170kg/m³。

Ma 等提出了一种低碳环保的水泥混合物，发现铜尾矿替代部分骨料可以增强混凝土的流动性，但降低可建造性。铜尾矿替代人工砂 0～30%（质量分数）时，打印 20 层试件（每层 8mm）的最终高度为 117～140mm，但替代比例为 30%～50%（质量分数）时，最终高度分别为 83mm 和 72mm。通过考虑流动性、早期刚度和形状保持性能，优化得出铜尾矿代替 30% 的天然砂为最佳配合比，获得了更好的力学性能和可建造性，试件垂直变形比例为 1.2%。

Weng 等采用不同级配的硅砂与天然砂，基于富勒汤普森理论和 Marson-Percy 模型获得最大密度和最小孔隙含量的水泥基 3D 打印材料，对比了均匀分级、间隙分级方法以及天然河砂级配。研究表明，连续级配骨料制备的混凝土具有最佳的可建造性，可打印 40 层而不发生明显变形。Zhang 等使用河砂作为骨料，开发了一种高触变性 3D 打印混凝土，研究表明，砂与水泥的比例（S/C）从 0.6 增大至 1.5，流动度减小 6.0%～21.1%；S/C 为 1.2 与 S/C 为 0.6 时相比，材料的初始黏度和屈服应力分别增加 16.4% 和 129.8%。Xiao 等使用粉碎废弃混凝土之后的再生砂作为 3DPC 的骨料，细度模数为 1.53，最大粒径为 0.9mm，对比使用最大粒径同为 0.9mm、细度模数为 1.62 的天然砂，研究表明，用再生砂替代 25%（质量分数）天然砂之后，新拌材料生坯强度提高了 38%，且硬化后的力学性能没有明显降低，28d 抗压强度差异在 15% 以内，证实了再生砂替代河砂的可行性。Ting 等使用再生玻璃作为 3D 打印混凝土骨料，研究表明，再生玻璃作为骨料的增材制造混凝土结构 3D 打印混凝土相比于砂骨料混凝土拥有更低的塑性黏度、静态以及动态的屈服应力，流动性更好，但抗压强度、抗弯强度和抗拉强度分别比砂骨料试件低 50%、30% 和 80%。

（4）外加剂

增黏剂加入新拌混凝土后会影响材料的流变行为，增强材料的内聚力，从而提高触变性。常用的增黏剂（VMA）可分为羟丙基甲基纤维素类（HPMC）、多糖类、微米二氧化硅类，以及纳米黏土类。

羟丙基甲基纤维素类可以降低屈服应力，提高塑性黏度，可预防在泵送挤压过程中的偏析，提高触变性。Soltan 等研究表明，通过改变 HPMC 和水泥与粉煤灰的比例控制黏度，可以成功地将流动性从 1.2 调整至 1.4，满足材料的可打印范围。加入胶凝材料 0.8%（质量分数）的多糖 VEA，在水胶比为 0.44 的情况下，增加了 3 倍的材料静态屈服应力。

3D 打印混凝土需具备快速成型、硬化的工作性能要求。使用普通硅酸盐水泥凝结速度较慢，可以通过使用适当的促凝剂，以实现快速凝固和硬化。目前广泛应用的是通过复掺普通硅酸盐水泥与硫铝酸钙水泥（CSA）、铝酸钙水泥（CAC）等。铝酸盐水泥具备快速硬化的特性，调节到合适的比例（替代水泥比例 0～10%，质量分数）能够很好地控制凝结时间。当使用以硫铝酸盐水泥等快速硬化水泥为主要成分时，可通过加入缓凝剂调节凝结时间，常用缓凝剂为酒石酸、葡萄糖酸钠等。

（5）其他改性材料

添加纳米材料可明显改善 3D 打印混凝土的流变性、力学性能和耐久性。目前常见的用于打印混凝土的纳米材料为碳纳米管、石墨烯、纳米二氧化硅、纳米黏土等。Sun 等研究表明，用量 0.02%～0.05%（质量分数）的碳纳米管能提高 3DPC 的 3d 早期强度 33.6%，但对 7d 和 28d 强度的贡献较小，强度增加在 4.7% 以内。Kruger 等研究发现，由于纳米二氧化硅的面积与体积之比很大，纯度高且直径小，即使是低掺量加入纳米二氧化硅，也可显著改变水泥基材料的流变性。添加 1%（质量分数）可获得 8Pa/s 的再絮凝速率，显著提高了触变性。加入纳米二氧化硅后孔隙结构更加细化，使得 3DPC 有致密的微观结构，加速火山灰效应，可提升混凝土强度和耐久性。

纳米黏土可增加 3D 打印混凝土的塑性黏度和内聚力，与高效减水剂的组合可以得到具有低动态屈服应力、高触变性和高静态屈服应力的 3D 打印混凝土。目前较多学者使用纳米黏土作为触变剂来提升混凝土的可建造性。Zhang 通过添加 2%（质量分数）纳米黏土和硅粉至水泥基材料，促进了水泥浆的结构重建，在泵送挤压过程中具有良好的流动性（192.5～294mm）、较高的触变性（7500～11000Pa/s）和较高的力学强度（44～58MPa）。Soltan 使用 0.5% 和 0.8%（质量分数）掺量的纳米黏土，配合铝酸钙水泥使用可降低流动度损失，60min 内流动性系数大于 1.0，保证了较好的可加工性。

2.7.2　3D 打印混凝土材料湿态工作性能

混凝土湿态工作性能是保障其实现可 3D 打印增材制造的关键，主要包括可挤出性、可建造性和开放时间三个方面，不同性能之间存在关联。

（1）可挤出性

打印混凝土材料的可挤出性能定义为新拌混凝土通过料斗和泵送系统输送到喷嘴的能力，要求能够连续顺畅不中断地挤出才能满足智能增材建造的技术要求，该指标与流动度有密切相关的联系。Ma 等使用宏观试验方式，测试连续挤出 2000mm 混凝土打印条带，观察断裂与堵塞等现象以评估材料的可挤出性能。Le 等通过连续挤出打印条带总长度进行材料的可挤出性能的量化评估。研究表明，流动度需介于 150～230mm 的大致范围，良好的流动性可确保混凝土在大部分打印建造设备中的可泵送性和可挤出性。

（2）可建造性

可建造性描述了 3D 打印混凝土经过挤压堆叠成型后保持形状稳定以及抵抗自身重力变形的能力，为 3D 打印湿态混凝土早期重要力学性能指标。材料可建造性不佳，会导致建造过程中发生较大的变形或者坍塌。材料破坏取决于重力与材料的屈服强度随时间变化的相对关系。在材料屈服应力大于重力效应的情况下，胶凝材料打印条带在沉积后不会变形，反之则会产生变形，直至屈服应力与重力效应平衡后停止变形。Roussel、Perrot 建立起了结构堆积率和屈服应力与时间变化的联系，用以描述在结构堆积过程中材料内部应力的增长，建立了静态屈服应力与拌合物可建造性之间的关系。稳定性失效更多的是由于打印物件的尺寸设计、几何形状引起的受力不平衡，从而导致的屈曲现象。

可建造性指标的衡量方式在国内外研究并不统一，大体可分为两种。一种为直接宏观测试，通过打印一定层数的构件观测混凝土打印条带在湿态下的变形或者测试湿态混凝土堆叠打印的最大高度。Ma 等通过测试打印试件的整体垂直变形，比较了不同掺量的尾铜矿对可建造性的影响，研究发现尾铜矿代替 30% 的天然砂可以获得良好的可建造性和较高的力学强度。Le 等将开放时间延长至 100min，剪切强度为 0.55kPa，混合物可以堆积多达 61 层，打印过程中没有发生明显的变形。Yuan 等通过打印过程中测试新拌合砂浆的变形大小评估了 3D 打印砂浆的可建造性，设计了变形监测装置，以监测堆叠时打印层的变形。另一种为采用基于流变学的间接测试方式，通过测试湿态混凝土材料的屈服应力、塑性黏度、触变环面积间接评估建造性能。高屈服应力、高触变性以及低塑性黏度的材料更适合 3D 打印，能够获得良好的可建造性与可泵送性。Weng 等建立起材料屈服应力与宏观最大打印高度的联系，Zhang 等根据宾汉姆流体理论，阐述了可印刷混凝土材料的黏度、屈服应力和触变性的设计原则，研究了砂胶比（S/C）和开放时间对材料性能的影响，使用可见变形或塌陷来评估打印材料的可建造性，用流变性参数进行表征，证实了纳米黏土（NC）或硅灰（SF）能够提高材料的可建造性 150% 和 117%。

（3）开放时间

开放时间被定义为湿态混凝土维持可挤出状态的时间范围。开放时间不仅与混凝土的凝结时间相关，更准确地表示了材料的可加工性随时间变化的状态。混凝土的工作性能各参数存在复杂的交互机制，可泵送性和可挤出性与流动度呈现正相关，而可建造性与可挤出性存在需求矛盾。同时，开放时间内材料的可打印性能会随时间发生变化，工作参数需要根据打印结构尺寸、建造规模统一协调设计。现阶段增材制造混凝土材料工作性能研究以水泥基材料的初凝时间作为材料的开放时间。Le 使用了剪切叶片装置测量剪切强度随时间的变化，进行对开放时间的参数表征。研究表明，适用于增材建造的混凝土材料初凝时间为 20～142min。

现阶段国内外针对轮廓工艺智能建造混凝土材料开展了较为充分的研究，基本可满足现有工程建造的技术要求，其湿态工作性能的成果汇总如表 2-6 所示。

表 2-6　现有 3D 打印水泥基材料工作性能

学者	可挤出性	可打印性	可建造性
Le	$L_t=4500$mm	剪切强度 0.55～2.60kPa	打印最大层数 61 层
Paul	—	流动系数 1.0～3.0mm	—
Soltan	—	流动系数 1.1～1.9mm	—

续表

学者	可挤出性	可打印性	可建造性
Zhang	—	流动度 192.5～294.0mm	层叠高度 260mm,生坯强度 7kPa
Ma	$L_t=2000mm$	流动度 192～221mm	平均垂直应变 0.8%～2.8%
Yuan	—	流动度(230.0±5.0)mm	20 层建造变形 0.09%～0.20%
Sun	—	流动度 154.0～160.0mm	层叠高度 800mm,2h 沉降 0.3mm

注：L_t 表示连续挤出长度；流动系数测试参考《水硬性水泥灰浆流动性的标准试验方法》(ASTM C1437)，流动度测试参考《混凝土 3D 打印技术规程》(T/CECS 786—2020)。

2.7.3　3D 打印混凝土材料微细观空间物相结构

由于 3D 打印混凝土材料纤维定向效应、挤出密实效应以及层叠成型工艺特点，使得成型 3D 打印混凝土在三维方向上存在正交各向异性，与传统混凝土空间特征差异较大。材料组分与打印工艺对增材智能建造混凝土材料硬化成型后空间受力性能造成影响，必须在结构设计中予以考量和分析，这也是新型智能建造混凝土结构计算亟待解决的关键技术参数和力学根本问题。

由于材料和制作工艺，混凝土中天然存在孔隙，孔径为 1×10^{-9}～1×10^{-3} m。依据物相研究，把混凝土材料从微观到宏观分为四个尺度：原子尺度（1×10^{-9}～1×10^{-8} m）、粒子尺度（1×10^{-6}～1×10^{-4} m）、微组构尺度（1×10^{-3}～1×10^{-1} m）和宏观尺度（1～1×10^3 m）。混凝土材料的破坏机理需要在多种尺度下进行，一般认为材料某一尺度表现的力学性能可以借助低一层次尺度材料和结构性质加以解释。

3D 打印混凝土泵送挤出、逐层打印、免模施工、堆叠成型的制造工艺导致成型后混凝土存在不可避免的层条界面，具有更多微细观缺陷和孔隙。孔隙空间分布和微观形态显著影响固体材料宏观力学性能，XCT 利用 X 射线衰减特性使材料的内部结构可视化，扫描分辨率为 $24.15\mu m$，测试最小孔径为 $105\mu m$，正好处于微组构尺度，因此可借助孔隙率、孔体积、孔径大小以及孔连通特征分析混凝土宏观力学性能影响机制，近年被用于对比传统现浇混凝土与 3D 打印混凝土的微细观孔隙形态差异。

对比 3D 打印混凝土与现浇混凝土的孔隙大小分布特征，打印混凝土试件孔隙比现浇混凝土更大（1.6～4.0mm），且多位于打印层间与条间。3D 打印混凝土孔隙率为 2.2%～4.2%，混凝土内部孔隙分布与打印工艺（如喷嘴移动速度、挤出速度、打印时间间隔等）和材料（如黏度特性等）相关。研究表明，打印时间间隔大于 30min，更容易出现扁平状孔隙，如图 2-3 所示。Lee 等使用体素尺寸为 $70\mu m$ 的 μ-CT 测定了 3D 打印混凝土的平均孔隙率在 5%～6%，研究表明，层间孔隙率比平均孔隙率高出 2.15%～6.66%。Van Der Putten 使用了 μ-CT 扫描，测得 3D 打印混凝土的孔隙率约为 3%。使用"平面度"指标，从 0.1 到 0.45 描述了孔隙的形态变化，发现层间包含了更多的扁平与细长的孔。Kloft 等使用 GE phoenix 锥形 X 射线 CT 设备扫描试件，测量 3D 打印混凝土的平均孔隙率为 3.4%。Kruger 使用 GE Nanotom S 扫描仪测试的现浇混凝土孔隙率平均为 6.8%，3D 打印试样孔隙率为 7.9%，打印混凝土基体的孔隙率

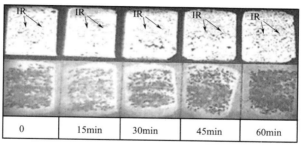

(a) 孔隙形态与打印时间间隔的关系

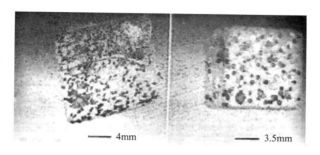

(b) 现浇/3D 打印混凝土

图 2-3　3D 打印混凝土孔隙形态

为 4.2%，孔径测试范围为 0.2～2mm。

2.7.4　3D 打印混凝土材料力学性能

目前，针对 3D 打印混凝土硬化性能的研究表明，轮廓成型后硬化混凝土强度有较为明显的各向异性。由于试验材料、测试方向存在差异，为汇总比较，将材料强度归一化处理，以打印成型 F_x 方向为基准进行归一化统计抗压强度。抗折试件 F_w 表示沿着 x 轴切割，沿着 y 方向加载，其余切割、加载方向同理，由于各研究材料、设备和打印工艺的差别，导致试验数据存在离散性。为了降低材料和打印制作引起的误差，将各试验数据以 F_x、F_y 方向强度为基准进行归一化分析。

2.8　纤维混凝土

传统混凝土原材料资源丰富、成本低廉、施工方便、抗压强度高，成为建筑领域不可替代的工程材料。不过，工程中常用的钢筋混凝土都不同程度地存在缺陷，例如：①抗渗性、抗离子侵蚀能力、抗冻性能等耐久性差；②混凝土耐火、耐高温性能差，普通混凝土在高温作用下，极易发生爆炸性破碎，给人身安全和经济财产都带来巨大的威胁；③抵抗长期变形性能弱，混凝土在长期荷载作用下会产生徐变等。国内外学者为解决混凝土的以上不足之处进行了大量研究，纤维混凝土就是其中研究成果之一。

采用纤维增强混凝土是目前国际上公认的提高混凝土韧性和耐久性的有效方法之一。纤维增强混凝土（fiber reinforced concrete，FRC），简称纤维混凝土，是以混凝土为基体、各种纤维为增韧相的一种新型复合建筑材料。工程常用的混凝土增强纤维有钢纤维和非钢纤维两大类，钢纤维增强效果相对明显，工程中应用多，但价格高；非钢纤维分为高弹纤维（如玻璃纤维、碳纤维、石棉纤维、聚乙烯纤维、聚乙烯醇纤维等）和低弹纤维（如聚丙烯纤维、尼龙等合成纤维）。本节主要介绍钢纤维混凝土、高延性水泥基复合材料、聚丙烯纤维混凝土、纤维素纤维混凝土及生态型超高性能纤维增强水泥基复合材料的发展历程、设计原理、力学性能及其工程应用。

2.8.1 钢纤维混凝土

当今我国基础工程建设规模空前，而且建设速度快。由于种种原因，开裂问题不断出现，工程过早失效和提前退出服役的现象时有发生，这已是世界性难题。众所周知，提高重大工程的耐久性与服役寿命，已为国内外混凝土科学与工程界高度关注，最基础和最关键的问题是：提高混凝土材料的强度、韧性和阻裂能力，阻止有害物质向混凝土内部的入侵。20多年来，纤维混凝土发展很快，已广泛应用于各个工程领域。其中钢纤维混凝土是一种由水泥、粗细骨料和随机分布的钢纤维组合而成的新型复合建筑材料。与普通混凝土相比，钢纤维混凝土抗拉强度、抗弯强度、抗剪强度等显著提高，对混凝土有显著的阻裂、增强和增韧作用。由于钢纤维可减少混凝土微裂缝并阻止宏观裂缝扩展，故在目前国内的土木工程结构中常采用钢纤维增强混凝土材料。

为了降低混凝土的脆性，提高延性，提出了分散配筋的理论。1940年，意大利的列维（L. Nervi）提出了钢丝网水泥配筋材料，使配筋混凝土具有均质材料的性能，大跨度的钢筋混凝土建筑物和薄壳结构应运而生。后来，人们又提出了纤维配筋的概念，用纤维对混凝土进行分散配筋，能够显著提高混凝土的抗裂性，增加其延性。

（1）钢纤维混凝土的发展历史

1874年，美国人在混凝土中加入废钢片，标志着钢纤维在混凝土中的应用开始起步。1910年，美国的 H. F. Porter 提出了"钢纤维混凝土"的概念，并开展在混凝土中均匀掺入钢纤维以作为增强材料的研究，发表了有关以短纤维增强混凝土的研究报告，且获得专利，其设想与现在的钢纤维混凝土大体相同。随后，美国的 Graham 把钢纤维掺入普通钢筋混凝土中，并得到了可以提高混凝土强度和稳定性的结果。到20世纪40年代，美国、英国、法国、德国等先后公布了许多关于钢纤维混凝土的研究成果和专利，主要涉及钢纤维提高混凝土的耐磨性、抗剪能力的研究报告以及钢纤维制造工艺、改进钢纤维形状来提高钢纤维与混凝土基体的黏结力等。日本在第二次世界大战时因军事需要，对钢纤维混凝土结构进行了抗爆性能试验。1963年 J. P. Romualdi 和 G. B. Batson 发表了一系列关于钢纤维混凝土增强机理的研究报告，提出了钢纤维平均间距理论以后，有关钢纤维混凝土的开发、试验以及应用才迅速开展起来。到20世纪70年代，美国 Battelle 公司开发了熔抽技术，大大降低了钢纤维的造价，为钢纤维的推广应用提供了可行条件。接下来的 20 年中，钢纤维的研究与应用在世界范围内，尤其在美国、欧洲和日本得到广泛开展。

20 世纪 70 年代，我国的一些高等院校、科研院（所）和施工单位开始了钢纤维混凝土理论和应用的研究，并随着《纤维混凝土试验方法标准》(CECS 13：2009)、《纤维混凝土结构设计与施工规程》(CECS 38：2004) 等行业标准的相继发布，钢纤维混凝土在我国工程领域中的应用快速发展起来。

（2）钢纤维混凝土增强基本理论

研究钢纤维混凝土的增强机理是提高钢纤维对混凝土增强、增韧和阻裂效应，从本质上改善其物理、力学、化学性能，并造就材料新性能的理论基础；也是进行钢纤维混凝土性能设计的依据。

现有钢纤维混凝土的基本理论，是在纤维增强塑料、纤维增强金属的基础上运用与发展起来的。由于钢纤维混凝土的组成与结构的多相、多组分和非均质性，加之钢纤维的"乱向"与"短"的特征，它比纤维增强塑料或增强金属要复杂得多。对钢纤维混凝土的增强机理，有一种是运用复合力学理论，另一种是建立在断裂力学基础上的纤维间距理论。所有其他理论均可认为是以这两个理论为基础经综合完善而发展起来的。

（3）钢纤维混凝土的耐久性能研究现状

近年来，随着钢纤维混凝土在工程中的应用日益广泛，国内外学者已经开展了关于纤维混凝土的耐久性研究，取得了一些研究成果。

郑州大学的高丹盈研究了不同纤维体积率与不同强度等级的钢纤维混凝土在不同碳化龄期下的碳化规律，研究结果表明，混凝土强度等级、碳化时间等对钢纤维混凝土的基本力学性能和碳化深度有较大影响；随着钢纤维掺量的增加，钢纤维混凝土的碳化深度逐渐减少；混凝土抗压强度随着碳化深度的增加而提高。

赵鹏飞等开展了混杂粗纤维轻骨料混凝土的耐久性研究，结果表明，钢纤维掺量对抗渗性和抗碳化能力的影响并不是随着掺量增大而增强，当掺量达到一定比例后，再掺入钢纤维，混凝土与纤维表面存在较多薄弱层，易出现微裂缝和气孔，降低混凝土试件的抗渗性和抗碳化性能。

田倩等研究过水灰比为 0.19 的高强混凝土的抗冻融性能，试验结果显示，经 300 次冻融循环后动弹性模量降低<5%，质量损失率<1%。适量加入硅灰不会降低其抗冻性。而钢纤维的掺入对结冰水的膨胀压与过冷水的渗透压造成的微裂缝起到了很好的抑制作用，使其难以开裂，从而提高抗冻性。

Bai Min 等研究了不同钢纤维掺量对混凝土浸泡于 3.5%氯化钠溶液中不同时间后的影响，结果表明，加入纤维提高了抗氯离子渗透性，且最佳掺量为 1.5%，还证明了钢纤维混凝土应用于海工结构中将会带来可观的经济效益和环境效益。

Amr S. El-Dieb 曾研究过超高强钢纤维增强混凝土的抗氯离子渗透性能。根据快速氯离子渗透试验结果，发现电通量随着钢纤维体积掺量的增加而增加，并解释这是由于钢纤维的导电性所致。此外，氯化物扩散系数的测试表明，UHSFRC 即使掺入不同体积分数的纤维，材料的氯离子扩散系数改变不大，说明氯离子迁移主要取决于水泥基体的微观结构，而与纤维的加入无关。总的来说，超高强钢纤维增强混凝土微观结构密实，其抗氯离子渗透性能优异。

慕儒通过钢纤维混凝土与普通混凝土、高强混凝土在多因素作用下的耐久性能退化试验表明，钢纤维能减缓混凝土在恶劣环境下的耐久性能退化速度。

因此，目前钢纤维混凝土耐久性研究仍存在的问题是：荷载与环境因素耦合作用下的钢纤维混凝土耐久性研究成果少且缺乏系统性，并且尚缺乏适用于钢纤维混凝土在环境因素单独作用或荷载与环境因素耦合作用下的服役寿命预测模型。

（4）钢纤维混凝土的工程应用

土木、水利、建筑各个专业领域内钢纤维混凝土以其优良的力学性能得到推广应用。主要应用的工程领域有管道工程、公路桥梁工程、公路路面和机场道面工程、铁路工程、建筑工程、水利水电工程、防爆工程、隧道衬砌和矿井建设工程、维修加固工程等。

① 铁路、公路和城市道路路面　预应力钢纤维混凝土轨枕在坡度大、曲线多的黔桂铁路中使用 4 年后，状态基本良好，无严重病害；上海浦东新区东方路也采用了钢纤维混凝土路面。

② 桥面、桥梁结构及交通隧道　桥梁工程、隧道工程中常用钢纤维混凝土材料。广州解放大桥、北京安慧立交桥等均采用钢纤维混凝土铺装层；重庆摩天岭隧道、南昆铁路家竹箐隧道等隧道工程中采用钢纤维喷射混凝土衬砌。

③ 机场道面　我国上海虹桥机场高架车道，烟台、咸阳等机场的滑行道、停机坪修筑均使用了钢纤维混凝土道面，都取得了良好的使用效果。

④ 建筑结构及预制构件　南京五台山体育场主席台的大悬挑薄壳板，沈阳师范学院学术报告厅挑台梁等结构构件均采用钢纤维混凝土结构；上海等地在预应力管桩和预制方桩生产中，在桩头或桩尖部分加入钢纤维，以增强桩的抗锤击性能和贯穿能力，都取得良好效果。

⑤ 修补加固及支护工程　我国葛洲坝二江泄水闸、三门峡泄水排砂底孔、云南乌江渡水电站等修补工程中使用了钢纤维混凝土，效果较好。甘肃省水利水电勘测设计研究院对盘道岭隧洞二次衬砌混凝土两险段经过喷射钢纤维混凝土及其他技术措施处理后，经 6 年多的通水运行考验，结构整体强度与稳定性良好。

⑥ 码头铺面和工业建筑地面　目前工业建筑中的地面铺装及墙板使用钢纤维混凝土较为广泛，如大连市机床集团厂房地面等工程。

⑦ 水工结构　美国利贝坝、金祖瓦坝等，日本三保坝工程中都采用了钢纤维混凝土。三峡水利枢纽工程五级船闸各闸首的人字闸门基座混凝土中采用了钢纤维混凝土。

⑧ 军事工程　钢纤维混凝土在掩体工事等抗爆、抗侵彻结构中以其优良的抗裂性能得到了广泛的应用。在工程防爆的防护门采用钢纤维混凝土，不但提高了抗爆裂、抗震塌及抗冲击的性能，而且减轻了自重，便于开启。目前由于经济因素的原因，钢纤维

混凝土主要应用在结构受力复杂的构件、大跨结构、机场跑道、对性能有较高要求的路面、军事工程等一些重大工程中。这些建设工程的安全正常对于社会可持续发展有着非常重要的作用，是国家社会经济的重要基础设施。它们和普通混凝土结构一样，在服役过程中也会受到各种腐蚀介质（如二氧化碳、氯离子、硫酸盐等）以及冻融破坏作用，必然导致结构性能退化，承载力降低，寿命缩短。由此可见，开展钢纤维混凝土结构的耐久性及其寿命预测研究是社会发展的迫切需求，对于保证国民经济稳定发展、减少经济损失具有重大的实际意义。

自 20 世纪 70 年代以来，钢纤维由于其较为显著的抗裂效果，在工程界得到广泛应用。但是钢纤维增强混凝土也有缺陷，尤其在某些特殊环境中。例如，在潮湿与腐蚀性环境中钢纤维容易生锈，钢纤维在路面应用中若处理不当会损伤车辆轮胎，喷射混凝土中掺加钢纤维对喷射装置磨损大等，而且钢纤维密度相对较大且回弹率较高。因此，工程界试图用能克服钢纤维缺陷的其他纤维代替钢纤维。

2.8.2　聚丙烯纤维混凝土

近年来，合成纤维发展较快，尤其是聚丙烯纤维，在国内外工程界得到广泛推广和应用。相对其他合成纤维，聚丙烯（polypropylene，PP）纤维具有强度大、耐腐蚀、价格低等优点，在工程界得到广泛应用，被视为近代混凝土技术发展的新方向。聚丙烯细纤维对混凝土的早期塑性开裂有抑制作用，对后期硬化混凝土的抗裂性能改善较小；聚丙烯粗纤维是一种新型增强增韧材料，具有耐腐蚀性能好、价格低等优点，在环境较为恶劣的工程中可代替钢纤维使用。与聚丙烯细纤维相比，粗纤维的主要特点是尺度（直径、长度）大，弹性模量高，与混凝土的黏结性能好。试验证明，将体积分数大于0.3%的聚丙烯粗纤维加入混凝土中，可显著提高混凝土的抗变形能力，减少混凝土硬化后期裂缝，增大混凝土的韧性、抗疲劳性、抗冲击性、抗冻性与抗渗性。近年来我国自主开发的聚丙烯粗纤维已可批量生产。

2.8.2.1　聚丙烯细纤维混凝土

20 世纪 60 年代，Goldfein 建议在混凝土中加入聚丙烯细纤维，用于建造军队的防爆建筑，可以说是合成纤维混凝土的首次应用。经过工程界多年探索性应用，发现聚丙烯纤维不但可以作为非结构性补强材料来减少塑性收缩裂缝，而且可以提高构件的承载能力，增强结构延性。研究表明，聚丙烯细纤维对阻止混凝土的早期塑性开裂十分有效，但对混凝土硬化后期韧性和抗裂性的改善效果不理想。

（1）聚丙烯细纤维对混凝土抗裂性能的影响

研究表明，聚丙烯细纤维有细化裂缝的作用，能有效延缓混凝土早期塑性收缩裂缝的产生和发展，改善混凝土内部的细观结构，减少混凝土内部原生微裂缝的扩展，使混凝土裂缝宽度减小，提高混凝土结构的抗渗性。

聚丙烯纤维对混凝土抗裂性能的抑制作用主要与纤维的长径比、体积掺量、改性方法等因素密切相关。混凝土裂缝面积和最大裂缝宽度与聚丙烯纤维的长径比成反比；聚丙烯纤维越细、越长，控制塑性开裂的效果越好，且束状聚丙烯纤维对混凝土塑性开裂控制效果最好；改性后的聚丙烯纤维表面能增加纤维与水泥基体之间的界面黏结强度，提高混凝土的抗塑性收缩性能。

聚丙烯细纤维对混凝土塑性收缩的抑制机理包括两个方面：一是水泥基材料收缩应变的降低是由于纤维的加入导致水分蒸发速度降低、蒸发量减少等；二是聚丙烯纤维的加入从整体上提高了水泥基材料的应变性能，使水泥基材料的应变性能始终高于或者至少不低于收缩应变，从而减少和防止裂缝的出现。

虽然聚丙烯纤维能较大幅度地提高混凝土的早期抗拉强度，抑制混凝土的早期收缩，提高混凝土的早期抗裂性能，减少混凝土塑性裂缝，但是，由于聚丙烯纤维的掺入会明显降低新拌混凝土的坍落度，在确定聚丙烯纤维的最佳掺量时应综合考虑减缩效果和坍落度损失、经济等因素，聚丙烯纤维的掺量宜选在 $0.9 \mathrm{kg/m^3}$ 左右，即体积分数在 0.1% 左右。

（2）聚丙烯细纤维对混凝土力学性能的影响

聚丙烯细纤维属于低弹性模量、高延伸率的聚合物纤维，当其掺量较低时，掺入混凝土后对混凝土的力学性能改善作用不显著；但是，当聚丙烯细纤维的掺量过高时，将对混凝土的力学性能产生负面作用。

研究表明，掺入聚丙烯纤维能提高混凝土劈裂抗拉强度、抗折强度、抗弯强度、抗冲击性能，且混凝土抗冲击性能随着聚丙烯细纤维含量增多而增强；在混凝土中掺入低体积分数的聚丙烯纤维能够有效提高混凝土的抗冻融性和抗压强度。

此外，聚丙烯纤维混凝土较素混凝土抗渗性有明显提高。聚丙烯纤维能减少混凝土收缩沉降裂缝，提高基体密实性，从而提高混凝土抗渗性。同时，利用断裂力学原理，对纤维增强混凝土的抗渗机理进行分析：无数纤维均匀分散于混凝土基体内部，在裂缝附近的纤维，能降低裂缝处的应力强度因子，抑制裂缝的产生和发展，降低混凝土连通性，从而提高混凝土的抗渗性。

（3）聚丙烯细纤维在工程中的应用

目前，纤维混凝土已经大量应用于工业和民用建筑、道路、桥梁、水池及地下结构等工程。

2001 年，在三峡工程左导墙进行了聚丙烯纤维混凝土现场生产性试验，之后在泄洪坝特殊部位得到了实际应用。在长江三峡工程 185 平台 E-120 栈桥也使用了杜拉纤维混凝土，用于提高混凝土结构的抗冲击、抗开裂、耐冲磨性能，以延长路面寿命。国家大剧院的基础工程、深圳会展中心工程地下室墙体采用聚丙烯纤维混凝土，均取得了较好的抗裂效果。

在贵州省崇溪河-遵义高速公路董家岩堆锚固治理中，预应力锚索中使用了聚丙烯纤维砂浆，有效地改善了锚固段砂浆与锚索的黏结、抗剪和握裹强度，该材料具有很好的工程可靠性、实用性。聚丙烯纤维水泥砂浆作为预应力锚固黏结材料，得到较好的运用和推广，具有显著的经济效益和社会效益。

2.8.2.2 聚丙烯粗纤维混凝土

聚丙烯粗纤维是一种新型增强增韧材料，具有耐腐蚀性能好、质量轻、易分散、对搅拌机器无损伤、无磁性干扰、价格低等优点，较好地克服了钢纤维的缺点。与聚丙烯细纤维相比，聚丙烯粗纤维具有以下优势：增加纤维与混凝土的握裹力，提高纤维与基材的黏结强度。粗纤维表面经过异型轧制，其直径一般为 0.1～1.0mm，弹性模量比普通的聚丙烯单丝细纤维高，除了同聚丙烯细纤维一样具有阻裂作用外，还有微筋材的作用。因此，聚丙烯粗纤维掺入混凝土中不仅能改善混凝土的强度、韧性和抗裂性能，而且在环境恶劣的工程及使用成本方面都具有较大的竞争优势。

（1）聚丙烯粗纤维对混凝土抗裂性能的影响

混凝土中纤维的数量与纤维的平均中心间距是影响纤维混凝土早期抗裂性能的主要因素。在实际工程中，聚丙烯粗纤维的直径与长度均比细纤维大，故单位体积混凝土中聚丙烯粗纤维的根数比细纤维少，而平均中心间距比细纤维大，所以掺入聚丙烯细纤维的混凝土早期抗裂效果比掺入聚丙烯粗纤维的混凝土好。聚丙烯粗纤维的掺入能够使混凝土的早期裂缝数量减少和裂缝长度减小，细化裂缝宽度。

试验结果表明，长径比越大的聚丙烯粗纤维对混凝土塑性收缩裂缝面积与裂缝宽度的控制效果越好，且波浪形的粗纤维能更有效地提高混凝土的早期抗裂性。

（2）聚丙烯粗纤维对混凝土力学性能的影响

掺入粗纤维，混凝土试件在受压或受弯曲时的破坏模式发生改变，其初裂强度、抗弯强度都有较大程度的提高，抗折强度的提高幅度较小，而抗压强度的提高不明显甚至可能会降低。同时，聚丙烯粗纤维对混凝土有明显的增韧效果。

Kotecha 和 Abolmaali 针对 1% 和 2% 体积分数的聚丙烯粗纤维，通过三点弯曲试验研究了其对钢筋混凝土深梁性能的影响，在试验过程中监测梁的作用荷载与挠度、破坏模式、开裂模式和钢筋应变。结果表明，在体积分数为 2% 的纤维含量下可以显著提高混凝土深梁的极限强度和裂后韧性。

研究表明，与素混凝土相比，当聚丙烯粗纤维的体积分数小于 2.0% 时，混凝土能够得到良好的施工性能，且纤维的含量越高，混凝土的基本力学性能指标增加值越高，但混凝土强度的增加与纤维在混凝土中的均匀分散密切相关。但是，当纤维体积掺量超过 0.5% 时，混凝土的抗压强度减小，但其平均残余抗弯强度却大幅度增加。这表明，在混凝土结构出现裂缝时，聚丙烯粗纤维发挥了较大作用，使得纤维混凝土承载能力达到峰值后能够继续承受荷载的能力大幅度增加。此外，粗纤维的掺入使得混凝土试件在受压或受弯时的破坏模式发生改变，从混凝土材料的脆性破坏向纤维混凝土材料的延性破坏转变；掺入纤维的体积分数越高，混凝土延性提高幅度越大。

当纤维掺量相同或接近时，聚丙烯粗纤维与钢纤维对混凝土力学性能的增强效果较为接近，甚至会更好。与钢纤维相比，粗纤维在混凝土中分散性能好，能比较均匀地分布在混凝土中，且对抗弯冲击性能的改善作用较优。

（3）聚丙烯粗纤维增强混凝土的工程应用

由于聚丙烯粗纤维能有效提高混凝土的抗裂性与受弯韧性，且在喷射混凝土中可减少回弹率，使其聚丙烯粗纤维在国内外的隧道工程中得到广泛应用。如日本的Hakkoda Tohoku Shinkansen 铁路隧道、Mitoyo 隧道、Hokuriku Shinkansen Liyama铁路隧道等，工程后期效果理想；挪威西部跨越 Hardangerfjorden 海峡的海底隧道，采用聚烯烃粗纤维喷射混凝土衬砌；美国芝加哥市西大街公共汽车站、停车场等在修建混凝土路面或沥青路面时大量使用合成纤维增强混凝土，工程造价降低，后期的维修成本也显著降低；英国伦敦凯宁镇至城市机场的轻轨铁路采用了粗合成纤维增强的混凝土轨道板。

此外，粗合成纤维混凝土因具有较好的韧性和耐久性，工程中将其作为永久性模板应用于电缆槽和桥面排水管道等位置。人们通过比较试验发现，与已使用多年的玻璃纤维增强水泥永久性模板相比，粗合成纤维增强水泥永久性模板的功能更强。粗纤维在工程中用来制造预制的阶梯构件，以替代混凝土构件中的钢筋网。

2.8.2.3 混杂聚丙烯纤维混凝土

混杂纤维混凝土是指为获取单掺一种纤维所达不到的混凝土力学性能效果，将两种或者两种以上不同的纤维混掺到混凝土基体中所形成的纤维混凝土。一般情况是高弹性模量的纤维增强、增韧效果好，价格高；低弹性模量的纤维增强效果不理想，但增韧效果理想，价格相对较低。可以通过合理的材料设计，使多种纤维混合，取长补短，在混凝土构件的不同受力阶段发挥"正混杂效应"。

聚丙烯混杂纤维主要分为两类：一是不同性质的纤维混掺，如聚丙烯纤维和钢纤维混掺或碳纤维和钢纤维混杂等，如粗纤维与钢纤维在自密实混凝土中混杂使用，可减少粗纤维对混凝土性能的负面影响；二是同种品质不同几何形态的纤维混掺，如聚丙烯纤维，不同长度、不同粗细的聚丙烯纤维混杂。

（1）聚丙烯细纤维与钢纤维混杂

聚丙烯细纤维与钢纤维混掺组成二维乱向纤维网能弥补混凝土的一部分初始缺陷，增强混凝土基体的抗拉性能，且在承受弯曲拉伸荷载时产生纤维叠加连锁正效应，因此对混凝土的抗渗性能和抗裂性能具有显著的改善效果；钢纤维与聚丙烯纤维在裂缝扩展过程中先发挥阻裂效应，细化裂缝，抑制裂缝的扩展，使混掺纤维混凝土基体韧性得到较大幅度的提高；在高温条件下，混杂纤维对混凝土爆裂有阻止作用。

研究表明，与素混凝土相比，当钢纤维与聚丙烯纤维的混杂掺量较低时，混凝土的抗压强度提高较少，但混凝土的破坏模式由脆性破坏过渡到延性破坏；当纤维掺量过高时，冻融后混杂纤维混凝土的劈裂抗拉强度反而会出现下降，且混杂纤维混凝土冻融后的力学性能优于单掺纤维混凝土。同时，不同尺度、不同力学性能的纤维混掺，能在混凝土相应的结构层次上逐级阻裂并形成性能互补。此外，纤维的混杂作用与混凝土中的孔结构密切相关。其中，钢纤维对混杂纤维高强混凝土断裂性能的改善起关键作用，聚丙烯纤维的掺量对混凝土抗渗效果的提升更为明显。

从经济上考虑，在混凝土基体中将钢纤维与聚丙烯纤维混掺，能够在工程造价少量提高的基础上达到提高混凝土的强度、阻裂能力、韧性的目的，所以这种混掺纤维混凝土特别适合抗震等级要求比较高的建筑项目。如钢纤维与聚丙烯纤维混杂混凝土地铁管片作为一种新型的盾构管片在工程中已有应用，如意大利的 Metrosud 工程、法国的 Metero 工程、德国的 Essle 工程，北京、上海地铁工程中也有少数试验段。

（2）聚丙烯粗纤维与钢纤维混杂

聚丙烯粗纤维与钢纤维具有较好的混掺效应，混掺纤维混凝土的力学性能受纤维混杂比例的影响，其中高性能钢纤维与聚丙烯粗纤维混杂使用效果较好。

在适当的纤维掺量条件下，钢纤维喷射混凝土比聚丙烯粗纤维混凝土的力学性能要好，但从耐久性方面来看，钢纤维喷射混凝土在碳化和氯离子腐蚀环境中强度和作用效应会有损失，而聚丙烯粗纤维具有耐腐蚀性能，其喷射混凝土在恶劣环境中的力学性能可以满足工程需要。因此，当聚丙烯纤维混凝土的力学性能满足设计要求时，在腐蚀环境条件下，聚丙烯粗纤维可以替代钢纤维。

研究表明，高性能钢纤维与聚丙烯粗纤维混杂使用时效果较好，能够使混凝土试件的裂缝减少，甚至在高温条件下可避免爆裂，且纤维混凝土试件加热后的残余强度也得到提高。

（3）聚丙烯细纤维与聚丙烯粗纤维混杂

将钢纤维作为粗纤维，但钢纤维存在易锈蚀、质量大、易结团、易损伤搅拌机器、有磁性干扰、价格高等问题。而聚丙烯粗纤维是一种新型增强增韧材料，具有耐腐蚀性能好、质量轻、易分散、对搅拌机器损伤小、无磁性干扰、价格低等优点，在环境较为恶劣的工程中可代替钢纤维。

聚丙烯纤维对混凝土的增强作用是抑制和推迟微裂缝在混凝土中的出现和扩展。在外部和内部环境因素的作用下，聚丙烯细纤维混凝土局部产生较大裂缝时，纤维可能已经从混凝土基体中拔出，使其抑制作用消失。此时，须借助聚丙烯粗纤维，而聚丙烯粗纤维从混凝土基体中拔出需要消耗较多能量，裂缝的开展能够得到抑制，使混凝土的破坏延后。因此聚丙烯粗纤维与聚丙烯细纤维合理搭配，可得到抗裂性能较好的复合材料。

试验表明，多尺度钢纤维混凝土在阻裂、减少收缩与提高抗渗性等方面均比单一钢纤维混凝土有显著提高。此外，掺入纤维后，混凝土质量损失有所增加，但其动弹性模量和相对动弹性模量增加明显，聚丙烯混杂纤维混凝土的抗冻性能优于单掺聚丙烯纤维。

综上所述，多尺度聚丙烯纤维混凝土的力学效应研究还处于理论阶段，目前工程应用还未普及。但混掺聚丙烯纤维混凝土在我国南水北调水利工程中已有应用，效果比较理想。由于其价格上的优势，多尺度聚丙烯纤维混凝土在工程界具有广阔的应用前景。因此，研究多尺度聚丙烯纤维混凝土的基本力学性能具有重要的现实意义。

2.8.3　高延性混凝土

虽然混凝土强度、耐久性能和材料绿色化的发展解决了某些关键需求，但在新技术使用过程中也发现了它们各自的局限性。例如，高强度混凝土并不能完全解决基础设施的韧性，特别是当结构并非因强度到达极限而失效时；短梁的剪切破坏和混凝土保护层的剥落等现象导致地震作用下柱内轴向钢筋的屈曲，其更多反映的是混凝土抗拉性能的局限性；此外，与普通混凝土相比，高强度混凝土往往更脆，更易发生突然的断裂失效，而且近年来，致密混凝土的耐久性增强效果受到了质疑。因此，基础设施的可持续性不仅要求材料绿色化，更要求其在服役期间结构耐久。

高延性、高韧性的水泥基材料是混凝土材料的另一条发展技术路线。20世纪90年代初美国Victor Li教授发明了经设计的高性能水泥基复合材料（ECC），经过发展与性能提高，也有学者将其命名为多细缝开裂高性能纤维增强水泥基复合材料（HPFRCC）、超高性能高延性水泥基复合材料（UHP-ECC）或高强应变硬化水泥基复合材料（HS-SHCC）。西安建筑科技大学邓明科教授团队制备了高强度、高延性、高耐久性的高延性混凝土（HDC）——一种可弯曲的混凝土，对其基本力学性能、HDC构件的受力性能、HDC加固砖砌体结构的抗震性能进行了系统研究。高延性混凝土传统上使用高强高模的聚乙烯醇（PVA）纤维实现高延性和高韧性，如今则研究使用更高强度和弹性模量的有机纤维，包括超高分子量或高密度聚乙烯（UHMWPE或HDPE）、芳纶（Aramid）等纤维。

HDC指的是具有高延性且拉伸应变通常超过2%的水泥基复合材料，其设计原理与高强混凝土（high strength concrete，HSC）和超高性能混凝土（UHPC）有很大的不同。HSC和UHPC基于颗粒材料紧密堆积设计，而HDC是基于微观力学和断裂力学的知识体系对其微观结构进行设计，以实现纤维、基体和纤维/基体界面的协同作用，目的在于克服传统混凝土的脆性和较差的拉伸变形能力。

2.8.3.1　HDC的设计理论

在单轴拉伸作用下，普通纤维增强混凝土（FRC）的局部变形发生在第一条（且唯一）裂缝处，伴随着混凝土承载能力的下降，桥接于裂缝间的纤维在裂缝张开过程中拔出或被拉断。与脆性断裂模式破坏的普通混凝土相比，这种在FRC中常出现的拉伸软化行为被认为是有利的。拉伸软化行为的价值在于材料强度下降缓慢，纤维桥接作用下能限制裂缝的扩展，FRC因此也具有准脆性材料的响应特点。

HDC与FRC之间最主要的区别在于初裂后的行为，如图2-4所示。这意味着在单轴拉伸下，随着试件应变的持续增加，材料仍可持续承受更高的荷载，且表现为多裂缝开展。由纤维性能（长径比、力学性能）、基体性能（力学性能、初始缺陷的尺度分布）以及纤维/基体界面间性能（化学结合力、摩擦力和其他纤维与基体相互作用）等因素共同决定了HDC的受力行为由拉伸软化到应变强化的转变。因此，基于最小纤维掺量下实现拉伸应变强化目标的理论模型，便是HDC材料的设计基础。

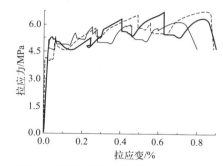

图 2-4　HDC 的单轴拉伸应力-应变曲线

　　为了得到乱向分布短纤维复合材料的应变硬化性能，很多学者对微观力学理论进行研究和讨论。单轴拉伸荷载作用下的高延性和应变硬化效应是高延性混凝土（HDC）独有的特性，实现应变硬化效应的条件是多裂缝开展和稳态开裂。要想实现多裂缝开展，应同时满足这两个条件，如果不满足其中任何一个条件，材料在承受荷载时就不会出现多裂缝开展和应变硬化特性，使试件在破坏时只会出现一条裂缝。

（1）初裂应力准则

　　初裂应力准则要求复合材料初裂时的拉应力 σ_{cr} 应大于基体的强度 σ_{M}，但小于基体裂缝处的最大纤维桥联应力 σ_0，即 $\sigma_{M} < \sigma_{cr} < \sigma_0$。只有满足此条件才能够保证初始裂缝的形成不会导致裂缝面处承载力的大幅度降低。对于普通混凝土，初始裂缝出现后将迅速变宽，并不出现新的裂缝，即为脆性或准脆性纤维增强基体复合材料的典型性能。而对于 HDC，当应力达到开裂应力时基体开裂，随着外加荷载的逐渐增大，随后稳态开裂发生。

（2）稳态开裂准则

　　稳态开裂是指在裂缝周围应力值保持为 σ_{ss} 不变的条件下，除裂缝尖端处的微小区域外，裂缝缓慢变长而宽度保持为 δ_{ss}，最终形成裂缝面。这就意味着拉应力能够传递至基体的其他薄弱部位，最终形成多裂缝开展现象。Marshall 和 Cox 给出了单位裂缝发生稳态开裂时的能量守恒方程：

$$J_{tip} = \sigma_{ss}\delta_{ss} - \int_0^{\delta_{ss}} \sigma(\delta)\mathrm{d}\delta$$

　　式中，J_{tip} 为裂缝尖端韧度，是基体自身阻碍裂缝发展的能力；$\sigma_{ss}\delta_{ss}$ 为外力所做的功；$\int_0^{\delta_{ss}} \sigma(\delta)\mathrm{d}\delta$ 为裂缝宽度 δ 从 0 发展到 δ_{ss} 所消耗的能量。等号右侧表示外力所做的功与裂缝尖端区域发生从 0 到 δ_{ss} 的非弹性延伸所消耗的能量之差。非弹性延伸表示裂缝处纤维桥联作用产生位移或拔断和界面黏结滑移的过程。假设余能 J_b' 为裂缝稳态开裂所需能量，当应力取最大纤维桥联应力 σ_0 时，余能 J_b' 取最大值：

$$J_b' = \sigma_0\delta_0 - \int_0^{\delta_0} \sigma(\delta)\mathrm{d}\delta$$

　　发生多裂缝开展和稳态开裂均需要足够的能量，所以要求 J_b' 必须大于 J_{tip}。

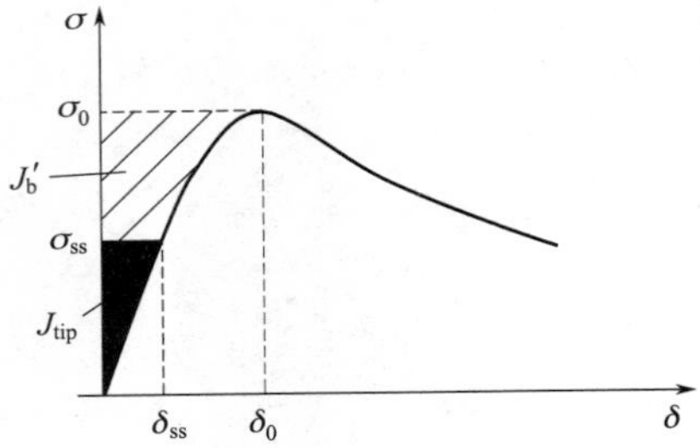

图 2-5   能量守恒关系

图 2-5 通过 $\sigma(\delta)$ 关系表示能量守恒。当应力等于最大纤维桥联应力 σ_0，裂缝宽度为 δ_0 时，余能 J_b'（裂缝稳态开裂所需的净能量）取最大值。因此，满足裂缝稳态开裂的基体韧性上限为：

$$\frac{K_m^2}{E_m} \leqslant \sigma_0 \delta_0 - \int_0^{\delta_0} \sigma(\delta)\mathrm{d}\delta = J_b'$$

由此可得，HDC 的设计应当从纤维、基体和界面特性同时入手。纤维和界面性能控制着 σ-δ 曲线的形状，也是余能 J_b' 的决定性因素。复合材料的应变硬化性能条件要求优化纤维/基体界面性能，以使余能 J_b' 最大化。

裂缝伴随着裂缝边缘处纤维桥联作用的增大而不断发展，在此过程中，拉应力随着纤维和基体界面的逐渐脱黏而不断增大，直至纤维传力区域发生破坏。开裂强度 σ_{cr} 取决于基体的断裂韧性 K_m 和初始缺陷尺寸 c，若 K_m 过小或 c 过大都会导致初裂强度和抗压强度的降低。最大纤维桥联应力 σ_0 主要与纤维的体积含量 V_f、截面摩擦黏结强度 τ_0 和纤维的长径比 L_f/d_f 相关：

$$\sigma_0 = 0.405 g \tau_0 V_f \frac{L_f}{d_f} \quad g = \frac{2}{4+f^2}(1+\mathrm{e}^{\pi f/2})$$

式中，g 为摩擦增强因子，用以描述纤维倾斜角度对材料性能的影响，反映当裂缝处纤维与基体的夹角不是 90°时对黏结性能的提高作用，g 随界面黏结性能和纤维长径比的增大而增大；f 为摩擦黏结系数，根据不同基体的试验可测得 $f = 0.5 \sim 1.0$。

综上所述，纤维桥联作用 σ_0 随着纤维掺量 V_f、纤维长径比 L_f/d_f 的增大而增大，进而开裂应力 σ_{cr} 也越大。但纤维桥联应力过大将导致纤维断裂，从而失去纤维拔出所带来的能量吸收能力。界面黏结应力 τ 仅与复合材料中的纤维桥联强度有关，可以通过不同试件的直接拉伸试验测得。

(3) ECC 的微结构特征

HDC 在设计过程中主要关注纤维直径（通常小于 $50\mu m$）、由化学或物理脱黏引起的界面滑移（通常约为 $10\mu m$ 或更小）以及微裂缝的扩展（通常小于 $100\mu m$）。同时，宏观尺度上的材料缺陷（通常为几毫米）、纤维长度（约为 10mm）在设计模型中也需要考虑。对于 HDC 的开裂区域，其承载能力与开裂面处桥联纤维的数量、取向、分布均密切相关，其多缝开裂的密集程度是由 HDC 基体中缺陷的尺寸和分布情况决定的。

2.8.3.2   HDC 的特点

为区分高延性混凝土（HDC）与普通纤维增强混凝土（FRCC）的不同，采用以下术语描述 HDC 的某些力学特性：

(1) 应变硬化（准应变硬化）和应变软化

应变硬化（准应变硬化）是指试件在单轴拉伸荷载作用下表现的初裂后仍然能够传递应力且具有连续拉应变的现象。由于 HDC 的拉伸应变硬化性能与金属材料有所不同，也常用准应变硬化代替。反之，如果试件初裂后拉应力的传递有所减弱甚至消失，称之为应变软化，如图 2-6 所示。

（2）多裂缝开展现象

在单轴拉伸或弯曲荷载作用下，试件初裂后相继出现更多裂缝，最终细密裂缝平行且均匀分布于试件上，以应变的形式代替裂缝的变宽（图 2-7）。多裂缝开展将使复合材料的拉伸、压缩和弯曲性能均有所提高，尤其是延性、韧性、断裂能、变形能等。常用单轴拉伸荷载作用下的多裂缝开展现象来区分 HDC 和普通 FRCC。

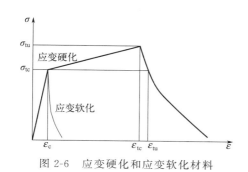

图 2-6　应变硬化和应变软化材料　　　　图 2-7　HDC 受弯试件的多裂缝开展现象

（3）纤维桥联作用

用来描述裂缝处纤维的传递作用，当一条裂缝产生，跨越裂缝间的桥联纤维承担了开裂区域基体的荷载，且裂缝端处的基体处于无应力状态，复合应力通过纤维和基体共同承担。纤维桥联作用是控制 HDC 应变硬化/软化性能的基本参数。

（4）韧性

反映复合材料能量消耗能力的指标，为应力-应变曲线或荷载-位移曲线所包围的面积。通常情况下，韧性通过对固定应变或位移下面积的计算求得。

（5）临界纤维掺量

一种特定基体可达到应变硬化效应所需要的最小纤维掺量。临界纤维掺量与纤维、基体和界面性能密切相关，当纤维体积掺量小于临界纤维体积率时，复合材料直接拉伸荷载作用下不能形成多裂缝开展和应变硬化现象。

2.8.3.3　HDC 的力学性能

高延性混凝土（HDC）是一种高强度、高延性、高耗能能力的新型纤维增强复合材料，其优异的力学性能受到了学者的广泛关注，可用作混凝土保护层以提高结构耐久性，作为耗能材料提高结构抗震性，作为修复材料对既有结构物修复等。近年来，学者们对高延性混凝土的研究主要包括以下几个方面的内容。

HDC 的单轴抗压强度较普通混凝土相差不大，但其峰值压应变比混凝土高 3～6 倍，极限压应变是混凝土的将近 100 倍；处于多轴受力状态时，其轴向极限抗压强度以及峰值应变均随围压的增加而显著提高。此外，研究表明 HDC 试块受压破坏过程中能够表现出良好的抗压韧性，其抗压强度在一定程度上仍继续保持增长，裂缝截面处的纤维在加载时承担了大部分拉力，使其耐损伤能力明显优于普通混凝土。

研究表明，HDC 的单轴抗拉强度可达普通混凝土的 3 倍以上，极限拉应变可达 1%～10%。此外，纤维种类、直径对其拉伸应力-应变曲线有较大的影响，主要通过保证纤维发生拔出破坏而起作用。HDC 的四点受弯性能试验结果表明，HDC 具有良好的裂缝分散能力、较高的耗能能力。

HDC 良好的拉伸性能和剪切性能能够使钢筋混凝土抗剪构件中的箍筋配筋率得到有效降低，且没有箍筋的 HDC 试件的承载力和耗能能力远远超过了配有箍筋的普通钢筋混凝土受弯构件，证明了在 HDC 试件中取消或减少部分箍筋的可行性。

2.8.3.4 HDC 的工程应用

HDC 已从实验室转向实际应用，在国内外被广泛应用于加固改造、桥梁及公路维护以及新建工程中。包括但不限于砌体结构和混凝土结构的加固、桥面板连接、隧道衬砌加固、高速公路和机场跑道修补、灌溉渠和大坝修复等；新建工程应用包括高层建筑核心筒连梁、复合桥面板及其他结构的关键构件和结构；应用方式包括现浇、预制和喷涂（喷射混凝土）等。

2.8.4 生态型超高性能纤维增强混凝土

超高性能纤维增强水泥基复合材料（UHPFRCC）是 20 世纪 80 年代发展起来的一种新材料，具有超高的强度、耐久性和工作性，最先出现在法国，名为活性粉末混凝土（RPC）。2006 年，日本土木工程学会给出了 UHPFRCC 的定义：纤维增强水泥复合材料，并且抗压强度大于 150MPa，抗拉强度大于 5MPa，初裂强度大于 4MPa。东南大学郭丽萍教授团队利用粉煤灰、矿渣等工业废物取代水泥制备 UHPFRCC 可以降低生产的成本，并且有利于节省资源、抑制废物的产生和 CO_2 等气体的排放；利用河砂代替磨细石英砂可以避免生产磨细石英砂造成的巨大能耗，从而间接地减轻了环境负担；采用这种方法制备得到的 UHPFRCC 将其称为生态型超高性能水泥基复合材料（ECO-UHPFRCC）。

（1）流动性能

超高性能水泥基材料的制备通常采用超低水胶比，浆体拌合成型过程中可以利用的水量严重不足，必须依靠大掺量的高效减水剂来改善其流动性能。低水胶比也使得矿物掺和料对浆体流动性能的影响与高水胶比时略有不同。研究表明：

① 硅灰掺量小于 15% 时能提高 0.15 水胶比净浆的流动度，大于 15% 时流动度急剧下降，硅灰对 0.15 水胶比砂浆的流动度的影响表现为相同的趋势。粉煤灰对 0.15 水胶比砂浆的流动度表现出先降低后升高的趋势，粉煤灰掺量为 40% 时流动度与硅灰掺量为 10% 时相当。从优势互补的角度应该采用复掺。

② 复掺时，硅灰对浆体的流动性能起到了主导作用，硅灰相对掺量达到 30% 后，浆体的流动度比较差。采用宾汉姆模型对 40% 矿物掺和料总掺量的净浆进行流变学分析可以发现，硅灰相对掺量大于 20% 后，浆体的塑性黏度显著提高，但降低了浆体的

触变性，有利于拌合成型。然而硅灰相对掺量低于 5% 时，屈服应力和塑性黏度反而有所上升。一定掺量的硅灰对 UHPFRCC 的成型来说不可或缺。

③ 硅灰、粉煤灰、矿渣三掺时，依然是硅灰掺量对流动度起决定性的作用。钢纤维掺量高于 2.5% 时，浆体的流动度急剧下降；水胶比降低，流动度变差，本试验采用的极限水胶比为 0.13。降低砂胶比能提高流动度，当水胶比过低，硅灰掺量过高时，改变砂胶比并不能对浆体的流动性能起到多大的帮助。

（2）力学性能

ECO-UHPFRCC 具有优异的力学性能，由于钢纤维的掺入，不仅具有较高的强度，且能够显著改善材料的韧性。

① 与普通混凝土相比，ECO-UHPFRCC 的早期强度增长迅速，后期强度高且平稳增长。

② 高温养护和蒸汽养护对快速发展 ECO-UHPFRCC 的力学性能十分有利，能够在养护较短的时间内（3d）既保证材料的强度，又不损失材料的韧性。

③ 钢纤维的掺入能有效地改善 ECO-UHPFRCC 的强度和韧性，并且随着钢纤维的体积分数增加，材料的抗折强度、抗压强度和韧性均有所提高。

（3）耐久性

通过对 ECO-UHPFRCC 水稳定性、干缩性能、抗氯离子渗透性能、抗冻融性能和抗碳化性能的研究，得到如下结论：

① ECO-UHPFRCC 具有极为优异的耐久性。ECO-UHPFRCC 具有极强的水稳定性，早期硬化阶段的干缩应变值较低，体积稳定性好；抗氯离子渗透性能、抗冻融性能以及抗碳化性能均十分优异。这均得益于 ECO-UHPFRCC 的致密微观结构。

② 制备的 ECO-UHPFRCC 具有极优良的水稳定性，在水中浸泡 90d 后，力学性能未发生明显下降。

③ ECO-UHPFRCC 在 180d 时干缩应变为 $400\times10^{-6}\sim600\times10^{-6}$。

④ ECO-UHPFRCC 的抗氯离子渗透性能优异；未加载时，钢纤维的加入对于 ECO-UHPFRCC 的抗氯离子渗透性影响较小；在拉应力作用下，钢纤维的掺入能减轻拉应力对 ECO-UHPFRCC 抗氯离子渗透能力的负面影响。

⑤ ECO-UHPFRCC 的抗冻融性能优异，800 次循环时，质量损失率约为 5%，相对动弹性模量约为 95%。钢纤维的掺加能显著提高 ECO-UHPFRCC 的抗冻融能力。而在弯曲荷载条件下，ECO-UHPFRCC 的抗冻融能力下降。

⑥ ECO-UHPFRCC 的抗碳化性能优异，无论加载与否，所有试件进行条件加剧的碳化试验 90d 后均仍未出现肉眼可见的碳化深度。

（4）微观结构分析及优异耐久性的形成机理

借助 SEM、MIP、X-CT 等先进的测试技术，对 ECO-UHPFRCC 的微观结构（包括微观形貌、孔结构等）进行了研究，研究结果表明：

① 随着龄期的增长，ECO-UHPFRCC 基体逐渐密实，与钢纤维的黏结作用增强；

粉煤灰的火山灰效应是材料后期性能仍持续稳定增长的原因；高温养护和蒸汽养护能在短期内迅速提高水泥基材料的密实性；冻融循环给 ECO-UHPFRCC 带来的不利作用一是以孔隙为源头引发裂缝，二是降低钢纤维与基体的黏结作用力，削弱钢纤维对基体的阻裂作用；荷载使材料在冻融循环过程中加速劣化。

② ECO-UHPFRCC 总孔隙率和最可几孔径很小，几乎不存在毛细孔，外部有害物质（如氯离子）很难侵入 ECO-UHPFRCC 内部；随着龄期的增长，ECO-UHPFRCC 的孔结构得到优化；弯曲荷载与冻融耦合作用时，荷载作用能加重冻融循环对 ECO-UHPFRCC 的损坏程度。

③ 纤维的加入有利于抑制 ECO-UHPFRCC 基体中较大气孔的形成；ECO-UHPFRCC 内部存在一定数量的气孔，有利于材料的抗冻融性能；纤维在基体内部分布均匀乱向，能很好地发挥阻裂增韧作用；冻融破坏起源于大孔孔壁处的开裂。

④ ECO-UHPFRCC 基体本身极其致密的微观结构和钢纤维的作用均对其良好的耐久性具有较大贡献。

2.8.5   纤维增强水泥稳定碎石

在"强基薄面"工程理念下，较常规路面结构而言，沥青路面结构主要是指在薄沥青面层下铺设较厚的半刚性基层，而水泥稳定碎石材料作为主要半刚性基层材料，在我国的高速公路建设中得到了广泛的使用。然而在道路服役期间，由于沥青面层薄导致其抗裂性能低，水泥稳定碎石半刚性基层在温度和湿度的变化下将会产生干缩裂缝和温缩裂缝，逐渐反射到面层使得厚度不高的沥青层产生横向裂缝和纵向裂缝等，从而损坏路面结构。因此，为改善水泥稳定碎石基层的收缩、柔韧性能和抗裂性能，在水泥稳定碎石中掺加纤维是改善其性能的重要方式之一，纤维作为一种增韧增塑的添加剂，可提高水泥基材料的延展性，并减少脆性破坏和收缩开裂，在水泥稳定碎石混合料中起到加筋增韧作用，可抑制上述材料裂缝的产生和发展。

因此纤维增强水泥稳定碎石是指在水泥稳定碎石中掺加纤维（玄武岩纤维、合成纤维、玻璃纤维、矿渣纤维等）得到的混合料。如马涛、申爱琴等研究发现在水泥稳定碎石中掺入纤维，可以发挥纤维增韧作用，改善抗疲劳开裂的力学性能；白云采用外掺法将玻璃纤维添加到水泥稳定碎石中，研究玻璃纤维长度和掺量对水泥稳定碎石材料抗裂性能影响和进行机理分析，其作用效果主要体现在抑制混合料的收缩变形和增强混合料的阻裂能力，玻璃纤维起到"加筋"作用，增强混合料的整体性。

参考文献

[1]   冯乃谦，马展翔 . 多功能混凝土技术 [M]. 北京：中国建筑工业出版社，2022.

[2]   王继娜，徐开东 . 特种混凝土和新型混凝土 [M]. 北京：中国建材工业出版社，2022.

[3]   赵筠，师海霞，路新瀛 . 超高性能混凝土基本性能与试验方法 [M]. 北京：中国建材工业出版社，2019.

[4]   孙晓燕，王海龙，蔺喜强 . 增材制造混凝土结构 [M]. 北京：中国建筑工业出版社，2022.

［5］　Pleifer C，et al. Investigations of the pozzolanic reaction of silica fume in ultra high performance concrete （UHPC）［C］// Proceedings of International RILEM Conference on Material Science-AdIPoC-Ad-ditions Improving Properties of Concrete-Theme 3. Aachen. 2010：287-298.

［6］　Scheydt J C，et al. Microstructure of ultra high performance concrete （UHPC） and its impact on durability ［C］// Proceedings of the 3rd International Symposium on Ultra High Performance Concrete. Kassel. 2012：349-356.

［7］　Gu C P，Ye G，Sun W. Ultrahigh performance concrete-properties，applications and perspectives［J］Science China Technological Science，2015，58（4）：587-599.

［8］　Wille K，et al. Ultra-high performance concrete with compressive strength exceeding 150MPa （22ksi）：A simpler way［J］. ACI Materials Journal，2011：40-54.

［9］　赵筠，等. 钢-混凝土复合的新模式——超高性能混凝土（UHPC/UHPFRC）之三：收缩与裂缝，耐高温性能，渗透性与耐久性，设计指南［J］. 混凝土世界，2013（12）：50，60-71.

［10］　Xiao J，Zou S，Yu Y，et al. 3D recycled mortar printing：System development，process design，material properties and on-site printing［J］. Journal of Building Engineering，2020，32：101779.

［11］　Sun X，Wang Q，Wang H，et al. Influence of multi-walled nanotubes on the fresh andhardened properties of a 3D printing PVA mortar ink［J］. Construction and Building Materials，2020，247：118590.

［12］　楚宇扬，徐金涛，刘烨，等. 快硬硫铝酸盐水泥在 3D 打印材料中的应用［J］. 建筑材料学报，2021，24（5）：930-936.

［13］　Soltan D G，Li V C. A self-reinforced cementitious composite for building-scale 3D printing［J］. Cementand Concrete Composites，2018，90：1-13.

［14］　Panda B，Sonat C，Yang E，et al. Use of magnesium-silicate-hydrate （M-S-H） cement mixes in 3D printing applications［J］. Cement and Concrete Composites，2021，117：103901.

［15］　Weng Y，Ruan S，Li M，et al. Feasibility study on sustainable magnesium potassiump hosphate cement paste for 3D printing［J］. Construction and Building Materials，2019，221：595-603.

［16］　Xia M，Sanjayan J. Method of formulating geopolymer for 3D printing for construction applications ［J］. Materials & Design，2016，110：382-390.

［17］　Panda B，Tan M J. Experimental study on mix proportion and fresh properties of flyash based geopolymer for 3D concrete printing［J］. Ceramics International，2018，44（9）：10258-10265.

［18］　Chen Y，Veer F，Copuroglu O，et al. Feasibility of Using Low CO_2 Concrete Alternatives in Extrusion-Based 3D Concrete Printing ［M］. Cham：Springer International Publishing，2019：269-276.

［19］　Chen M，Yang L，Zheng Y，et al. Yield stress and thix otropy control of 3D-printed calcium sul-foaluminate cement composites with metakaolin related to structural build-up［J］. Construction and Building Materials，2020，252：119090.

［20］　Panda B，Tan M J. Rheological behavior of high volume fly ash mixtures containing micro silica for digital construction application［J］. Materials Letters，2019，237：348-351.

［21］　Nerella V N，Hempel S，Mechtcherine V. Effects of layer-interface properties on mechanical performance of concrete elements produced by extrusion-based 3D-printing［J］. Construction and Bailsing Materials，2019，205：586-601.

［22］　Ma G，Li Z，Wang L. Printable properties of cementitious material containing copper tailings for extrusion based 3D printing［J］. Construction and Building Materials，2018，162：613-627.

［23］　Zhang Y，Zhang Y，Liu G，et al. Fresh properties of a novel 3D printing concrete ink［J］. Conestruction and Building Materials，2018，174：263-271.

[24]　Jiao D，Shi C，Yuan Q，et al. Effect of constituents on rheological properties of fresh concrete areview [J]. Cement and Concrete Composites，2017，83：146-159.

[25]　Le T T，Austin S A，Lim S，et al. Mix design and fresh properties for high-performance printing concrete [J]. Materials and Structures，2012，45 (8)：1221-1232.

[26]　Kazemian A，Yuan X，Cochran E，et al. Cementitious materials for construction-scale 3D printing：Laboratory testing of fresh printing mixture [J]. Construction and Building Materials，2017，145：639-647.

[27]　Kruger J，Zeranka S，Van Zijl G. An ab initio approach for thixotropy characterisation of (nanoparticle-infused) 3D printableconcrete [J]. Construction and Building Materials，2019，224：372-386.

[28]　Zhang Y，Zhang Y，She W，et al. Rheological and harden properties of the high-thixotropy 3D printing concrete [J]. Construction and Building Materials，2019，201：278-285.

[29]　Ting G H A，Tay Y W D，Qian Y，et al. Utilization of recycled glass for 3D concrete printing：Rheological and mechanical properties [J]. Journal of Material Cyclesand Waste Management，2019，21 (4)：994-1003.

[30]　Weng Y，Li M，Tan M J，et al. Design 3D printing cementitious materials via Fuller Thompson theory and Marson-Percy model [J]. Construction and Building Materials，2018，163：600-610.

[31]　Zhang C，Hou Z，Chen C，et al. Design of 3D printable concrete based on the relationship between flow ability of cement paste and optimum aggregate content [J]. Cementand Concrete Composites，2019，104：103406.

[32]　Won J，Hwang U，Kim C，et al. Mechanical performance of shotcrete made with a high-strength cement-based mineral accelerator [J]. Construction & Building Materials，2013，49：175-183.

[33]　Khalil N，Aouad G，El Cheikh K，et al. Use of calcium sulfoaluminate cements for setting control of 3D-printing mortars [J]. Construction & Building Materials，2017，157：382-391.

[34]　Le T T，Austin S A，Lim S，et al. Hardened properties of high-performance printing concrete [J]. Cement and Concrete Research，2012，42 (3)：558-566.

[35]　Suiker A S J，Wolfs R J M，Lucas S M，et al. Elastic buckling and plastic collapse during 3D concrete printing [J]. Cement and Concrete Research，2020，135：106016.

[36]　Perrot A，Rangeard D，Pierre A. Structural built-up of cement-based materials used for 3D-printing extrusion techniques [J]. Materials and Structures，2019，227：116600.

[37]　Yuan Q，Li Z，Zhou D，et al. A feasible method for measuring the buildability of fresh 3D printing mortar [J]. Construction and Building Materials，2019，227：116600.

[38]　Buswell R A，Leal De Silva W R，Jones S Z，et al. 3D printing using concrete extrusion：A road-map for research [J]. Cement and Concrete Research，2018，112：37-49.

[39]　Paul S C，Tay Y W D，Panda B，et al. Fresh and hardened properties of 3D printable cementitious materials for building and construction [J]. Archives of Civil and Mechanical Engineering，2018，18 (1)：311-319.

[40]　Heras Murcia D，Genedy M，Reda Taha M M. Examining the significance of infill printing pattern on the anisotropy of 3D printed concrete [J]. Construction and Building Materials，2020，262：120559.

[41]　Van Der Putten J，Deprez M，Cnudde V，et al. Microstructural characterization of 3D printed cementitious materials [J]. Materials (Basel)，2019，12 (18)：2993.

[42]　Kloft H，Krauss H，Hack N，et al. Influence of process parameters on the interlayer bond strength of concrete elements additive manufactured by shotcrete 3D printing (SC3DP) [J]. Cement and Concrete Research，2020，134：106078.

[43]　Kruger J，du Plessis A，van Zijl G. An investigation into the porosity of extrusion-based 3D printed concrete [J]. Additive Manufacturing，2021，37：101740.

[44]　Ma G，Li Z，Wang L，et al. Mechanical anisotropy of aligned fiber reinforced composite for extrusion-based

3D printing [J]. Construction and Building Materials，2019，202：770-783.

[45] Ding T，Xiao J，Zou S，et al. Anisotropic behavior in bending of 3D printed concrete reinforced with fibers [J]. Composite Structures，2020，254：112808.

[46] Arunothayan A R，Nematollahi B，Ranade R，et al. Development of 3D-printable ultra-high performance fiber-reinforced concrete for digital construction [J]. Construction and Building Materials，2020，257：119546.

[47] Lee H，Kim J J，Moon J，et al. Correlation between pore characteristics and tensile bond strength of additive manufactured mortar using X-ray computed tomography [J]. Construction and Building Materials，2019，226：712-720.

[48] Cicione A，Kruger J，Walls R S，et al. An experimental study of the behavior of 3D printed concrete at elevated temperatures [J]. Fire Safety Journal，2021，120：103075.

[49] Feng P，Meng X，Chen J，et al. Mechanical properties of structures 3D printed with cementitious powders [J]. Construction and Building Materials，2015，93：486-497.

[50] Ma G，Zhang J，Wang L，et al. Mechanical characterization of 3D printed anisotropic cementitious material by the electro mechanical transducer [J]. Smart Materials and Structures，2018，27（7）：75036.

[51] Rahul A V，Santhanam M，Meena H，et al. Mechanical characterization of 3D printable concrete [J]. Construction and Building Materials，2019，227：116710.

[52] Wang L，Tian Z，Ma G，et al. Interlayer bonding improvement of 3D printed concrete with polymer modified mortar：Experiments and molecular dynamics studies [J]. Cement and Concrete Composites，2020，110：103571.

[53] Ding T，Xiao J，Zou S，et al. Hardened properties of layered 3D printed concrete with recycled sand [J]. Cement and Concrete Composites，2020，113：103724.

[54] Wolfs R J M，Bos F P，Salet T A M. Hardened properties of 3D printed concrete：The influence of process parameters on interlayer adhesion [J]. Cement and Concrete Research，2019，119：132-140.

[55] Arunothayan A R，Nematollahi B，Ranade R，et al. Fiber orientation effects on ultra-high performance concrete formed by 3D printing [J]. Cement and Concrete Research，2021，143：106384.

[56] Zareiyan B，Khoshnevis B. Effects of interlocking on interlayer adhesion and strength of structures in 3D printing of concrete [J]. Automationin Construction，2017，83：212-221.

[57] Rahul A V，Santhanam M，Meena H，et al. 3D printable concrete：Mixture design and test methods [J]. Cement and Concrete Composites，2019，97：13-23，39.

[58] 赵国藩，彭少民，黄承逵. 钢纤维混凝土结构 [M]. 北京：中国建筑工业出版社，1999.

[59] 杨萌. 钢纤维高强混凝土增强、增韧机理及基于韧性的设计方法研究 [D]. 大连：大连理工大学，2006.

[60] 沈荣熹，王璋水，崔玉忠. 纤维增强水泥与纤维增强混凝土 [M]. 北京：化学工业出版社，2006.

[61] 郝潍钫. 新型钢纤维混凝土力学性能的试验研究 [D]. 大连：大连理工大学，2009.

[62] 中国工程建设标准化协会. 纤维混凝土试验方法标准：CECS 13：2009 [S]. 北京：中国计划出版社，2010.

[63] Bai M，Niu D T，Wu X. Experiment study on the chloride penetration of steel fiber reinforced concrete [J]. Advanced Materials Research，2009，79-82：1771-1774.

[64] Charron J P，Denarié E，Bruhwiler E. Transport properties of water and glycol in an ultra high performance fiber reinforced concrete（UHPFRC）under high tensile deformation [J]. Cement and Concrete Research，2008，38：689-698.

[65] 王可良，刘玲. C25 喷射聚丙烯纤维混凝土的试验研究 [J]. 混凝土与水泥制品，2011（1）：54-55，62.

[66] 潘超，冯仲齐，陈凯. 低弹模聚丙烯纤维混凝土本构模型及力学性能研究 [J]. 混凝土与水泥制品，2011

(5)：36-39.

[67] 马宏旺，王益群，徐正良，等．地铁车站含聚丙烯纤维混凝土结构的抗裂防渗性能研究 [J]．上海交通大学学报，2010，44 (1)：74-79.

[68] 张玉新．合成纤维混凝土楼板中长期非荷载抗裂性能 [J]．广西大学学报（自然科学版），2010，35 (1)：181-186.

[69] 杨华美，杨华全，李家正，等．掺纤维水工混凝土性能试验研究 [J]．施工技术，2010，39 (12)：53-55.

[70] Karahan O，Atis C D. The durability properties of polypropylene fiber reinforced fly ash concrete [J]. Materials & Design，2011，32 (2)：1044-1049.

[71] 徐晓雷，何小兵，易志坚．聚丙烯纤维混凝土的抗渗性试验和机理分析 [J]．中国市政工程，2010 (6)：6-7，75.

[72] 曹雅娴，申向东，胡文利．聚丙烯纤维加固水泥土的三轴试验研究 [J]．公路，2011 (5)：158-160.

[73] 熊燕．南水北调中线穿黄工程南岸渠道机械化衬砌施工技术 [J]．河南水利与南水北调，2010 (9)：11-13.

[74] 何伟．聚丙烯纤维混凝土在桥面施工中的应用 [J]．市政技术，2011，29 (1)：58-60.

[75] 曾兆平，周凯，刘小清．广州国际体育演艺中心综合施工技术的应用 [J]．广州建筑，2010，38 (5)：17-21.

[76] 何湘安．聚丙烯纤维喷射混凝土在地下厂房锚喷支护中的应用研究 [J]．中国水运，2011，11 (6)：216-217.

[77] 于丽君，王亚芹．聚丙烯纤维在闹德海水库除险加固坝下消能工程中的应用 [J]．中国科技信息，2010 (1)：91-92.

[78] 桑普天，庞建勇，间沛．喷射聚丙烯纤维混凝土在矿业工程中的应用 [J]．混凝土与水泥制品，2011 (8)：38-41.

[79] Oh B H，Kim J C，Choi Y C. Fracture behavior of concrete members reinforced with structural synthetic fibers [J]. Engineering Fracture Mechanics，2007，74 (1-2)：243-257.

[80] Kotecha P，Abolmaali A. Macro synthetic fibers as reinforcement for deep beams with discontinuity regions：Experimental investigation [J]. Engineering Structures，2019，200：9.

[81] 焦红娟，史小兴，刘丽君．粗合成纤维混凝土的性能及应用 [J]．混凝土与水泥制品，2010 (1)：46-49.

[82] 张伟．聚丙烯纤维高强混凝土的力学性能试验研究 [D]．太原：太原理工大学，2010.

[83] 黄杰．混杂纤维混凝土力学性能及抗渗性能试验研究 [D]．武汉：武汉工业学院，2012.

[84] 宁博，欧阳东，易宁，等．混杂纤维混凝土在地铁管片中的应用 [J]．混凝土与水泥制品，2011 (1)：50-53.

[85] 郑捷．钢纤维和聚丙烯粗纤维喷射混凝土性能研究 [J]．华东公路，2011 (4)：24-26.

[86] 曹小霞，郑居焕．钢纤维和聚丙烯粗纤维对活性粉末混凝土强度和延性的影响 [J]．安徽建筑工业学院学报（自然科学版），2011，19 (2)：58-61.

[87] 蔡迎春，代兵权．改性聚丙烯纤维混凝土抗冻性能试验研究 [J]．混凝土，2010，249 (7)：63-64，75.

[88] [美] 李志辉．超高延性水泥基复合材料（ECC）：面向可持续和韧性基础设施的可弯曲混凝土 [M]．张亚梅，等译．北京：科学出版社，2022.

[89] Zhang Q，Ranade R，Li V C. Feasibility study on fire-resistive engineered cementitious composites [J]. ACI Mater J，2014，111 (1-6)：1-10.

[90] Ranade R，Li V C，Stults M D，et al. Composite properties of high-strength，high-ductility concrete [J]. ACI Mater J，2013，110 (4)：413-422.

第 3 章
纤维增强复合材料

传统混凝土原材料资源丰富、成本低廉、施工方便、抗压强度高，成为建筑领域不可替代的工程材料之一。不过，工程中混凝土都不同程度地存在缺陷，例如：①抗渗性、抗离子侵蚀能力、抗冻性能等耐久性差；②混凝土耐火、耐高温性能差，普通混凝土在高温作用下，极易发生爆炸性破碎，给人身安全和经济财产都带来巨大的威胁；③抵抗长期变形性能弱，混凝土在长期荷载作用下会产生徐变等。国内外学者为解决混凝土的以上不足之处进行了大量研究，其中纤维增强复合材料（fiber reinforced polymer/plastics，FRP）就是其中研究成果之一，并已经被广泛地应用。

3.1 纤维增强复合材料的组成及制备工艺

纤维增强复合材料（FRP）起源于 20 世纪 40 年代，以其比强度高、耐腐蚀性好、可设计性强等诸多优点，在航空航天、汽车工业、土木工程等领域得到广泛应用。其中，FRP 在土木工程领域中的应用主要集中在原有结构加固和新建结构增强两个方面，其中原有结构加固领域大规模应用开始于 1995 年日本阪神大地震后，而新建结构增强替代传统钢筋和混凝土建材的研究和应用开始于 20 世纪 70 年代，如玻璃纤维复合筋（glass fiber reinforced polymer，GFRP）、碳纤维复合筋（carbon fiber reinforced polymer，CFRP）、芳纶纤维复合筋（aramid fiber reinforced polymer，AFRP）、玄武岩纤维复合筋（basalt fiber reinforced polymer，BFRP）及芳纶-玻璃混合织物增强复合筋（aramid glass fiber reinforced polymer，AGFRP）等。本书主要围绕 FRP 在土木工程结构加固方面的探索、研究、应用等方面进行阐述。与传统的建筑材料相比，FRP 具有轻质高强和耐腐蚀等诸多优点，其主要优点如下：

① 轻质高强　普通碳钢的密度为 $7.8g/cm^3$，玻璃纤维增强树脂基复合材料的密度为 $1.5 \sim 2.0g/cm^3$，只有普通碳钢的 $1/5 \sim 1/4$，比铝合金还要轻 $1/3$ 左右。

② 可设计性好　FRP 可以根据不同的用途要求，灵活地进行产品设计，具有很好的可设计性。对于有耐腐蚀性能要求的产品，设计时可以选用耐腐蚀性能好的基体树脂和增强材料。

③ 耐腐蚀性　FRP 具有良好的耐腐蚀性，可以在酸、碱、氯盐和潮湿的环境中抵抗化学腐蚀，这是传统结构材料难以相比的。

④ 耐疲劳性能、减震性能好。FRP 筋的疲劳强度和承载疲劳荷载应力幅显著优于

普通钢筋，另外受力结构的自振频率除与结构本身形状有关外，还与结构材料比模量的平方根成正比。由于 FRP 材料的比模量高，用这类材料制成的结构件具有高的自振频率，可有效避免共振。

FRP 也存在一些缺点和问题，比如，FRP 材料的抗剪强度低、弹性模量低，材料工艺稳定性差、材料性能分散性大、长期耐高温与耐环境老化性能差等。另外，还有抗冲击性低、横向强度和极限延伸率低等问题有待解决，从而推动 FRP 材料进一步发展。

3.1.1　FRP 的组成

FRP 是由提供强度的纤维材料和用于黏结、保护的树脂基体材料组成的一种新型复合材料，其中树脂基体材料能够传递纤维中的荷载，并维持内嵌纤维方向稳定不变，因此 FRP 的力学性能取决于树脂基体、纤维及两者之间的界面特性。

3.1.1.1　基体

根据基体材料的不同，纤维增强复合基体材料主要可以分为热固性树脂材料和热塑性树脂材料两类。

（1）热固性树脂

热固性树脂第一次加热时可以软化流动，加热到一定温度，产生交联反应而固化变硬，这种变化是不可逆的，此后再加热时，已不能再变软流动。热固性复合材料具有较好的工艺性，在固化前，热固性树脂黏度很低，因而在常温常压下更容易浸渍纤维，并在较低的温度和压力下固化成型，固化后具有较好的抗蠕变性。因此，目前绝大多数土木工程中应用的 FRP 采用热固性树脂基体材料。常用的热固性树脂基体材料主要有环氧树脂（epoxy resin，ER）、乙烯基树脂（vinyl resin，VE）、不饱和聚酯树脂（unsaturated polyester resin，UPR）、聚氨酯树脂（polyurethane resin，PU）等。

（2）热塑性树脂

使用热塑性复合材料的最初原因是其经济性。热塑性复合材料具有成型速度快、预浸料无须特殊环境保存、使用期长、易于回收利用等特点，降低了复合材料部件的初始制造成本和后期的维修费用。与热固性树脂不同，热塑性树脂的塑化和硬化具有可逆性。常见的热塑性树脂主要有聚乙烯（polyethylene，PE）、聚丙烯（polypropylene，PP）、聚氯乙烯（polyvinyl chloride，PVC）、丙烯腈-丁二烯-苯乙烯共聚物（acrylonitrile-butadiene-styrene copolymer，ABS）。

3.1.1.2　纤维

纤维在外观上呈细丝状态，具有极细的直径，同时长度很长，具有较高的长径比。对于复合材料而言，纤维作为增强相，其主要的功能是承担外界荷载，尤其对于结构复合材料来说，它的高比强度和比刚度等特性均来自纤维。因此，在纤维增强复合材料中，要求纤维具有较高的强度和较低的断裂延伸率等特点，且在基体中呈伸展状态。纤维的种类越来越多，根据材料来源可分为天然纤维（如剑麻、纤维素纤维等）和化学纤维（如碳纤维、芳纶纤维等）。根据材料的性质可以分为无机纤维（如玻璃纤维、碳纤维等）和有机纤维（如聚酰胺纤维、聚芳酰胺纤维等）。

纤维在 FRP 中是受力的主体，起到加筋作用，因而根据结构性能需求，选用合适的纤维类型是 FRP 的关键因素，表 3-1 列举出常用纤维的性能。在土木工程领域，FRP 中的常用纤维为连续纤维，且多为合成纤维，其中应用最多的纤维是碳纤维、芳纶纤维和玻璃纤维。近年来，玄武岩纤维也开始广泛应用在 FRP 中。

表 3-1　部分常用纤维的性能

材料（纤维）	拉伸模量/GPa	拉伸强度/GPa	压缩强度/GPa	密度/(g/cm^3)
碳化硅纤维	200	2.8	3.1	2.6
无碱玻璃纤维	70	1.5~2.8	—	2.5~2.6
高强玻璃纤维	90	4.5	>1.1	2.46
聚丙烯腈基碳纤维	585	3.8	1.67	1.94
芳纶纤维	125	3.5	0.39~0.48	1.45
聚乙烯纤维	170	3.0~4.8	—	1.0
玄武岩纤维	90	2.9	0.1	2.70
PET 纤维	12	1.2	0.09	1.39

（1）碳纤维

碳纤维是一种碳含量在 95% 以上的高强度、高模量新型纤维材料，由片状石墨微晶等有机纤维经碳化及石墨化处理而得到的微晶石墨材料。碳纤维具有"外柔内刚"的特点，密度比金属铝小，但强度却高于钢铁，并且具有耐腐蚀、模量高的特性，根据原丝类型不同主要分为聚丙烯腈基和沥青基。碳纤维具有许多优良性能，碳纤维的轴向强度和模量高、密度小、比性能高、无蠕变，在非氧化环境下耐超高温，耐疲劳性好，比热容及导电性介于非金属和金属之间，热膨胀系数小且具有各向异性，耐腐蚀性好，X 射线透过性好。同时，具有良好的导电导热性能，电磁屏蔽性好等。碳纤维与玻璃纤维相比，弹性模量是其 3 倍多，与芳纶纤维相比，弹性模量是其 2 倍左右，在有机溶剂、酸、碱中不溶不胀，耐腐蚀性突出。

碳纤维具有低密度、高强度、高模量、耐高温、耐化学腐蚀、低电阻、高热传导系数、低热膨胀系数、耐辐射等优异的性能。

① 力学性能　碳纤维的结构取决于原丝结构与碳化工艺。用 X 射线、电子衍射和电子显微镜研究发现，真实的碳纤维结构并不是理想的碳纤维结构，而是乱层石墨结构。单晶石墨的理论强度和模量可达 180GPa 和 1000GPa 左右，而碳纤维的实际强度和模量远远低于其理论值。

② 物理性质　碳纤维密度在 $1.5~2.0g/cm^3$ 之间，与原丝结构和碳化温度有关；膨胀系数有各向异性的特点，平行于纤维方向为负值 $[(-0.90~-0.72)\times10^{-6}℃^{-1}]$，

垂直于纤维方向为正值 $[(22\sim32)\times10^{-6}℃^{-1}]$；碳纤维的比热容为 $0.712kJ/(kg \cdot K)$；碳纤维在纤维方向上的热导率可以超过铜，最高可以达到 $700W/(m \cdot K)$。碳纤维的电阻率与纤维的类型有关，在 25℃ 时，高模量碳纤维为 $775\mu\Omega \cdot cm$，高强度碳纤维为 $1500\mu\Omega \cdot cm$，且碳纤维电动势为正，与铝合金相反。

③ 化学性质　碳纤维的化学性质与碳很相似。它除能被强氧化剂氧化以外，对一般酸碱多是惰性的。在不接触空气时，碳纤维在高于 1500℃ 时强度才下降。另外，碳纤维有很好的耐低温性能，还具有耐油、抗放射、抗辐射、吸收有毒气体和减速中子等特性。

（2）芳纶纤维

芳纶纤维是一种新型高科技合成纤维，具有强度超高、模量高、耐高温、耐酸耐碱、密度小等优良性能，其强度是钢丝的 5～6 倍，模量为钢丝或玻璃纤维的 2～3 倍。韧性是钢丝的 2 倍，而密度仅仅是钢丝的 1/5 左右，在 560℃ 的温度下，不分解，不熔化，而且它具有良好的绝缘性和抗老化性，具有较长的生命周期。

芳纶纤维轻质高强，具有优良的耐疲劳性能、良好的韧性和抗冲击性能，可以不和树脂复合单独使用。但是由于芳纶纤维在结构工程中使用时易产生较大的应力松弛现象和对紫外线敏感而易造成性能降低，价格较高，并没有得到大范围的推广应用。

① 力学性能　芳纶纤维的特点是拉伸强度高，单丝强度可达 373MPa；芳纶纤维的抗冲击性能好，大约为石墨纤维的 6 倍；其弹性模量高，可达 $(1.27\sim1.58)\times10^{5}MPa$；其断裂伸长率可达 3% 左右；用它与碳纤维混杂能大大提高纤维增强复合材料的抗冲击性能；其密度小，为 $1.44\sim1.45g/cm^{3}$。因此有高的比强度和比模量。

② 热稳定性　芳纶纤维有良好的热稳定性，耐火而不熔；当温度达 487℃ 时尚不熔化，但开始碳化；在高温作用下，它直至分解都不发生变形，能在 180℃ 下长期使用。

芳纶纤维的热膨胀系数和碳纤维一样具有各向异性的特点。纵向热膨胀系数在 0～100℃ 达 $-2\times10^{-6}℃^{-1}$；在 100～200℃ 时为 $-4\times10^{-6}℃^{-1}$；而横向热膨胀系数达 $-59\times10^{-6}℃^{-1}$。

③ 化学性能　芳纶纤维具有良好的耐介质性能，对中性化学药品的抵抗力较强，但易受各种酸碱的侵蚀，尤其是强酸的侵蚀；由于结构中存在着极性的酰胺键，使其耐水性不好。

（3）玻璃纤维

玻璃纤维是一种性能优异的无机非金属材料，因其种类繁多，生产工艺简单，价格便宜，应用范围最广，应用量最大。玻璃纤维是以玻璃球或废旧玻璃为原料经高温熔制、拉丝、络纱、织布等工艺制造而成的，其单丝的直径为几微米到二十几微米，相当于一根头发丝的 1/20～1/5，每束纤维原丝都由数百根甚至上千根单丝组成。根据耐酸碱性能可分为耐碱玻璃纤维、耐酸玻璃纤维。其中耐碱玻璃纤维由于能有效抵抗水泥中高碱物质的侵蚀，且具有机械咬合力强、弹性模量高等优点，是玻璃纤维增强水泥混凝土的加强材料，可有效替代非承重构件中钢材，是高性能纤维增强水泥混凝土的一种新型绿色环保型增强材料。

玻璃纤维是表面光滑的圆柱，其横断面几乎是完整的圆形。玻璃纤维直径为 $1.5\sim 30\mu m$，大多数为 $4\sim 14\mu m$。其密度为 $2.16\sim 4.30g/cm^3$，与铝几乎相同。玻璃纤维的主要性能如下：

① 物理性能　玻璃纤维具有拉伸强度高，防火、防霉、防蛀、耐高温和电绝缘性能好等优点。它的缺点是具有脆性、不耐腐蚀、对人的皮肤有刺激性等。

块状玻璃强度不高，易被破坏，当将玻璃拉成玻璃纤维后，不仅变得具有柔曲性，而且强度也大大提高。玻璃纤维的最大特点是拉伸强度高，比同成分的块状玻璃高几十倍。玻璃纤维的延伸率比其他有机纤维的延伸率低，一般在 3% 左右。大部分玻璃纤维同玻璃一样，在外电场作用下，由于玻璃纤维内的离子产生迁移而导电，而加入大量的氧化铁、氧化铝、氧化铜、氧化钒等，会使纤维具有半导体性能。另外，在玻璃纤维上涂覆金属或石墨，能获得导电纤维。无碱纤维电绝缘性能比有碱纤维优越，主要是因为无碱纤维中金属离子少的缘故。碱金属离子越多，电绝缘性能越差。空气湿度对玻璃纤维的电阻率影响很大，湿度增加，电阻率下降。

② 化学性能　除氢氟酸、浓碱、浓磷酸外，玻璃纤维对所有化学药品和有机溶剂都有良好的化学稳定性。

玻璃纤维的化学稳定性主要取决于其成分中的二氧化硅及碱金属氧化物的含量。二氧化硅含量提高能增强玻璃纤维的化学稳定性，而碱金属氧化物则使化学稳定性降低。纤维表面情况对化学稳定性也有影响。玻璃是良好的耐腐蚀材料，但拉制成纤维后，其性能远不如玻璃。这主要是由于其比表面积大而造成的。随着纤维直径的减小，其化学稳定性也跟着降低。温度的升高使玻璃纤维的化学稳定性下降。侵蚀介质的体积越大，对纤维的侵蚀越严重。

（4）玄武岩纤维

玄武岩纤维是近年发展起来的绿色高性能纤维，与碳纤维、芳纶纤维、超高分子量聚乙烯纤维并列为我国重点发展的四大高科技纤维。与碳纤维相比，玄武岩纤维生产流程简单，以天然玄武岩等火成岩为原料，在高温熔融后经铂铑合金漏板成型，由拉丝机高速拉制成连续纤维，其生产 1kg 产品的总能耗为 30MJ/kg，大约是碳纤维的 0.06 倍，无其他有害物质产生，且玄武岩纤维产品废弃后可直接在环境中降解。

玄武岩纤维密度约为 $2.6g/cm^3$，单丝拉伸强度为 $3\sim 4.5GPa$，弹性模量为 $90\sim 110GPa$，可在 $-260\sim 850℃$下工作，因具有耐高温、耐低温、断裂强度高、伸长率低、弹性模量高等优点，在土木工程中具有广泛的用途，尤其是在耐高温、抗化学腐蚀和高强度的工程环节中，如高性能混凝土加固、高耐磨路面铺装以及高温环境下的结构应用等。此外，其环境友好和成本效益也为其在现代土木工程中的广泛应用提供了额外的推动力。

① 物理性能　玄武岩纤维能够在长期暴露于 650℃ 的环境下维持其力学性能，并可在短期内承受高达 1000℃ 的温度，同时还可以在大温差、温度波动幅度大的环境中保

持结构物尺寸和位置的稳定，具有显著的耐高温性能和热稳定性；玄武岩纤维对于酸、碱等化学物质具有良好的抵抗能力，即便在恶劣的化学环境中也能保持性能稳定，具有良好的化学稳定性。

② 力学性能　与其他先进纤维材料如碳纤维、高性能玻璃纤维相比较，玄武岩纤维具有高拉伸强度和适中的弹性模量，确保了玄武岩纤维加固材料在受力时具有恰当的刚性和柔性平衡，因此在结构工程加固方面得到广泛应用；与其他纤维相比（例如玻璃纤维），玄武岩纤维还具有更高的抗冲击性能；在循环载荷作用下，玄武岩纤维能够有效抵抗疲劳破坏，因此其耐久性在周期性负荷作用的应用场景中尤为重要。另外，玄武岩纤维在碱性环境、潮湿环境、长期荷载下也可表现出优越的性能。从土木工程全寿命周期来讲，玄武岩纤维的应用能够减少工程结构在使用时和使用后的维护费用，减少能源消耗和碳排放，带来良好的经济效益。

3.1.1.3　界面

纤维在 FRP 中起加筋作用，是受力的主体，树脂主要是将纤维丝黏结成整体，给纤维丝提供横向支撑，同时发挥黏结和传递剪力的作用，而纤维和树脂基体的界面黏结强度和质量对 FRP 材料的层间性能和长期性能非常重要。图 3-1 为纤维与树脂基体的界面。

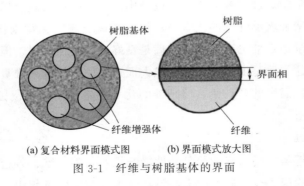

(a) 复合材料界面模式图　　　(b) 界面模式放大图

图 3-1　纤维与树脂基体的界面

界面黏附强度是指纤维与树脂基体之间黏合力和机械咬合力的强弱。高黏附强度意味着在受到外力作用时，纤维能够有效地将负载传递给树脂基体，同时粗糙的纤维表面可为树脂基体提供更多的机械互锁点，增强界面的物理嵌扣效果。如果界面黏附强度不足，会导致纤维拉出或剥离，降低复合材料的承载能力和疲劳寿命。另外，纤维与树脂基体之间的化学兼容性对于确保良好的界面黏结至关重要。通过表面处理或添加适当的偶联剂可以改善两者之间的化学相容性，从而增强界面的黏附性。化学相容性的提高有助于促进纤维与树脂之间更紧密的分子级联系，提升复合材料的耐水解性和化学稳定性。

纤维与树脂基体之间的热膨胀系数差异可能导致复合材料内部产生应力集中，影响界面的应力状态。如果未能妥善管理这种热应力，可能会引起界面开裂或剥离，降低复合材料的整体性能。可通过优化复合材料的设计和制备工艺，以最小化热应力的影响，保持良好的界面性能。另外，复合材料在不同环境条件下（如湿度变化、温度变化、化学品暴露等）的使用会对纤维与树脂基体的界面性能产生影响。界面的环境稳定性是指在这些条件下保持良好性能的能力。通过选择具有优异耐环境性的树脂和纤维，以及通过界面改性技术，可以提高复合材料的环境稳定性。

3.1.2　FRP 制品及制备工艺

3.1.2.1　FRP 制品

FRP 是由高强纤维作为增强体、树脂作为基体通过一定工艺而制成的复合材料，按照制作工艺可以分为片材（布、薄板等）、筋材（光面、肋纹等）、型材（格栅型、管型等）。

（1）FRP 片材

FRP 片材主要包括层压板和纤维织布（图 3-2）。层压板属于薄片状结构，通常由单向层板（或称单一层板、单层板）按照指定排布方式和规定厚度堆叠而成，以获得所需要的强度和刚度。将纤维在工厂经过平铺、浸润树脂、固化成型制成，施工中再用树脂粘贴制成 FRP 层压板（FRP 板）。FRP 板可以承受纤维方向的拉压作用，但垂直纤维方向的强度和弹性模量很低。当要对梁、板进行加固时，可以将 FRP 板粘贴到混凝土的受拉面；而当进行抗剪和抗扭加固时，则可将 FRP 板粘贴于梁的侧面；当对柱构件进行加固时，则可以将 FRP 板环形缠绕于柱身，以增强对核心混凝土的约束。

图 3-2　纤维织布

FRP 纤维织布（FRP 布）一般只能承受单向拉伸作用。FRP 布是目前土木工程中应用最为广泛的制品，它由连续的长纤维编织而成，通常是单向纤维布，且使用前不浸润树脂，施工时用树脂浸润粘贴，主要用于结构加固，也可以用作生产其他 FRP 制品的原料。FRP 布的特点是可手工操作完成，具有较强的灵活性和可设计性。常见的碳纤维布（板）、玻璃纤维布、芳纶纤维的力学性能指标见表 3-2。

表 3-2   常用的 FRP 片材力学性能指标

FRP 片材类型		拉伸强度标准值/MPa	弹性模量/GPa	伸长率/%
碳纤维布		≥3000	≥210	≥1.5
玻璃纤维布	Ⅰ级	≥1500	≥75	≥2.0
	Ⅱ级	≥2500	≥85	≥2.3
芳纶纤维布		≥2000	≥110	≥2.0

（2）FRP 筋材

FRP 筋（图 3-3）是由若干股连续纤维束按照特定的工艺经配套树脂浸渍固化而成，按照外形可以分为光圆筋和变形筋，此类筋的刚度较大，不易弯曲，将纤维束扭成绞状呈复合绳形式的 FRP 筋称为索或者绞线，目前常用的 FRP 绞线有 1 股、7 股、19 股和 37 股 4 种形式，直径由 3mm 变化至 40mm。FRP 索编织成绳索状，碳绞线的柔韧性好，可以圆盘包装，易于运输、处理和安装。

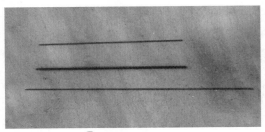

图 3-3   FRP 筋

FRP 筋的最大优点是具有极强的耐腐蚀性，可以代替钢筋用于一些特殊环境中的建筑物，形成 FRP 筋混凝土结构或者预应力 FRP 筋混凝土结构。另外当将 FRP 筋用作结构受力筋时，需要考虑除了拉伸强度、弹性模量和伸长率之外的因素，还包括剪切强度、握裹力、在碱性环境中的耐久性以及在新建结构中的耐火性能等数据。而当 FRP 筋被用作桥面板等承受动荷载构件的受力筋时，则需要额外考虑疲劳测试和长期监测等方面的数据。

（3）FRP 型材

结构工程中采用的 FRP 型材（图 3-4）一般采用连续纤维或纤维织物为增强材料、聚合物树脂为基体，通过特定的工艺制备，常用的 FRP 型材包括格栅型、管型、工字型等。通常 FRP 型材采用正交异性对称铺层，获得的 FRP 为正交各向异性材料，在结构加固使用时宜采用环氧树脂作为黏结剂。FRP 格栅可以用于代替钢筋网片或钢筋笼，FRP 管可在管内填充混凝土用作柱、桩、梁等，类似钢管混凝土，FRP 管混凝土构件一般有 FRP 圆管混凝土和 FRP 方管混凝土构件两种形式。

FRP 型材自身的刚性及被加固结构、被组合结构的形状不规则性，要求前者与后者连接为变形协调、共同工作的结构整体，且不发生界面先行破坏，不仅黏结树脂可靠，而且施工工艺技术（如型材匹配选择、连接工装夹具、施工工艺流程等）还应具有可操作性，避免因施工不易操作而导致结构加固、组合失效，这也是 FRP 型材比片材工程应用更注重施工工艺技术及其可操作性的重要因素。

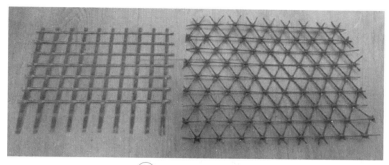

图 3-4　FRP 型材

3.1.2.2　FRP 制备工艺

目前，典型制备工艺包括手糊、拉挤、模压、缠绕和真空辅助树脂导入成型等。制备 FRP 的成型工艺随 FRP 形式的不同而各异。例如，采用手糊成型工艺（hand layup）制备 FRP 片材；采用拉挤成型工艺（pultrusion）制备 FRP 筋材；生产小型 FRP 型材，可以通过拉挤成型；生产不规则型材，可以通过注塑工艺（resin transfer moulding，FTM）和树脂传递模塑工艺（resin transfer molding，RTM）；生产大型型材，可以通过缠绕工艺（winding），如 FRP 管。

（1）手糊成型工艺

纤维增强复合材料手糊成型工艺是一种常用的制备复合材料的方法，以加有固化剂的树脂混合液为基体，将纤维与树脂涂在有脱模剂的模具上以手工铺放，一边铺纤维增强体，一边涂刷树脂，然后进行固化和加热处理，最终得到所需厚度的复合材料制品，如图 3-5 所示。

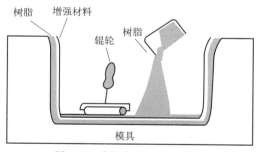

图 3-5　手糊成型工艺示意图

相比于其他制备工艺，手糊成型所需的设备和技术要求较低，生产成本也相对较低，并且可以实现复合材料的定制化生产，但其生产效率较低、生产速度较慢、周期长、劳动强度大，并且由于操作人员技术水平和经验的差异，容易出现质量波动的情况，无法满足大规模生产的需求。在手糊成型工艺中机械设备使用较少，而且不受制品种类和形状的限制，灵活性较高，操作人员可以根据需要调整纤维布料的叠放方式和树脂的涂布厚度，从而实现对复合材料性能的定制化设计。

（2）拉挤成型工艺

纤维增强复合材料的拉挤成型工艺是一种自动化生产工艺，通过连续牵引装置将无捻玻璃纤维粗纱、毡材等增强材料浸渍到具有高耐热性、快速固化和良好浸润性能的树脂基体中后，在张力的作用下于固定截面形状的加热模具中固化成型，如图3-6所示。目前，常用的树脂包括环氧树脂和高性能热塑性树脂。

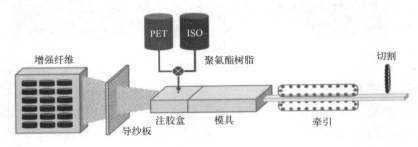

图 3-6　拉挤成型工艺示意图

拉挤成型工艺能够自动化、连续化生产，因而生产效率高，可多模多件；拉挤制品中纤维含量可高达80%，能充分发挥连续纤维的力学性能，产品强度高；制品纵、横向强度可任意调整，以适应不同制品的使用要求，其长度可根据需要定长切割；制品性能稳定可靠，波动范围在±5%之内；原材料利用率在95%以上，废品率低。但产品形状单调，只能生产线形型材，而且横向强度不高。适用于各种杆棒、平板、空心管及型材。

3.1.2.3　模压成型工艺

模压成型工艺是将预先切割好的纤维增强材料（如玻璃纤维布、碳纤维布等）与树脂基体（如环氧树脂、聚酯树脂等）放置在模具中，在一定温度和压力下进行热压固化而成型，如图3-7所示。该工艺要求树脂基体在压制下应具有良好的流动性，以确保充分浸润纤维，常用的基体树脂主要有酚醛树脂、环氧树脂等。

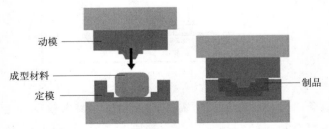

图 3-7　模压成型工艺示意图

模压成型工艺对磨具要求很高，设计制造复杂，制品成本较高，因此该工艺只适合制造批量大的中、小型制品。模压成型工艺有较高的生产效率，制品尺寸准确，表面光洁，多数结构复杂的制品可一次成型，无须二次加工，制品外观及尺寸的重复性好，容易实现机械化和自动化等。

3.1.2.4　真空辅助成型工艺

真空辅助成型工艺利用真空负压制备纤维增强复合材料，以提高成型质量，即将预先铺设好的纤维增强材料与树脂基体放置在模具中，通过真空泵将空气从纤维增强材料和树脂基体之间抽出，利用树脂基体的流动性浸润纤维增强材料，同时排除可能存在的气泡，经过固化后可得到纤维增强复合材料制品，如图 3-8 所示。

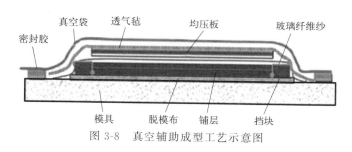

图 3-8　真空辅助成型工艺示意图

真空辅助成型工艺可以有效减少气泡和孔隙，提高成型件的密实性和表面质量；促进树脂均匀浸润纤维增强材料；但由于真空辅助需要密封性好的模具，因此对成型件的尺寸和形状有一定限制，并且需要保持一定时间的真空状态，可能会延长固化时间，影响生产周期。适用于大厚度、大尺度制件。另外真空辅助成型工艺需要选择具有低黏度、适用期长的树脂基体，以便于树脂浸透纤维并排出气体，常用的树脂种类包括乙烯基树脂、酚醛树脂、环氧树脂和不饱和聚酯。

综上所述，相对于纤维布的现场复合，各类 FRP 制品一般采用预先复合，其制备步骤可以归纳为三步：①纤维和树脂混合；②将混合物预成型；③固化并脱模。不同工艺的 FRP 产品，在力学性能、尺寸精度等方面有很大差别，在 FRP 结构设计中必须考虑其制备工艺。因此，随着科学技术的不断发展，FRP 的制备工艺方法层出不穷，常用方法的成型特点和适用范围见表 3-3。

表 3-3　FRP 成型工艺特点和适用范围

成型方法	适用树脂	成型特点	适用制品
手糊成型	黏度适中，固化温度、速率适中	不受制品种类和形状限制	多品种、小批量、强度要求不高的制品
拉挤成型	耐热性能好、固化快、浸润性好	固定截面，性能具有方向性	杆棒、平板、空心管
模压成型	流动性好，适宜的固化速率	可一次成型	板材、网格材
真空辅助成型	黏度小、室温固化	成本低，制品纤维含量高	大厚度、大尺度制件
缠绕成型	固化温度低、黏度小	比强度高、效率高、成本低	具有环向强度和刚度要求的管材、罐体

续表

成型方法	适用树脂	成型特点	适用制品
热压罐成型	高挥发分体系	模具简单、工艺可靠	薄板制件、蜂窝夹层结构
注射成型	黏度适中	可实现自动化	形状复杂、批量大的构件
树脂传递模塑成型	黏度低、浸润性好、固化温度不高	成本低、效率高	带有夹芯、加筋或预埋件的大型构件

3.2 FRP 材料的耐久性

材料的耐久性是一项综合性能，对于 FRP 而言包括短期的基本力学性能（拉伸强度、压缩强度、剪切强度、层间剪切、弯曲强度、抗扭刚度等）、长期的性能（疲劳、徐变、松弛等）、耐腐蚀性能、抗冲击性能、自传感性能等。结构的耐久性直接影响着其承载能力和使用功能，对工程的投资效益和造价带来重要影响。在结构加固补强中，被加固构件应当与其他无须加固的构件具有相同的使用寿命。FRP 材料的耐久性在其应用中至关重要，特别是当应用于长期暴露于自然环境或更恶劣条件下的建（构）筑物的加固时。此外，需要注意的是，FRP 作为一种新型结构材料，具有比钢材更好的耐久性，例如在海水、化学品侵蚀的环境下可以替代易生锈的钢筋，因此具有广阔的应用前景。另外，目前针对 FRP 材料的基本力学性能、疲劳蠕变性能、抗冲击性能等已开展了较为广泛的研究，也提出了很多的评价标准和方法，然而在工程结构中，人们更加关注上述 FRP 材料在不同环境下的耐腐蚀性能，这也是 FRP 解决传统钢/钢筋混凝土结构耐腐蚀性能差的首要选择。

3.2.1 FRP 材料的基本力学性能

FRP 的性能受制备工艺水平的影响很大，表 3-4 列举了各种类型的 FRP 筋的物理、力学性能指标值范围，如 CFRP 筋密度远小于钢筋，而具有较高的拉伸强度，与现有的高强钢丝或钢绞线接近，有的高达 3700MPa，适宜用作预应力筋。而纤维布、单向复材板、复材网格的主要力学性能指标应分别符合表 3-5～表 3-7 的要求。

表 3-4 FRP 筋的物理、力学性能指标

项目		钢筋	GFRP 筋	CFRP 筋	AFRP 筋	BFRP 筋
密度/(g/cm³)		7.9	1.25～2.10	1.50～1.60	1.25～1.40	1.9～2.1
热膨胀系数 /(10⁻⁶℃⁻¹)	纵向 α_L	11.7	6.0～10.0	−9.0～0.0	−6～−2	9～12
	横向 α_T	11.7	21.0～23.0	74.0～104.0	60.0～80.0	21～22
屈服强度/MPa		276～517	—	—	—	—
拉伸强度/MPa		483～690	483～1600	600～3690	1720～2540	600～1500
弹性模量/GPa		200	35.0～51.0	120.0～580.0	41.0～125.0	50～65
极限伸长率/%		6.0～12.0	1.2～3.1	0.5～1.7	1.9～4.4	1.5～3.2

表 3-5　纤维布的主要力学性能指标

纤维布类型和等级		拉伸强度标准值/MPa	弹性模量/GPa	极限应变/%
碳纤维布 CFS	高强型	CFS2500	≥2500	≥210	≥1.3
		CFS3000	≥3000	≥210	≥1.4
		CFS3500	≥3500	≥230	≥1.5
	高模型	CFSM390	≥2900	≥390	≥0.7
玻璃纤维布 GFS		GFS1500	≥1500	≥75	≥2.0
		GFS2500	≥2500	≥80	≥2.3
芳纶布 AFS		AFS2000	≥2000	≥110	≥2.0
玄武岩纤维布 BFS		BFS2000	≥2000	≥90	≥2.0

表 3-6　单向复材板的主要力学性能指标

复材板类型和等级		拉伸强度标准值/MPa	弹性模量/GPa	极限应变/%
碳纤维复材板 CFP	CFP2000	≥1800	≥140	≥1.4
	CFP2300	≥2300	≥150	≥1.4
玻璃纤维复材板 GFP	GFP800	≥800	≥40	≥2.0
玄武岩纤维复材板 BFP	BFP1000	≥1000	≥50	≥2.0

表 3-7　复材网格的力学性能指标要求

复材网格类型	拉伸强度标准值/MPa	弹性模量/GPa	极限应变/%
碳纤维网格 CFG	≥1800	≥140	≥1.0
玄武岩纤维网格 BFG	≥900	≥45	≥1.6

3.2.2　FRP 材料的长期力学性能

FRP 材料的长期力学性能与持续承受负载、环境作用等因素密切相关，如 FRP 材料在长期负载作用下可能表现出强度退化，这通常是由于材料老化、化学腐蚀或长期应力作用引起的。尽管 FRP 材料的耐久性和长期性能已受到广泛关注，但由于试验条件、设备以及耗时和成本等限制，相关研究仍相对较少。因此，有必要进一步开展相关工作，本节将对国内外的部分研究成果进行总结和介绍。

（1）徐变

FRP 材料在持续荷载的长期作用下会发生徐变，并可能导致突然破坏。恒定荷载与 FRP 短期强度的比值越大，徐变持续时间越短。在恶劣的环境条件下（如高温、紫外线照射、高碱、干湿循环、冻融循环等），徐变持续时间也会缩短。

试验研究结果表明，在三种 FRP 材料中，CFRP 的徐变影响较小，AFRP 及 GFRP 在持续荷载作用下的性能较 CFRP 差。有关三种 FRP 筋的试验结果表明，徐变破坏强度与持续时间的对数呈线性关系，CFRP、GFRP 和 AFRP 在 500000h（相当于 50 年）后的徐变破坏应力分别是其初始极限强度的 0.91 倍、0.3 倍和 0.47 倍。

（2）疲劳

FRP 在航空航天领域的应用，已经经过大量抗疲劳性能试验研究，其抗疲劳性能得到了广泛认可。尽管建筑领域所使用的 FRP 材料与航空用材料在质量和组成上有差别，但同样具有较好的抗疲劳性能。

纤维的模量和纤维与树脂的黏结能力是影响 FRP 抗疲劳性能的主要因素。材料的模量越大，在相同应力下产生的应变越小，从而不易发生疲劳损伤。在三种 FRP 材料中，CFRP 具有较大的模量，因此最不容易发生疲劳破坏，其疲劳破坏应力通常为静态极限应力的 60%～70%，比钢材具有更优异的抗疲劳性能，而 GFRP 只有 25%左右。

3.2.3　FRP 材料的抗老化性能

影响 FRP 材料抗老化性能的环境因素主要包括高温、潮湿、冻融循环、紫外线照射、化学腐蚀等。在对外贴 FRP 片材进行加固时，上述环境因素不仅影响 FRP 材料本身的性能，还会显著影响 FRP 与混凝土之间的黏结质量，进而影响 FRP 材料与混凝土界面应力的传递，直接影响加固效果。FRP 的抗老化性能实际上也反映 FRP 的长期工作性能，弄清 FRP 老化基本规律，探索各种防老化方法，对于研制、生产和推广应用 FRP 具有重要的科学理论价值和工程实践意义。

在一般大气环境中，湿热的共同作用是影响结构耐久性的主要因素之一，湿热老化对材料本身和黏结界面均有较大的影响。图 3-9 为 GFRP 复合材料在湿热老化前后的表面 SEM 测试结果。

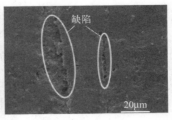

图 3-9　GFRP 复合材料在湿热老化前后 SEM 对比

3.2.3.1　高温

在 FRP 复合材料中，纤维通常具有较好的耐高温性能，相比之下，树脂的耐高温性能较差。一般来说，树脂在纤维性能下降之前就会失去工作性能，因此 FRP 材料的耐高温性主要取决于树脂的性能。当温度超过树脂的玻璃化温度时，树脂的分子链会变得非常柔软，导致力学性能明显下降。这个玻璃化温度取决于树脂的种类，一般在 60～82℃范围内。当温度超过树脂的玻璃化温度时，由于树脂无法有效传递应力，纤维不能整体受力，从而导致复合材料的整体拉伸性能减弱。高温不仅会影响 FRP 材料本身的性能，还会对外贴 FRP 片材加固中的混凝土与 FRP 之间的黏结性能产生重要影响。当接近树脂的玻璃化温度时，黏结强度会下降，可能导致剥离破坏，从而影响加固效果。因此，加固部位的最高温度应低于树脂的玻璃化温度。

常温下 FRP 筋与混凝土的黏结破坏模式主要有 3 种：混凝土的纵向劈裂破坏；FRP 筋与混凝土间的界面剪切破坏；FRP 筋内部的界面剪切破坏。常温下的黏结破坏模式见图 3-10(a)。随着温度的升高，环氧树脂在 60℃后由玻璃态进入橡胶态，FRP 内部主筋与喷砂层间的抗剪性能急剧降低，因此高温下黏结破坏的形式均为 FRP 主筋与喷砂层间的界面剥离破坏。图 3-10(b) 为 80℃时的黏结破坏形式，FRP 筋表面的喷砂层与主筋相脱离，剥离后的 FRP 筋纤维丝表面光滑且具有光泽。150℃时环氧树脂完全软化，丧失了对纤维丝的黏结能力，该温度下由基体材料性能决定的 FRP 筋抗压、抗剪、抗扭能力几乎完全消失，此时 FRP 筋轻易就能被折断，纤维丝表面变得粗糙，见图 3-10(c)。随着温度的升高，FRP 筋的颜色逐渐变深，250℃时变为棕黄色，350℃时环氧树脂开始分解，玻璃纤维束变为深棕色的分散状，FRP 筋完全破坏，见图 3-10(d)、(e)。

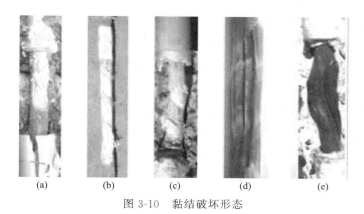

(a)　　(b)　　(c)　　(d)　　(e)

图 3-10　黏结破坏形态

Katz 等针对高温对 FRP 筋与混凝土黏结性能的影响进行了研究，结果表明，当温度达到 100℃时，FRF 筋黏结强度的损失与传统变形钢筋相似；但当温度升至 200～220℃时，剩余黏结强度仅为室温时的 10%。这种大幅度降低的黏结强度是由于当温度远高于树脂的玻璃化温度时，聚合物的力学性能显著下降，已无法将混凝土上的应力传递到纤维。5 种不同工况下 FRP 筋与混凝土黏结强度随温度的衰减规律如图 3-11 所示。

我国产品标准中对纤维布配套浸渍树脂和 FRP 板胶黏剂规定的热变形温度不低于 50℃，热变形温度是树脂工程中常用的温度指标之一，指在规定负荷下，材料失去其机械强度而发生形变的温度。高温对 FRP 材料的长期性能会产生很大影响，温度升高会加快 FRP 材料的徐变速度，并可能加速由潮湿环境或化学侵蚀引起的纤维性能退化。此外，FRP 材料在高温条件下可能释放对人体健康有害的气体，尽管这与耐久性无关，但在工程应用中仍值得考虑。

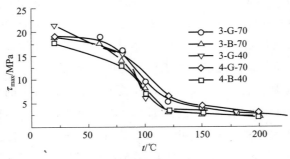

图 3-11 黏结强度随温度的衰减

3.2.3.2 潮湿

吸水后树脂的玻璃化温度会下降，而且树脂会变脆，当吸水率超过 3%（质量分数）时，对树脂性能会有明显影响。对于玻璃纤维-环氧树脂复合材料体系，吸潮会破坏玻璃纤维-硅烷偶联剂-树脂间的连接。长期处于潮湿环境会导致玻璃纤维中的钠离子或其他离子析出，进而导致强度降低。芳纶纤维对潮湿环境较为敏感，因为芳香族聚酰胺纤维会吸收水分并膨胀、翘曲，导致拉伸强度下降，并影响树脂和纤维界面的性能。相比之下，碳纤维本身相对不易吸水，因此潮湿环境对 CFRP 的影响主要体现在树脂方面。

水分通常通过毛细运动从纤维之间或纤维与树脂的界面进入，通过混凝土结构的裂缝或孔隙进入，或者树脂吸水后进行扩散。因此，在进行加固施工之前，需要检测和分析被加固构件的混凝土和内部钢筋状况，并修复原有缺陷，以防止水和有害化学物质渗入黏结界面导致黏结失效。此外，应注意混凝土内部的毛细孔压，因为粘贴 FRP 片材加固会封闭混凝土表面，使内部水汽在局部积聚。为了释放混凝土内部水汽，应在粘贴的 FRP 材料之间留出一些间隔。然而，这些间隔也会为潮湿气体和有害化学物质提供进入混凝土内部的通道。在室内环境或气候温和的地区，这种内部水汽的影响可以忽略不计，但对于可能产生积水的加固部位，不留间隔的粘贴方式可能会产生局部水汽聚集的缺陷。

3.2.3.3 湿热循环

在实际应用中，湿热环境是影响加固长期效果的主要因素。对于我国，尤其是南方地区，高温和湿度大的环境中，许多结构暴露在湿热循环中，高温和湿度的相互作用会对 FRP 材料的物理力学性能和黏结强度产生影响，其中黏结界面是最薄弱的环节。因此，我国产品标准规定了参照《机械工业产品用塑料、涂料、橡胶材料人工气候老化试验方法 荧光紫外灯》（GB/T 14522—2008）进行耐久性检验，经过 2000h 的加速老化后，浸渍树脂和 FRP 板胶黏剂的拉伸剪切强度下降率应小于 10%。

（1）冻融循环

在加固前，混凝土往往存在各种裂缝，包括微裂缝（图 3-12），在施工质量较差时，也可能在混凝土和 FRP 之间产生间隙。这些裂缝中的水经历干湿、冷热交替的环境后发生冻融循环，会严重影响 FRP 与混凝土之间的黏结，导致剥离破坏。特别是在混凝土质量较差的加固构件中，冻融循环可能会产生更大的影响。

（继）图 3-12　混凝土中的微裂缝

Pantuso 等研究了不同温度下（−100℃、−30℃和 40℃）使用两种不同模量（$E=$ 175GPa 和 $E=$ 300GPa）的碳纤维板加固的构件的黏结情况。结果表明，温度对使用高模量碳纤维板加固的构件影响较大，不仅影响极限黏结强度，还影响黏结破坏形态。

Touianji 等对外包纤维布加固的混凝土柱进行了冻融循环下的力学性能试验研究，结果显示，在冻融循环条件下，CFRP 和 GFRP 加固的混凝土柱的强度都显著降低，其中 CFRP 加固柱的降低程度更大；尽管冻融循环对加固柱的刚度无影响，但柱的延性明显降低。

大连理工大学的任慧韬等则对冻融循环条件下 FRP 复合材料的力学性能、FRP 与混凝土黏结界面以及粘贴 FRP 加固的混凝土梁、柱的耐久性能进行了研究。试验结果表明，CFRP 的抗冻融循环能力优于 GFRP，尽管冻融循环对复合材料本身的性能影响不大，但对黏结性能有较大的不利影响，主要原因是混凝土在冻融循环后出现微裂缝。在试验条件下，冻融循环对 FRP 加固的混凝土梁和柱的承载能力影响不明显。

（2）紫外线

长期暴露在日光下受到紫外线照射，会导致复合材料表面颜色发生变化，如图 3-13 所示。虽然这种表面颜色的变化可能让人误以为复合材料的强度下降，但实际上紫外线只对基体树脂有影响，而对纤维影响较小，紫外线辐射老化机理如图 3-14 所示。碳纤维和玻璃纤维都具有一定的抵抗紫外线能力，相对而言，芳纶纤维对紫外线较为敏感。

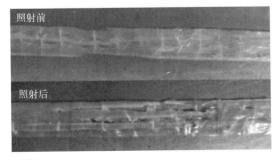

（继）图 3-13　纤维片材在紫外线照射前后对比

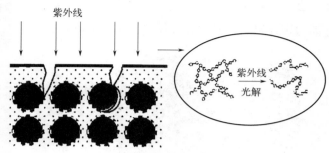

图 3-14　紫外线辐射老化机理

紫外线的影响主要取决于树脂的种类，聚酯树脂的性能受紫外线影响更大。在紫外线照射下，与纤维相关的性能（如拉伸强度和弯曲强度）没有明显变化，而与树脂相关的性能，如剥离强度则容易受到影响。

日本进行了碳纤维布（与环氧树脂复合后）在自然条件下暴露三年以及快速老化试验，使用日光老化试验机进行了 2000～10000h 的快速暴露试验，同时每 2h 进行一次 18min 的水雾循环，试验温度为（63±3）℃。在这种条件下，每 200h 相当于一年的自然暴露时间，而 10000h 的快速老化试验相当于 50 年的自然暴露时间。结果显示，拉伸强度及黏结强度均无明显降低，证明碳纤维复合材料有理想的耐紫外线腐蚀性能。

（3）化学腐蚀

酸、碱等化学介质对加固中使用的复合材料的影响和纤维、树脂都有关系。一般来说，碳纤维在酸、碱环境中性能无明显变化，但玻璃纤维的耐碱性很差，这是由于 OH^- 侵蚀玻璃纤维的主要构成物二氧化硅，导致 Si-O-Si 连接键结构破坏，使纤维丧失强度。混凝土中水分的 pH 值通常为 12～13.5，有很强的碱性，这会使 GFRP 材料变脆并引起强度和刚度的下降。在酸、碱或潮湿环境中应尽量使用碳纤维加固，腐蚀溶液下 FRP 退化机理如图 3-15 所示。在碱性溶液环境下，氢氧根离子的数量比纯水更多，会产生严重的化学水解作用，因此碱性环境下，树脂基体对纤维和界面的保护能力有待提高。

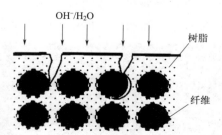

图 3-15　腐蚀溶液下 FRP 退化机理示意图

在盐溶液环境下，有学者认为氯离子会诱发树脂产生破坏，形成细裂纹，使 FRP 表面出现龟裂，加速腐蚀向深处发展。但总体而言，这种性能退化仍归因于盐溶液中水的腐蚀作用。

在化学介质中，FRP 的耐久性主要取决于浸润树脂的性能。不同类型的树脂具有不同的耐腐蚀性，例如，环氧树脂和乙烯基酯树脂对水分和碱性侵蚀具有较强的抵抗能力，而聚酯树脂则较差。根据 Fick 定律描述水在聚合物基体中的扩散，乙烯基酯树脂的水分扩散系数小于聚酯树脂。环氧树脂试件在化学试剂中的实验结果显示，其在大多数无机酸和有机酸以及碱溶液中具有良好的稳定性，但在热浓硝酸中会溶解。因此，在一般非强酸自然环境下的混凝土结构加固中，环氧树脂具有良好的耐化学腐蚀性。

日本进行了 CFRP 筋在不同浓度的酸碱中浸泡和盐水喷雾试验，结果显示碳纤维和 CFRP 具有理想的耐化学药品性能。

Tannous 和 Saadatmanesh 将 AFRP 和 CFRP 筋浸泡在 pH 值为 12 的饱和氢氧化钙溶液中，温度分别为 25℃和 60℃，持续 12 个月，发现 AFRP 筋在 25℃时拉伸强度下降 4.3%，在 60℃时下降 6.4%，而 CFRP 筋的拉伸强度不受影响。

Uomoto 和 Nishimura 将 GFRP、AFRP 和 AGFRP 浸泡在 40℃的 NaOH 溶液中 120 天，结果显示 GFRP 的拉伸强度下降 70%，而 AFRP 和 AGFRP 的拉伸强度没有受到影响。

（4）电腐蚀

在常用的三种纤维材料中，玻璃纤维和芳纶纤维均为绝缘体，不会发生电腐蚀现象。相比之下，碳纤维是电导体且具有较高电阻，当通过电流时会产生热量，可能对未受保护的 CFRP 产生影响。这种影响主要表现为两方面：一方面可能破坏环氧树脂的性能，另一方面在温度下降后，复合材料的层间剪切强度和压缩强度会显著降低，但对拉伸强度的影响较小。当 CFRP 与其他金属部件接触时，若存在电解质溶液，则可能引起接触腐蚀，应采取相应措施避免此情况发生。改善复合界面状态，使碳纤维完全包裹在基体材料之下，可以在一定程度上增强 CFRP 的耐腐蚀性。

在大部分 FRP 加固的工程应用中，加固部分通常位于室内或桥梁底面等位置，不会受到电击的影响。但若存在可能受电击影响的加固部位，应考虑采取必要的防护措施。为避免混凝土内部钢筋电流腐蚀，加固中使用的碳纤维不应直接接触钢筋。

3.3　FRP 在土木工程中的应用

目前在土木工程中应用的 FRP 主要有三种形式：

（1）FRP 加固已有结构

这种方式施工简便，但是施工质量是影响加固效果和黏结质量的关键因素，如果对已有结构表面处理不恰当，将会使 FRP 与已有结构表面提前出现分层或者剥离，如采用手糊工艺将单向纤维布用树脂材料粘贴在其他材料结构构件的表面或者采用将单向纤维为主的 FRP 板材粘贴或埋入等方式与混凝土或钢材结合，达到增强加固效果。

（2）FRP筋材或者索材作为混凝土结构增强筋或预应力索

传统钢筋混凝土结构中配置非预应力筋和预应力筋，处于恶劣环境条件时，钢筋由于电化学的作用易腐蚀，严重影响结构耐久性，进而导致结构承载力降低，而FRP筋具有耐腐蚀性能好、黏结性能与钢筋差不多且拉伸强度高的优点，可改善上述缺点。

（3）FRP结构

由于FRP材料具有高强、轻质、耐腐蚀等优点，FRP结构和FRP组合结构的应用越来越多。FRP结构是指主要结构构件完全采用FRP材料组成的结构，FRP组合结构是指FRP材料与传统的结构材料（主要是混凝土和钢材）通过合理的组合，共同承受荷载而组成的结构。

3.3.1　实例———粘贴碳纤维布加固空心板

（1）桥梁概况

广东某大桥于1994年建成通车，桥全长350.50m，跨径组合（1×13＋4×70＋2×13）m，主桥为4孔净跨径70m的钢筋混凝土箱形肋拱桥，净矢跨比为1/7，拱轴系数$m=2.24$，两岸各设置1孔和2孔13m跨的简支钢筋混凝土空心板梁。桥梁设计荷载为汽车-20级，挂车-100。桥梁定期检查被评定为4类危桥，需进行维修加固改造。

（2）桥梁主要病害

拱圈基本良好，仅拱脚拱背增大截面混凝土有局部收缩裂纹；该桥每跨主拱肋上设10跨简支T梁，单跨设14片T梁，全桥共有560片T梁。T梁前端、跨中及后端均设置横隔板。经检查，T梁梁肋两侧裂缝经封缝处理，从封缝表面观察，裂缝无扩展现象。T梁梁端加固位置混凝土破损严重，个别T梁梁端下部严重破损，梁端加固的横隔板存在严重破碎现象，这些病害主要出现在2#伸缩装置、3#伸缩装置、4#伸缩装置下方前后两跨的T梁梁端，其中3#伸缩装置下方T梁、横隔板、支座病害最为严重。多个梁端横隔板破碎，T梁U形裂缝较多，T梁间接缝开裂，影响到桥面铺装。

该桥0#台和4#台上部分别设1×13m跨和2×13m跨空心板梁，每跨空心板梁均设18片梁，经检查，13m跨各片空心板梁底面均存在横向裂缝，数量在1～24条不等。

该桥T梁两端均设置橡胶支座。部分支座受桥面渗水影响存在钢筋锈蚀、垫石破损现象。2#、3#、4#伸缩装置下方位置前后两跨的垫石有破碎现象，其中有3片T梁支座垫石破损严重，造成T梁与支座之间脱空，分别为3-1-11#T梁、3-1-12#T梁、3-1-13#T梁。其他跨支座垫石外观质量较好。

一侧桥台拱座两侧表面有较多的裂缝，裂缝宽度小于0.1mm，无扩展现象；前台立柱基座顶面纵向裂缝$L=1.5m$，$D=0.1mm$。另一侧桥台两侧耳墙局部崩缺；前台立柱基座顶面和侧面出现横向裂缝，且立柱下部以上2m内的一侧存在裂缝。

桥面为钢筋混凝土铺装，2020年加铺磨耗层。全桥由5条伸缩装置分界。左幅桥面第3联磨耗层多处脱落较明显，右幅磨耗层整体较完好。桥面对应T梁接缝位置产生纵向反射裂缝，均进行了灌缝处理。

该桥在 0# 台和 4# 台的台顶及 1#～3# 墩的墩顶桥面处均设置伸缩装置，全桥共 5 条伸缩装置。经检查，所有伸缩装置均存在橡胶条老化变形、剥落，缝内积砂等病害。其中右幅 3# 伸缩装置出现异常，车辆行驶时出现冲击和噪声。其余伸缩装置无明显错台现象。

（3）主要维修加固措施

① 桥面板 T 梁。拆除原桥全部桥面板 T 梁，更换为新 T 梁。新 T 梁采用钢筋混凝土装配式结构，预制梁宽 0.75m，梁高 0.5m，翼缘厚度 0.12m，梁肋宽度 0.18m，T 梁间设置 0.5m 宽现浇混凝土接缝，每孔设置 14 片 T 梁，全桥共计 4 孔，560 片 T 梁。

② 主拱圈。对拱肋跨中段粘贴钢板条加固，每条拱肋粘贴 3 条钢板条，钢板条长 24.2m，宽 0.25m，厚度采用 8mm。钢板采用 Q355B 钢材。钢板防腐涂层体系的设计年限按长效型 20 年设计。

③ 引桥空心板。对引桥空心板粘贴碳纤维布，每块空心板下纵向粘贴 3 条 30cm 宽碳纤维布，两端粘贴 50cm 宽压条。

④ 立柱及盖梁。对开裂的台前立柱进行外包钢抱箍加固。

⑤ 桥面系及附属。整体重做钢筋混凝土铺装层，铺装层采用 12cm 厚 C50 聚丙烯腈纤维防水混凝土，配置双层焊接钢筋网片，提高桥面板整体性。更换全桥伸缩装置。

⑥ 支座。更换全桥支座。对拱上建筑 T 梁换梁的同时更换新橡胶支座，对引桥空心板进行顶升更换支座。

⑦ 耐久性提升。

a. 裂缝宽度小于 0.15mm 的裂缝利用裂缝封闭胶进行封闭处理。

b. 裂缝宽度不小于 0.15mm 的裂缝采用封闭灌胶处理。

c. 蜂窝麻面、剥落露筋缺陷，凿除表层松散混凝土，对锈蚀露筋进行除锈后，利用环氧砂浆进行修补。

d. 伸缩装置位置的盖梁和立柱进行硅烷浸渍防腐处理。

e. 锈蚀的钢板进行除锈后，重新涂刷防腐漆。

f. 锥坡浆砌片石进行勾缝处理。

⑧ 防船撞。完善防船撞设施，增设桥涵标、通航净高标牌、桥柱灯等助航标志。

⑨ 桥头顺接。每侧桥头设置 50m 过渡段，铺筑 SBS 改性沥青混凝土 AC-13C 进行接顺。设置标志、标线等安全设施。

（4）引桥空心板粘贴碳纤维布加固

该桥引桥各片空心板梁底面均存在横向裂缝，空心板为普通钢筋混凝土结构，该桥交通量大，重载交通多，在车辆荷载的作用下，空心板梁底开裂，裂缝有增多趋势，桥梁设计荷载为汽车-20 级，设计荷载等级偏低，为了提升空心板梁的承载力抑制裂缝的发展，采取对空心板底粘贴碳纤维布的加固方式。每块空心板下纵向粘贴 3 条 30cm 宽碳纤维布，两端粘贴 50cm 宽压条。碳纤维布采用 $300g/m^2$ 的Ⅰ级布材。桥梁的设计荷载提升为公路-Ⅱ级。加固用碳纤维材料的主要力学性能指标如表 3-8 所示。图 3-16 为空心板粘贴碳纤维布布置。

表 3-8　碳纤维布材主要力学性能指标

名称	拉伸强度标准值 /MPa	弹性模量 /MPa	伸长率 /%	弯曲强度 /MPa	纤维复合材料与混凝土正拉黏结强度 /MPa	层间剪切强度 /MPa
Ⅰ级布材	≥3400	$≥2.4×10^5$	≥1.7	≥700	≥2.5 且为混凝土内聚破坏	≥45

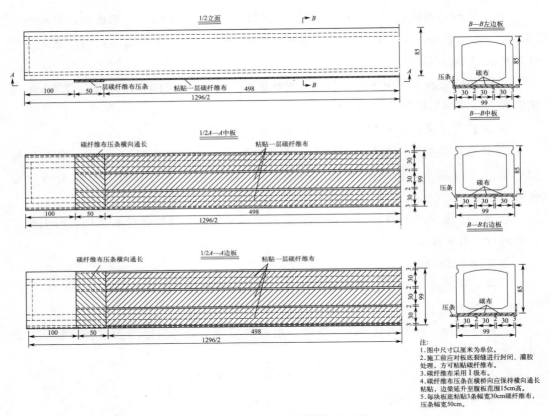

图 3-16　空心板粘贴碳纤维布布置

(5) 粘贴碳纤维布施工工艺

粘贴碳纤维布的工艺流程为：定位放线→基层处理（待粘贴面）→配制涂刷底层树脂→配制找平材料对不平整处修复处理→配制涂刷浸渍树脂→粘贴碳纤维布→固化养护→检验验收。

① 定位放线。熟悉图纸，明确粘贴范围及部位，然后在构件上画出轮廓线。

② 基层处理。

a. 首先清除被加固构件表面的剥落、疏松、蜂窝、腐蚀等劣化混凝土，露出混凝土结构层，并修复平整。

b. 按要求对裂缝、破损剥落进行修复。

c. 被粘贴混凝土表面应打磨平整，除去表层浮浆、油污等杂质，直至完全露出混凝土结构新面，且表面平整度应不小于 5mm/m，转角粘贴处要进行倒角处理并打磨成圆弧状，圆弧半径不小于 20mm。

d. 混凝土表面应用强力吹风机吹净，并用丙酮清理干净，同时使混凝土表面保持干燥。当表面含水率大于 4% 或环境温度低于 5℃ 时应采取措施，达到要求后方可施工。

③ 裁剪下料。对布材按照设计尺寸结合现场实际情况准确下料，下料时不得乱丝、断丝。

④ 配制涂刷底层树脂。按产品提供的工艺规定配制底层树脂，由专人负责，调胶工具应为低速搅拌器或人工搅拌，搅拌应均匀，无气泡产生，并防止灰尘等杂质混入。用专用滚刷蘸胶涂刷于待粘贴混凝土表面，要求无漏刷、无流坠。待底层树脂表面指触干燥后立即进行下一步工序施工。

⑤ 找平处理。

a. 按产品供应商提供的工艺规定配制找平材料。对混凝土表面凹陷部位找平，且不应有棱角。

b. 转角处用找平材料修复为光滑的圆弧，半径应不小于 20mm。

c. 在找平材料表面指触干燥后立即进行下一步工序。

⑥ 粘贴碳纤维布。

a. 按产品厂家提供的工艺规定配制浸渍树脂，并均匀涂抹于粘贴部位。

b. 将碳纤维布用手轻压需粘贴的位置，采用专用的滚筒顺纤维放线多次滚压，挤除气泡，使浸渍树脂充分浸透碳纤维布，滚压时不得损伤碳纤维布。

c. 多次粘贴时应重复上述步骤，并且在纤维表面的浸渍树脂指触干燥后尽快进行下一层的粘贴。

d. 在最后一层碳纤维布的表面均匀涂抹浸渍树脂。

e. 粘贴碳纤维布压条。

⑦ 固化养护。碳纤维布粘贴好后，须固化养护约 72h，固化期间不得对布有任何扰动。图 3-17 为碳纤维布粘贴后效果。

图 3-17　粘贴碳纤维布加固

3.3.2 实例二——预应力碳纤维板加固空心板

（1）桥梁概况

某大桥主桥为净跨 160m 的等截面悬链线钢管混凝土拱桥。其净矢跨比为 1/6，拱轴系数为 1.495109。拱上结构为装配式钢筋混凝土空心板，板长 12.66m。主拱圈采用两根 $d=1.0$m 钢管，竖向呈哑铃形，拱肋高 2.4m。拱上立柱直径 0.8～0.9m，最高达 27m。主拱拱肋和立柱均采用 12mm 厚的 3 号镇静钢钢板卷制而成，节段连接采用高强度螺栓。桥梁设计荷载为汽车-20 级，挂车-100，于 1998 年建成通车。

（2）桥梁主要病害

该桥拱肋的主要病害是：存在 26 处涂层脱落。横撑存在 12 处涂层脱落，3 处锈蚀。立柱的主要病害为存在 5 处涂层脱落。

该桥桥面板的主要病害有：桥面板存在锈胀露筋、混凝土破损、破损露筋、蜂窝麻面等，总面积 26.39m²；6 条纵向裂缝，总长度 $L=11.9$m，宽度在 0.08～0.12mm 范围内；2647 条横向裂缝，总长度 $L=1277.6$m，宽度在 0.04～0.18mm 范围内；6 处渗水泛白，总面积 $S=5.24$m²。铰缝存在 16 处水蚀、渗水泛白，总面积 $S=12$m²。该桥主桥桥面板支座的主要病害有：存在 60 个剪切变形，剪切角 10°～30°，其中 1 个伴有局部脱空；21 个老化开裂，其中 2 个伴有压缩外鼓、3 个伴有剪切变形、1 个伴有偏位；34 个底部局部脱空，脱空率 10%～40%，其中 1 个伴有橡胶板破损、1 个伴有被掩埋、1 个伴有偏位；存在 27 处完全脱空，18 个偏位，存在 2 处串动，18 个被掩埋，34 个支座构件锈蚀，5 处支座缺失。

引桥上部结构的主要病害有：实心板存在 18 处锈胀露筋、混凝土破损、破损露筋、锈胀、蜂窝麻面等，总面积 6.51m²；1 处水蚀，麻面 0.15m²；4 条纵向裂缝，总长度 $L=1.2$m，宽度 $D=0.4$mm；2 条纵向裂缝，总长度 $L=15$m；存在 1 处网状裂缝，总面积 6m²。铰缝存在 3 处渗水泛白。引桥支座的主要病害有：支座存在 6 处局部脱空，1 处完全脱空；2 处垫石开裂、露筋；2 处剪切变形，范围在 10°～15°。

下部结构的主要病害有：引桥桥墩盖梁存在 5 处水蚀；引桥桥墩存在 1 处破损开裂，面积 0.6m²；主桥桥墩盖梁存在 23 处锈胀露筋，总面积 5.45m²；1 处混凝土破损，面积 0.05m²；主桥桥墩盖梁存在 1 处植被生长；桥台台帽存在 1 处锈胀露筋，总面积 0.02m²；桥墩盖梁存在 1 处渗水。

桥面铺装的主要病害有：混凝土破损、破损露筋等，总面积 4.61m²；3 处粗骨料外露，总面积 25m²；10 条横向裂缝，总长度 $L=45$m，宽度 $D=0.18$mm；1 条斜向裂缝，总长度 $L=3.5$m，宽度 $D=0.18$mm；24 条纵向裂缝，总长度 $L=47$m，宽度 $D=0.18$mm；10 处网状裂缝，总面积 $S=40.16$m²。

伸缩缝的主要病害为：存在 1 处止水带破损，1 处锚固区破损露筋。该桥栏杆、护栏的主要病害有：22 处锈胀露筋、混凝土破损等，总面积 $S=5.14$m²；38 条裂缝，总长度 $L=18.4$m，宽度在 0.18～0.25mm 范围内；8 处漆皮脱落、涂装脱落、脏污等，

总面积 $S = 80\text{m}^2$。

（3）主要维修加固措施

重新涂装全桥钢结构。钢管混凝土拱肋的防腐设计要以全寿命的观点来考虑，既要考虑到一次性的投资成本，又要考虑到日后的养护、维修与重新涂装的成本，以全寿命造价考虑防腐涂装体系的选择。《公路钢管混凝土拱桥设计规范》规定，钢结构防腐涂层体系保护年限为 15～25 年。结合目前钢管拱桥外表面常用防腐涂装类型，围护涂装采用富锌重装防腐体系。

桥面空心板横向裂缝较多，并且发展较快，虽然根据检测报告裂缝宽度现在未超过规范规定的限值，但是裂缝数量发展很快，为了限制裂缝的进一步发展，本次对空心粘贴预应力碳纤维板加固。采用预应力碳纤维板加固技术有一定优势，通过施加预应力的主动加固方式能够减少原结构变形，减小或封闭既有裂缝，施工便利，对环境影响小。

本次对主桥、引桥铰缝出现渗水损坏的部位进行凿除并重新浇筑，补充铰缝钢筋，同时在铰缝植入门形钢筋，浇筑 C50 聚丙烯纤维混凝土。

本桥支座病害较多，从建成通车至今已经使用 20 年，本次更换全桥支座。凿除原混凝土桥面铺装，重做桥面铺装，更换伸缩缝。新做桥面铺装采用 C50 混凝土。

对一般混凝土构件裂缝，根据裂缝宽度采用不同处理方法：对裂缝宽度 ＜0.15mm 的裂缝，采用环氧胶泥进行封闭；对裂缝宽度 ≥0.15mm 的裂缝，低压注射环氧树脂胶灌缝。

对一些浅表面的混凝土病害，将松散、破碎混凝土凿除至新鲜密实部位，蜂窝、麻面部位打磨或凿除表层至坚实界面，然后采用改性环氧砂浆修补。

对孔洞及深度超过 6cm 的深层疏松区，凿除疏松混凝土后采用高强度（1 天抗压强度不小于 30MPa，7 天抗压强度不小于 50MPa，28 天抗压强度不小于 60MPa）环氧混凝土修补。

对混凝土剥落、露筋、锈胀部位，将钢筋外露锈蚀部分的松散混凝土凿除，对外露锈蚀的钢筋除锈后涂刷一层阻锈剂，并用改性环氧砂浆修补破损部位。

本次对容易受水侵蚀的两侧边梁外侧、底面及所有盖梁，采用浸渍硅烷的方式进行防护。

桥梁两头与小半径圆曲线相接，为了提升桥梁段行车安全，在重做桥面铺装后，重新施画热熔标线，桥梁护栏两侧增加轮廓标，桥头小半径弯道位增加诱导标志。

（4）预应力碳纤维板加固设计

预应力碳纤维板布置见图 3-18。该桥拱上桥面板及引桥均采用 12.66m 长普通钢筋混凝土空心板，随着桥上交通量加大，重载交通增多，空心板的横向裂缝发展较快，为了提高空心板的承载能力，限制裂缝的发展，采用张拉粘贴预应力碳纤维板的预应力加固方法进行加固。

每片板粘贴 2 条碳纤维板，每条碳纤维板宽 10cm，厚度 2mm，采用 I 级碳纤维板材。采用 CFP100-2.0 预应力加固体系。碳纤维板采用单端张拉，张拉控制应力为

805MPa，控制伸长率为 0.5％，张拉力为 161kN，张拉时采用力与伸长量双控，双控误差 6％，预应力碳纤维板施工注意采用横桥向对称施工。

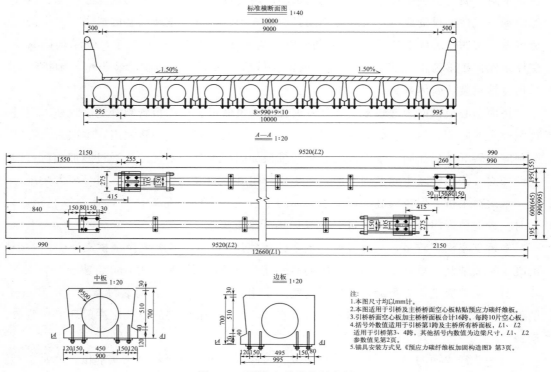

图 3-18　预应力碳纤维板布置

预应力碳纤维板采用双面网格织法的碳纤维板，其力学性能应符合结构加固修复用碳纤维片材（GB/T 21490—2008）的规定，其极限破断拉伸力不小于 2600MPa，主要技术指标需要满足表 3-9 的要求。

表 3-9　预应力碳纤维板技术要求

项目	性能
标准拉伸应力 f_b/MPa	≥2400
极限破断拉伸应力 f_j/MPa	≥2600
预应力碳纤维板出厂检验拉伸应力 f_c/MPa	≥1870
伸长率/％	≥1.7
受拉弹性模量/MPa	≥160000
碳纤维复合材料与混凝土正拉黏结强度/MPa	≥2.5,且为混凝土内聚破坏

锚具采用符合《桥梁用预应力碳纤维板-夹持式锚具》(JT/T 1267—2019) 要求的夹持式锚具。桥梁承重结构加固用浸渍、粘贴碳纤维复合材料的胶黏剂的安全性能指标必须符合表 3-10 的要求，不得使用不饱和聚酯树脂、醇酸树脂等作为浸渍、粘贴胶黏剂。粘贴用底胶与修补胶应与浸渍、粘贴胶黏剂相适配，其安全性能指标必须符合表 3-10

的规定。

表 3-10　碳纤维浸渍、粘贴胶黏剂安全性能指标

性能项目		性能要求
		A 级胶
胶体性能	拉伸强度/MPa	≥40
	拉伸弹性模量/MPa	≥2500
	弯曲强度/MPa	≥50，且不得呈脆性破坏
	压缩强度/MPa	≥70
	伸长率/%	≥1.5
黏结能力	钢-钢拉伸剪切强度标准值/MPa	≥14
	钢-钢不均匀扯离强度/(kN/m)	≥20
	与混凝土的正拉黏结强度/MPa	≥2.5，且为混凝土内聚破坏
不挥发物含量/%		≥99

（5）预应力碳纤维板加固施工工艺

预应力碳纤维板、胶黏剂应为同一品牌，且符合《混凝土结构加固设计规范》(GB 50367—2013) 的要求。梁底粘贴张拉预应力碳纤维板施工流程如下：

① 施工准备。在加固梁上按照设计施工放样，准确确定预应力碳纤维板和两端锚具位置。放样采取钢尺定位，根据支座位置确定实际钻孔位置及混凝土清理位置，钻孔位置注意避开结构钢筋。

② 混凝土表面处理。桥梁钢筋混凝土结构长期直接暴露在有一定湿度的空气中，在粘贴碳纤维板加固施工中，需要打凿掉脆化疏松层，提高黏结力。对混凝土黏结面的脆化疏松层，应采用硬质金刚石磨轮打磨掉且完全露出新面，并用钢丝刷清除疏松浮层。

为了保证预应力碳纤维板与混凝土之间的间隙（胶层厚度 3～5mm），实现碳纤维板受力张拉时平直均衡无阻碍，对混凝土高凸面应采取金刚石打磨片打磨，对混凝土低凹面应采用环氧砂浆修补胶修补。假如粘贴时混凝土湿度较大，对混凝土表面尚需进行干燥处理。

③ 植埋螺栓。

a. 施工放线采用钢筋探测仪标定螺栓钻孔位置，假如遇到钢筋需移位，应通知技术人员记录编号，并安排现场修整支座板安装孔。

b. 采用电锤钻孔时应保证钻孔中心线与混凝土梁面垂直，钻孔中心位置偏差不超过 3mm。

c. 采用化学胶管或植筋胶植入螺栓时，应保证孔内胶液饱满且螺栓垂直于梁面。

④ 安装锚具支座。

a. 张拉端、固定端支座中心线应与碳纤维板中心线平行或重叠，锚具两端支座中心延长线按碳纤维板全长计算，偏差不得超过 5mm。

b. 锚具、支座安装的梁面，纵横方向水平均应位于水平尺中央，两端锚具底部结

合面修磨时可以低于安装梁面 1~2mm。

c. 两端支座板安装孔因钻孔偏差修整后与螺栓出现间隙，安装时应使用环氧修补胶填补；两端支座调平后与螺栓出现的间隙，安装时应使用环氧修补胶填补；两端支座调平后与混凝土的空隙，也应采用环氧修补胶填补或找平。

⑤ 碳纤维板检查。预应力碳纤维板需要满足《混凝土结构加固设计规范》（GB 50367—2013）和《工程结构加固材料安全性鉴定技术规范》（GB 50728—2011）的安全性鉴定要求。预应力碳纤维板重点检查碳纤维板的直线度，其全长直线度偏差不得超过 20mm，对于与碳纤维板粘贴表面的处理同样重要，粘贴表面残留的油污在胶黏剂与碳纤维板之间容易产生一层油脂状薄膜，导致胶黏剂与碳纤维板之间黏结失效，要求碳纤维板使用前使用丙酮擦拭干净。

⑥ 碳纤维板施加预应力预张拉。安装预应力碳纤维板并旋紧螺杆拉直碳纤维板，安装张拉支架和千斤顶且处于水平位置，加压张拉至设计张拉应力值的 15%，检查两端锚具之间碳纤维板与梁表面是否有间隙，如碳纤维板与混凝土之间有高凸接触点或面，应卸压拆卸打磨后再张拉。

⑦ 配胶、涂抹结构胶。碳板胶采用与碳纤维板配套的碳板胶，且需要满足《工程结构加固材料安全性鉴定技术规范》（GB 50728—2011）、《混凝土结构加固设计规范》（GB 50367—2013）中的 A 级碳纤维胶的要求。碳板胶为 AB 双组分，配合比 A∶B＝2∶1，AB 双组分分别称重后搅拌至颜色均匀。

碳板胶对细微多孔、粗糙的混凝土粘贴面，具有良好的渗透性及浸润性，而对组织密实、光滑的碳纤维板粘贴面浸润性相对较差。胶黏剂配制好后，为了使胶黏剂能充分浸润、渗透、黏附于碳纤维板粘贴面，应使用抹刀在碳纤维板粘贴面刮抹少量胶黏剂，并且用力刮抹数遍，然后，按照碳纤维板材宽度方向中间厚、边缘薄的原则，再刮抹至所有胶体厚度达 4~10mm（胶体厚度根据原结构黏结面平直度而定）。

⑧ 压紧条安装。预应力碳纤维板涂抹胶黏剂并初步固定就位后，即可安装压紧条，压紧条安装时需与混凝土面保持 1cm 左右的缝隙，以便张拉时碳纤维板可以自由滑动。

⑨ 张拉碳纤维板。重新安装千斤顶加压张拉至设计张拉力值的 15%，刻录锚具张拉移动起始线。加压至张拉设计值的 30%，检查碳纤维板边缘与梁表面之间是否有胶液溢出，如局部未出现胶液挤压溢出现象，应卸压补充胶液后再张拉；检测锚具行程位移是否对应预张拉时的刻录线。分段张拉至设计值的 50%、70%、90%、100%，检测张拉端锚具行程是否满足理论伸长量的要求，按规范要求，张拉端锚具行程与理论伸长量误差应不大于±6%。

⑩ 固化养护与隐蔽防护。按《混凝土结构加固设计规范》（GB 50367—2013）和技术条款处理。预应力张拉体系、锚具为钢构件，容易发生锈蚀，碳纤维板因材质为复合树脂，应避免紫外线侵蚀，张拉完成检验合格后，应采用具有较好黏结性、耐腐蚀性和较好耐久性的环氧树脂砂浆，对锚具、碳纤维板涂抹浸渍树脂进行隐秘防护。图 3-19 为完成的大桥预应力碳纤维板。

图 3-19　大桥预应力碳纤维板

3.3.3　实例三——碳纤维拉索工程应用

某桥（图 3-20）全长 388.285m，设计时速 50km/h，大桥采用双向 6 车道设计，预留双向 8 车道条件，并考虑设置非机动车道和人行道。引桥、主桥桥面宽 40m，主桥采用莲花造型独塔双索面斜拉桥，全长 200m，钢梁为全焊钢箱梁结构，主桥钢梁采取先拼装焊接再步履式顶推到位的方式施工。斜拉索为扇形布置的空间双索面，采用标准强度 1770MPa 平行钢丝斜拉索，全桥共 72 根斜拉索，最长 73.9m，单根最大重量为 3.12t。桥塔由 2 个主塔、1 个副塔组成，主副塔之间采用空间索面拉索相连，两侧主塔高 55.9m，从侧面看与竖直方向呈 30°夹角倾斜设置，中间副塔高51.9m，竖直设置。

图 3-20　大桥实景

该桥是碳纤维拉索在国内车行斜拉桥中的首次应用，形成了国内最大吨位国产碳纤维索锚体系，是世界上最大跨度碳纤维索斜拉桥。大桥应用四根碳纤维索，由碳纤维、树脂基体及纤维/树脂界面三部分组成，轻质高强，可减轻结构自重，拥有优异的耐久性与抗疲劳性。

参考文献

[1] 杨威，颜丙越，夏国巍，等. 纳米 SiO_2 改性玻璃纤维增强树脂的耐湿热老化性能 [J]. 绝缘材料，2023，56（10）：50-58.

[2] 王晓璐，查晓雄，张旭琛. 高温下 FRP 筋与混凝土的黏结性能 [J]. 哈尔滨工业大学学报，2013，45（6）：8-15.

[3] Harle M S. Durability and long-term performance of fiber reinforced polymer（FRP）composites：A review [J]. Structures，2024，60：105881.

[4] Katz A，Berman N，Bank L C. Effect of cyclic loading and elevated temperature on the bond properties of FRP rebars [C]// Proceedings from the First International Conference on Durability of Fiber Reinforced Polymer Composites for Construction. Sherbrooke. 1998：403-413.

[5] 邓宗才，牛翠兵，杜修力，等. FRP 加固混凝土结构耐久性研究 [J]. 北京工业大学学报，2006，32（2）：133-137.

[6] 崔璐. 纤维复合材料（FRP）加固混凝土抗紫外线老化性能试验研究 [D]. 郑州：郑州大学，2012.

[7] Wu G，Wang X，Wu Z，et al. Durability of basalt fibers and composites in corrosive environments [J]. Journal of Composite Materials，2015，49（7）：873-887.

[8] Karbhari V M，Murphy K，Zhang S. Effect of concrete based alkali solutions on short-termdurability of E-glass/vinylester composites [J]. Journal of Composite Materials，2002，36（17）：2101-2121.

[9] Tepfers R，Tamuzs V，Apinis R，et al. Ductility of nonmetallic hybrid fiber composite reinforcement for concrete [J]. Mechanics of Composite Materials，1996，32（2）：113-121.

[10] Wu G，Wang X，Wu Z，et al. Degradation of basalt FRP bars in alkaline environment [J]. Science & Engineering of Composite Materials，2014，22（6）：649-657.

[11] Micelli F，Nanni A. Durability of FRP rods for concrete structures [J]. Construction & Building Materials，2004，18（7）：491-503.

[12] 吕志涛，梅葵花，王鹏，等. FRP-混凝土结构桥梁结构 [M]. 南京：江苏凤凰科学技术出版社，2015.

[13] 冯鹏，陆新征，叶列平. 纤维增强复合材料建设工程应用技术——试验、理论与方法 [M]. 北京：中国建筑工业出版社，2011.

[14] 赵军，李明，张普，等. 玻璃纤维复合材料筋混凝土结构及其工程应用 [M]. 北京：化学工业出版社，2018.

[15] [美] 吴怀中，克里斯托弗 D 埃蒙. 纤维增强复合材料（FRP）加固混凝土结构——设计、施工与应用 [M]. 韦建刚，吴庆雄，张伟，译. 北京：人民交通出版社，2021.

[16] 江世永. 复合纤维材料混凝土结构的抗震性能 [M]. 北京：中国建筑工业出版社，2018.

[17] 江世永，飞渭，李炳宏. 复合纤维混凝土结构设计与施工 [M]. 北京：中国建筑工业出版社，2017.

[18] 吴智深，汪昕，吴刚. FRP 增强工程结构体系 [M]. 北京：科学出版社，2017.

[19] 陈小兵，李荣，丁一. 高性能纤维复合材料土木工程应用技术指南 [M]. 北京：中国建筑工业出版社，2009.

[20] 王作虎，詹界东. 预应力 FRP 筋混凝土结构关键性能研究 [M]. 北京：知识产权出版社，2016.

[21] 李贵炳，张爱晖. FRP 加固混凝土结构受弯构件 [M]. 北京：煤炭工业出版社，2008.

[22] 张华，晋霞. 纤维增强复合材料（FRP）的研究与应用 [M]. 北京：中国水利水电出版社，2017.

第 4 章
高性能钢材

4.1 概述

4.1.1 高性能钢材的定义及特征

高性能钢材通常指具有高强度、冷成型性、耐腐蚀性、延展性或焊接性等特性的钢材。它一般应具有以下一种或多种优点：低成本、高强韧性、细晶粒、长寿命、复相组织、柔性化、易回收等。随着现代科学技术的飞速发展，高性能钢材的发展更是日新月异。

4.1.2 高性能钢材的化学组成及微观结构

（1）组织的概念

"组织"是指合金中有若干相以一定的数量、形状、尺寸组合而成的并且具有独特形态的部分。实质上它是一种或多种相按一定方式相互结合所构成的整体的总称。

"相"是指合金中具有同一聚集状态、同一晶体结构和性质并以界面相互隔开的均匀组成部分。

（2）组织与相之间的关系

合金的组织可由单相固溶体或化合物组成，也可由一个固溶体和一个化合物或两个固溶体和两个化合物等组成。正是由于这些相的形态、尺寸、相对数量和分布的不同，才会形成各式各样的组织。组织可由单相组成，也可由多相组成。组织是材料性能的决定性因素。在相同条件下，不同的组织对应着不同的性能。

铁碳合金相图中的相有铁素体、奥氏体、渗碳体三种。铁碳合金相图中的组织有铁素体、奥氏体、渗碳体、珠光体、莱氏体、索氏体、托氏体、贝氏体、马氏体等。铁素体、奥氏体、渗碳体三种既是相也是组织，具有双重身份，其他的都是混合物。

4.2 高性能钢材的性能及调控

4.2.1 桥梁用钢的分类及其特点

桥梁用钢是指专用于架造铁路桥梁或公路桥梁的钢材。其要求有较高的强度、韧性，且要有良好的抗疲劳性、一定的低温韧性和耐大气腐蚀性等，并且对钢材的表面质量要求较高，并能承受机车车辆的载荷和冲击。桥梁用钢常采用碱性平炉镇静钢，成功地采用了普通低合金钢如 16 锰、15 锰钒氮等（YB 168—1970），栓焊桥梁用钢还应具有良好的焊接性能和低的缺口敏感性。我国桥梁用钢的主体包括铁路桥梁、公路桥梁和跨海大桥等。

（1）分类

① 按工作环境和承受荷载分类　可分为铁路桥梁用钢、公路桥梁用钢及跨海大桥用钢三大类。

② 按化学成分分类　可分为碳素钢［可按碳含量高低细分为低碳钢（碳含量≤0.25%）、中碳钢（0.25%＜碳含量≤0.60%）和高碳钢（碳含量＞0.60%）］和合金钢［又可按合金元素总含量多少细分为低合金钢（合金元素总含量≤5%）、中合金钢（5%＜合金元素总含量≤10%）和高合金钢（合金元素总含量＞10%）］两大类。

（2）性能

桥梁技术的发展离不开材料，就钢桥发展来说，桥梁用钢应具有较高的强度、韧性和一定的耐大气腐蚀性，还应具有较好的抗冲击和抗疲劳性能等，见表 4-1。

表 4-1　桥梁用钢的主要力学性能要求

序号	名称	力学性能说明
1	高强度	强度的物理意义是表征材料对塑性变形和断裂的抗力。 ①屈服强度 R_{eL}（σ_s 或 σ_{eL}）。对于在应力-应变曲线上不出现明显屈服现象的材料，国家标准中规定以试样残余伸长率为其标距长度的 0.2% 时材料所承受的应力作为残余伸长应力，并以 $R_{p0.2}$（$\sigma_{0.2}$）表示。屈服强度 R_{eL} 或 $R_{p0.2}$ 表征材料对明显塑性变形的抗力，是设计和选材的主要依据之一。 ②抗拉强度 R_m（σ_b）。它是材料在拉伸条件下能够承受最大荷载时的相应应力值。对于塑性材料，R_m（σ_b）表示对最大均匀变形的抗力。对于脆性材料，一旦达到最大荷载，材料便迅速发生断裂，所以 R_m（σ_b）也是材料的断裂抗力指标。 ③抗压强度（压缩强度）。钢材受压时的应力-应变关系在弹性阶段与受拉时基本一致。当压应力达到或超过钢材 R_{eL} 后，塑性钢材将产生很大的塑性变形，随着压应力增大，试样越来越扁，横截面积不断增大，试样不会断裂，无法获得钢材的抗压强度；脆性钢材压缩时的断后伸长率 A 比拉伸时要大得多，最终试样沿着与横截面大约呈 55° 的斜截面被剪断，一般情况下脆性钢材的抗压强度比抗拉强度要大得多。 钢材质量密度与屈服强度的比值自重越小，在相同荷载和约束条件下钢结构自重越小。当跨度和荷载相同时，钢屋架质量只有钢筋混凝土屋架质量的 1/4～1/3。由于质量较轻，便于运输和安装，钢结构特别适用于跨度大、高度高、荷载大的钢结构桥梁
2	低屈强比	钢材的屈强比（R_{eL}/R_m）大小反映了钢材塑性变形时不产生应变集中的能力。R_{eL}/R_m 越低，表明材料破坏前产生稳定塑性变形的能力就越高，即使结构出现局部超载失稳也不至于发生突然的倒塌断裂。目前，低屈强比钢结构实现了 R_{eL}/R_m 在 0.60～0.85 之间，可提高钢结构的抗震安全性。较低强度的钢（如 Q345），其组织中含较多铁素体（F），因而 R_{eL}/R_m 较低；但当钢强度提高至 590MPa 和 780MPa 时，其组织为贝氏体（B）＋马氏体（M），故屈强比显著提高

续表

序号	名称	力学性能说明
3	好的塑性	塑性是表征材料断裂前的塑性变形的能力,其指标有断后伸长率和断面收缩率。 ①断后伸长率 A。断后伸长率是试样拉断后标距长度的相对伸长值,即 $A=(L_u-L_0)/L_0\times100\%$。式中,$L_0$ 为试样原始标距长度,mm;L_u 为试样拉断后的标距长度,mm。 ②断面收缩率 Z。断面收缩率是断裂后试样截面的相对收缩值,按公式 $Z=(S_0-S_u)/S_0\times100\%$ 计算。式中,S_0 为试样原始截面积;S_u 为试样断裂后的最小截面积。断面收缩率不受试样尺寸影响,能可靠地反映材料的塑性。 钢材的 A、Z 数值高,表示其塑性加工性能好。但它们不能直接用于零件设计计算。一般认为零件在保证一定强度的前提下,A、Z 指标高,零件安全可靠性大
4	良好的韧性	钢材的韧性表示钢材在塑变和断裂过程中吸收能量的能力。韧性越好,预示发生脆断可能性越小。评定钢材韧性的好坏看其冲击韧度和断裂韧度的好坏。塑性、韧性好的钢材在静载和动载作用下有足够的应变能力,既可减轻结构脆性破坏倾向,又能通过较大塑变调整局部应力,使应力得到重分布,提高构件延性,提高结构抗震和抵抗重复荷载作用的能力。 ①冲击韧度(α_k)。它是反映钢材在冲击荷载作用下断裂时吸收机械能的能力,即对外来冲击荷载的抵抗能力。在工程上常用冲击荷载作用下折断试样所需能量来表示,即 $\alpha_k=A_k/A$,单位为 J/cm² 或 kJ/m²。α_k 值取决于材料及其状态,同时与试样形状、尺寸有很大关系。α_k 值对材料内部结构缺陷、显微组织的变化很敏感,如夹杂物、偏析、气泡、内部裂纹、淬火钢的回火脆性、晶粒粗化等都会使 α_k 值明显降低;同种材料试样,缺口越深、越尖锐,缺口处应力集中程度越大,越易变形和断裂,α_k 值越低,预示材料表现出的脆性就越高。故不同类型和尺寸的试样,其 α_k 值不能直接比较。 钢材的 α_k 随温度改变而变化。当温度降低时,钢材的 α_k 将显著降低;当温度升高时,钢材 α_k 增大,但过高的温度会使钢材软化失稳而无法继续承受荷载。故对特殊环境下建造的桥梁,所用钢材除满足常温 α_k 外,还应根据使用的极端环境情况满足低温或高温的 α_k。 ②冲击吸收能量(K)。它表示钢在冲击荷载作用下抵抗变形和断裂的能力。K 数值大小表示钢的韧性高低。可以看出,BCC(体心立方)金属或合金在低于某临界温度(即韧脆转变温度)的条件下,韧性急剧降低,材质变脆。 ③韧脆转变温度(T_k)。冲击吸收能量(冲击韧度)随温度的降低而减小,且在某温度范围,冲击吸收能量发生急剧降低,该现象称为冷脆,此温度范围即称 T_k(韧脆转变温度)。因此在低温条件下服役的桥梁用钢,要依据钢的 T_k 值来确定其最低使用温度,以防钢件低温脆断。例如,在低温下服役的桥梁、船舶等结构件的使用温度应高于其 T_k。 ④断裂韧度。它是衡量钢材阻止宏观裂纹失稳扩展的能力,即瞬时断裂能力,是材料固有特性,只与材料本身、热处理及加工工艺等有关
5	耐低温性	为适应低温工况,低温钢的技术要求一般是在低温下钢材具有足够的强度和韧性,并有良好的工艺、加工性能等。随着气候变化加剧,为提高钢结构安全性,根据不同温度条件,结构中广泛应用耐低温钢,以提高其低温条件下钢结构的性能。 对于桥梁主要受力构件结构用钢,其常温、低温 α_k 值普遍比碳素结构钢和一般低合金高强度结构钢要高,说明桥梁用钢的耗能好,不易发生脆断,在地震作用下相比于其他钢材具有更好的抗震性能
6	高疲劳强度	钢材在交变荷载的反复作用下,往往在应力远小于屈服点时,发生突然的脆性断裂,这就要求其具有高的耐疲劳性,即具有高的疲劳强度

4.2.2 桥梁用结构钢的炉外精炼与牌号表示方法

(1) 优质钢的炉外精炼

为获得更高质量、更多品种的高性能钢，需采用炉外精炼方法。炉外精炼是指将在转炉、平炉或电炉中初炼过的钢液移至另一个容器中进行精炼的冶金过程，也称"钢包冶金"或"二次冶金"，即把传统的炼钢过程分为初炼和精炼两步进行。初炼时，炉料在氧化性气氛的炉内进行熔化、脱磷、脱硫、去除杂质和主合金化，获得初炼钢液；精炼则是将初炼的钢液在真空、惰性气体或还原性气氛的容器中进行脱气、脱氧、脱硫，去除夹杂物和成分微调等。实行炉外精炼可提高钢的质量，缩短冶炼时间，优化工艺过程并降低生产成本。在现代炼钢生产过程中，为获得高质量产品，从转炉和电弧炉中出来的钢水几乎都要经炉外精炼处理，使最后的产品达到所要求的最大限度的纯净度。

常用的炉外精炼方法可分钢包处理型和钢包精炼型两类。

① 钢包处理型 特点是精炼时间短（10～30min），精炼任务单一，没有补偿加热装置，工艺操作简单，设备投资少。这类方法可进行钢液脱气、脱硫、成分控制和改变夹杂物形态等。真空循环和真空提升脱气法（RH、DH）、钢包真空吹氩法、钢包喷粉处理法（TN、SL）等均用此类。

② 钢包精炼型 特点是精炼时间长（60～180min）。具有多种精炼机能，有补偿钢水温度降低的加热装置。适于各类高合金钢和特殊性能钢种（如超纯钢种）的精炼生产。真空吹氧脱碳炉（VOD）、真空电弧加热脱气炉（VAD）和钢包精炼炉等均用此类。与此类似的还有氩氧炉（AOD）。

(2) 牌号表示方法

桥梁专用钢材可根据参考的设计规范主要分为三大类：《桥梁用结构钢》（GB/T 714—2015）、《碳素结构钢》（GB/T 700—2006）、《低合金高强度结构钢》（GB/T 1591—2018）。所设计的桥梁依不同设计要求选择钢材时，须满足上述规范要求，且优先选用强度较高、韧性较好的钢材，实现桥梁用钢选材上的经济性。

按国家标准《低合金高强度结构钢》（GB/T 1591—2018）生产的钢材共有 Q295、Q355、Q390、Q420 和 Q460 5 种牌号。板材厚度不大于 16mm 的相应牌号钢材的屈服强度分别为 295MPa、355MPa、390MPa、420MPa 和 460MPa。这些钢碳含量均不大于 0.20%，强度的提高主要依靠添加少量几种合金元素来达到，其总量低于 5%，故称低合金高强度钢。钢牌号由代表屈服强度的汉语拼音首字母 Q、规定的最小屈服强度数值、桥字的汉语拼音首位字母、质量等级符号（B、C、D、E、F）四部分组成。例如 Q420qD，其中 Q 为桥梁用钢屈服强度的"屈"字汉语拼音首位字母；420 表示最小屈服强度数值为 420，单位为 MPa；q 为桥梁用钢的"桥"字汉语拼音首位字母；D 为质量等级为 D 级。当以热机械轧制状态交货的 D 级钢板具有耐候性能及厚度方向性能时，则在上述规定的牌号后分别加上耐候（NH）及厚度方向（Z 向）性能级别的代号，例如

Q420qDNHZ15。

　　根据我国现行《钢结构设计标准》（GB 50017—2017）推荐，钢材宜采用碳素结构钢中的 Q235 钢。

　　桥梁用低合金高强度结构钢，是在普通碳素钢的基础上，添加少量的一种或几种合金元素而成的低合金高强度结构钢。常用的合金元素有 Si、Mn、V、Ti、Nb、Cr、Ni、Re 等元素。添加合金元素的目的是提高钢的屈服强度、抗拉强度、耐磨性、耐腐蚀性及耐低温性能等。低合金高强度结构钢综合性能较为理想，尤其在大跨度、承受动荷载和冲击荷载的结构中更适用，与使用碳素钢相比，可节约钢材 20%～30%，但其成本并不很高。桥梁用低合金高强度结构钢的主要力学性能，见表 4-2；《低合金高强度结构钢》（GB/T 1591—2018）给出了热轧钢材的力学及工艺性能要求，见表 4-3～表 4-5。

表 4-2　桥梁用低合金高强度结构钢的主要力学性能

钢材类型	质量等级	屈服强度 R_{eL}/MPa			抗拉强度 R_m /MPa	断后伸长率 A /%
		厚度 ≤50mm	厚度 50～100mm	厚度 100～150mm		
		不小于				
Q345q	C	345	335	305	490	20
	D					
	E					
Q370q	D	370	360	—	510	20
	E					
	F					
Q420q	D	420	410	—	540	19
	E					
	F					
Q460q	D	460	450	—	570	18
	E					
	F					
Q500q	D	500	480	—	630	18
	E					
	F					
Q550q	D	550	530	—	660	16
	E					
	F					
Q620q	D	620	580	—	720	15
	E					
	F					

续表

钢材类型	质量等级	屈服强度R_{eL}/MPa			抗拉强度R_m/MPa	断后伸长率A/%
		厚度≤50mm	厚度50~100mm	厚度100~150mm		
		不小于				
Q690q	D	690	650	—	770	14
	E					
	F					

表 4-3　低合金高强度结构钢热轧钢材的拉伸性能

牌号		上屈服强度R_{eH}^a/MPa 不小于								抗拉强度R_m/MPa		
		公称厚度或直径										
钢级	质量等级	≤16 mm	>16~40 mm	>40~63 mm	>63~80 mm	>80~100 mm	>100~150 mm	>150~200 mm	>200~250 mm	≤100 mm	>100~200 mm	>200~250 mm
Q355N	B、C、D、E、F	355	345	335	325	315	295	285	275	470~630	450~600	450~600
Q390N	B、C、D、E	390	380	360	340	340	320	310	300	490~650	470~620	470~620
Q420N	B、C、D、E	420	400	390	370	360	340	330	320	520~680	500~650	500~650
Q460N	C、D、E	460	440	430	410	400	380	370	370	540~720	530~710	510~690

表 4-4　低合金高强度结构钢热轧钢材的伸长率

牌号		断后伸长率A/% 不小于					
		公称厚度或直径					
钢级	质量等级	≤16mm	>16~40mm	>40~63mm	>63~80mm	>80~200mm	>200~250mm
Q355N	B、C、D、E	22	22	22	21	21	21
Q390N	B、C、D、E	20	20	20	19	19	19
Q420N	B、C、D、E	19	19	19	18	18	18
Q460N	C、D、E	17	17	17	17	17	16

表 4-5　低合金高强度结构钢的弯曲试验

试验方向	180°弯曲试验	
	公称厚度或直径	
	<16mm	>16~100mm
对于公称宽度不小于600mm的钢棒或钢带选择横向试样,其余选择纵向试样	$D=2a$	$D=3a$

注:D为弯曲压头直径;a为试样厚度或直径。

钢桥的主要受力构件一般采用 Q345 钢材。当构件受力过大或采用低强度钢材时，对于板厚过厚的辅助构件可考虑采用高强度等级较低的钢材。对于中小跨径桥梁而言，可依据上述原则进行钢材强度的选择；而大跨径桥梁的柔性较大，尤其是悬索桥，除了要考虑受力安全外，还需进行抗疲劳设计。在满足受力条件后往往还会在一定程度上增加板厚，使其局部的应力满足设计需求，从而导致实际桥梁的板厚相对较厚。故《桥梁用结构钢》（GB/T 714—2015）提出了各牌号钢厚度大于 15mm 时的方向性能要求，以 S 元素含量的高低进行控制，见表 4-6。

表 4-6　厚度方向性能级别

Z 向性能级别	Z15	Z25	Z35
S 元素含量/%	≤0.010	≤0.007	≤0.005

钢材的厚度方向性能是对钢材抗层状撕裂能力提供的一种量度，通常采用厚度方向拉伸试验的断面收缩率来评定。表 4-7 中的 Z15、Z25、Z35 表示钢材厚度方向性能级别及所对应的断面收缩率的平均值。当设计要求钢材厚度方向性能时，则在上述规定的牌号后分别加上代表厚度方向（Z 向）性能级别的符号，例如 Q345qDZ15，表示屈服强度 345MPa、质量等级为 D 级、厚度方向断面收缩率平均值为 15% 的钢材。

表 4-7　热轧钢筋的牌号及其构成

产品名称	牌号	牌号构成	英文字母含义
热轧光圆钢筋	HPB235	由 HPB+屈服强度特征值构成	HPB(hot rolled plain bars)热轧光圆钢筋的英文缩写
	HPB300		
普通热轧钢筋	HRB335	由 HRB+规定的屈服强度最小值构成	HRB(hot rolled ribbed bars)热轧带肋钢筋的英文缩写
	HRB400		
	HRB500		
控制冷却并自回火处理的钢筋	RRB335	由 RRB+规定的屈服强度最小值构成	RRB(remained heat treatment ribbed bars)热轧后带有控制冷却并自回火处理(余热处理)带肋钢筋的英文缩写
	RRB400		
	RRB500		

4.2.3　钢筋混凝土结构用钢

钢筋混凝土结构用钢是用碳素结构钢或低合金结构钢加工而成的。按加工工艺不同有钢筋混凝土用热轧钢筋、冷拉钢筋、冷轧带肋钢筋及热处理钢筋等，还有预应力混凝土用钢丝和钢绞线等。

（1）热轧钢筋

钢筋混凝土用热轧钢筋，根据其表面状态特征、工艺与供应方式可分为热轧光圆钢筋、热轧带肋钢筋与热轧热处理钢筋等。热轧带肋钢筋又包括普通热轧钢筋、细晶粒热轧钢筋。普通热轧钢筋是按热轧状态交货的钢筋。细晶粒热轧钢筋指在热轧过程中，通过控轧和控冷工艺形成的细晶粒钢筋，其晶粒度为 9 级或更细。热轧带肋钢筋横截面通常为圆形，且表面带肋，一般为混凝土结构用钢材，按肋纹的形状分为月牙肋钢筋和等高肋钢筋，如图 4-1 所示。热轧钢筋按其力学性能，分为Ⅰ级、Ⅱ级、Ⅲ级、Ⅳ级。其中Ⅰ级钢筋由碳素结构钢轧制，其余均由低合金钢轧制而成。

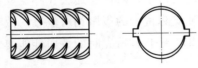 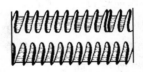

(a) 月牙肋　　　　　　　　　　　　　(b) 等高肋

图 4-1　带肋钢筋外形

根据国家标准《钢筋混凝土用钢　第 1 部分：热轧光圆钢筋》（GB/T 1499.1—2017）、《钢筋混凝土用钢　第 2 部分：热轧带肋钢筋》（GB/T 1499.2—2018）的规定：热轧钢筋的牌号及牌号构成见表 4-7，热轧钢筋的力学性能和冷弯性能应符合表 4-8 的规定。

表 4-8　热轧钢筋的力学性能、冷弯性能

表面形状	牌号	公称直径 a /mm	冷弯试验(180°)	屈服强度 /MPa	拉伸强度 /MPa	断后伸长率 A /%	最大力总伸长率 /%
				不小于			
光圆钢筋	HPB235	5.5～20	$d=a$	235	370	25	10
	HPB300		$d=a$	300	420	25	10
带肋钢筋	HRB335	6～25	$3a$	335	455	17	7.5
	HRB400	28～50	$4a$	400	540		
	HRB500	6～25	$4a$	500	630	16	
	RRB335	28～50	$5a$	335	390	16	5.0
	RRB400	6～25	$5a$	400	460		
	RRB500	28～50	$6a$	500	575	14	

注：d 为弯心直径；a 为钢筋公称直径。

Ⅰ级钢筋的强度较低，但塑性及焊接性能很好，便于各种冷加工，故广泛用于普通钢筋混凝土构件的受力筋及各种钢筋混凝土结构的构造筋。Ⅱ级和Ⅲ级钢筋的强度较高，塑性和焊接性能也较好，被广泛用作大、中型钢筋混凝土结构的受力钢筋。Ⅳ级钢筋强度高，但塑性和可焊性较差，可用作预应力钢筋。

（2）冷轧带肋钢筋

热轧圆盘条经冷轧后，在其表面带有沿长度方向均匀分布的三面或两面横肋，即冷轧带肋钢筋。根据国家标准《冷轧带肋钢筋》（GB/T 13788—2017）的规定，冷轧带肋钢筋按拉伸强度分为五个牌号，分别为 CRB550、CRB650、CRB800、CRB970、CRB1170。C、R、B 分别为冷轧（cold rolled）、带肋（ribbed）、钢筋（bars）三个词的英文首字母，数值为拉伸强度的最小值。其力学性能与工艺性能要求见表 4-9。

与冷拔低碳钢丝相比，冷轧带肋钢筋具有强度高、塑性好，与钢筋黏结牢固，节约

钢材，质量稳定等优点。

表 4-9　冷轧带肋钢筋的力学性能和工艺性能

牌号	拉伸强度 σ_0 MPa $\geqslant$	伸长率/%		180°弯曲试验	反复弯曲 次数	松弛率/%	
		δ_{10} $\geqslant$	δ_{100} $\geqslant$			1000h $\leqslant$	10h $\leqslant$
CRB550	550	8.8	—	$D=3d$	—	—	—
CRB650	650	—	4.0	—	3	8	5
CRB800	800	—	4.0	—	3	8	5
CRB970	970	—	4.0	—	3	8	5
CRB1170	1170	—	4.0	—	3	8	5

注：D 为钢筋公称直径；d 为弯心直径。

（3）预应力混凝土用热处理钢筋

预应力混凝土用热处理钢筋是用热轧中碳低合金钢钢筋经淬火、回火调质处理工艺生产的回火索氏体钢筋。它具有很高的强度和足够的韧性，是预应力混凝土钢筋的重要品种之一。热处理钢筋主要用于预应力混凝土轨枕，它与预应力钢丝相比，具有与混凝土的黏结性能好、应力松弛率低、施工方便等优点。热处理钢筋的规格有直径 6mm、8.2mm、10mm 三种，条件屈服强度、拉伸强度和伸长率（δ_{10}）分别不小于 1325MPa、1470MPa 和 6%，由于这种钢筋没有明显的屈服点，一般检验时只考核拉伸强度和伸长率。钢筋表面轧有通长的纵筋和均匀分布的横肋，以增加与混凝土的黏结。钢筋卷成直径 1.7～2.0m 的弹性盘条供应，开盘后即自行伸直。使用热处理钢筋时可根据要求长度切割，不能用电焊切割，也不能焊接，以免引起强度降低或脆断。

（4）预应力混凝土用钢丝和钢绞线

① 预应力钢丝　预应力混凝土用钢丝（一般钢丝直径为 3mm、4mm 和 5mm）是用优质碳素结构钢（一般为高碳钢盘条）经淬火、酸洗、冷拉加工或再经回火等工艺处理制成的高强度钢丝，拉伸强度高达 1470～1770MPa。

预应力混凝土用钢丝按加工状态可分为冷拉钢丝（WCD）和消除应力钢丝两类。冷拉钢丝是经冷拔后直接用于预应力混凝土的钢丝，这种钢丝存在残余应力，屈强比低，伸长率小，主要用于压力水管。消除应力钢丝按松弛性能又分为低松弛级钢丝（WLR）和普通松弛级钢丝（WNR），其中低松弛螺旋肋钢丝要经过稳定化处理来获得低松弛性能。按表面状态不同可分为光圆钢丝（P）、螺旋肋钢丝（H）、刻痕钢丝（I）三种。经低温回火消除应力后，钢丝的塑性比冷拉钢丝要高。刻痕钢丝是用冷轧或冷拔方法使钢丝表面产生周期变化的凹痕或凸纹的钢丝，钢丝表面的凹痕或凸纹可增加钢丝与混凝土的握裹力，减少混凝土裂缝，可用于先张法预应力混凝土构件。钢丝直径一般在 5～10mm，强度级别一般在 1570～1860MPa。

我国预应力混凝土用钢丝技术的科学研究水平、设计理论和设计方法、施工方法及施工配套机械已日益完善，应用领域不断扩大。由以往的单层及多层房屋、公路铁路桥梁、轨枕、电杆、压力输水管、储罐、水塔等，扩大到现代的高层建筑、地下建筑、高筒结构、水工建筑、海洋结构、机场建筑（跑道和航站楼）、核电站压力容器等方面的超高层、超大跨度、超大体积、超大面积、超大荷载等各种行业、各种形状、不同功能的结构工程中。

②预应力钢绞线　普通钢绞线（即有黏结预应力钢绞线）采用高碳钢盘条，经过表面处理后冷拔成钢丝，然后用 2 根、3 根或 7 根直径 2.5～5.0mm 的高强碳素钢丝绞合成股（一般以一根钢丝为中心，其余几根钢丝围绕着进行螺旋状左捻绞合），再经过消除应力的稳定化处理过程而成。钢绞线直径有 9.0mm、12.0mm 和 15.0mm 三种。按其应力松弛性能分为Ⅰ级松弛、Ⅱ级松弛两种。为延长耐久性，钢丝上可以有金属或非金属的镀层或涂层，如镀锌、涂环氧树脂等。为增加与混凝土的握裹力，表面可以有刻痕。无黏结预应力钢绞线采用普通的预应力钢绞线，涂防腐油脂或石蜡后包高密度聚乙烯（HDPE）制作而成。

预应力混凝土用钢丝和钢绞线具有强度高、柔性好、松弛率低、耐腐蚀、无接头等优点，且质量稳定，安全可靠，施工时不需冷拉和焊接，主要用作大跨度梁、大型屋架、吊车梁、电杆等预应力钢筋。

4.2.4　钢材的选用原则

钢材的选用一般遵循下面原则：

（1）荷载性质

对于经常承受动力或振动荷载的结构，容易产生应力集中，从而引起疲劳破坏，需要选用材质高的钢材。

（2）使用温度

对于经常处于低温状态的结构，钢材容易发生冷脆断裂，特别是焊接结构更甚，因而要求钢材具有良好的塑性和低温冲击韧性。如果是焊接结构用钢，并且是静载作用的，那么应选用 B 级钢；如果是动载作用的，那么应根据结构所处的环境温度，选用 C、D 或 E 级的钢结构，或者是特级钢。这样就能够使钢材的脆性转换温度低于结构所处的环境温度。

（3）连接方式

对于焊接结构，当温度变化和受力性质改变时，焊缝附近的母体金属容易出现冷、热裂纹，促使结构早期破坏。所以焊接结构对钢材化学成分和力学性能要求应较严。

（4）钢材厚度

钢材力学性能一般随厚度增大而降低，钢材经多次轧制后，钢的内部结晶组织更为紧密，强度更高，质量更好。故一般结构用的钢材厚度不宜超过 40mm。

（5）结构重要性

选择钢材要考虑结构使用的重要性，如大跨度结构、重要的建筑物结构，须相应选用质量更好的钢材。

4.2.5 钢材的腐蚀及防护

4.2.5.1 钢材的锈蚀

目前钢结构行业正保持高速增长，因此创新和发展钢结构防护技术，达到防护效能、耐久性、环保性和经济性的统一，对于进一步促进钢结构在工程中的应用至关重要。钢材的锈蚀是指其表面与周围介质发生化学反应而遭到破坏的过程。钢材腐蚀会显著降低钢材的强度、塑性、韧性等力学性能，破坏钢构件的几何形状，甚至还有可能造成火灾、爆炸等灾难性事故，因此对于钢材的腐蚀及防护的研究迫在眉睫。

根据锈蚀作用的机理，钢材的锈蚀可分为化学锈蚀和电化学锈蚀两种：

（1）化学锈蚀

化学锈蚀是指钢材直接与周围介质发生化学反应而产生的锈蚀。这种锈蚀多数是氧化作用，使钢材表面形成疏松的氧化物。在常温下，未进行防腐处理的钢材表面很容易发生反应，造成腐蚀。在干燥环境下，钢材锈蚀进展缓慢，但随着温度、湿度的增大而加快。

（2）电化学锈蚀

电化学锈蚀是建筑钢材在存放和使用中发生锈蚀的主要形式。它是指钢材与电解质溶液接触而产生电流，形成微电池而引起的锈蚀。潮湿环境中的钢材表面会被一层电解质水膜所覆盖，而钢材含有铁、碳等多种成分，由于这些成分的电极电位不同，从而钢的表面层在电解质溶液中构成以铁素体为阳极、以渗碳体为阴极的微电池。在阳极，铁失去电子成为 Fe^{2+} 进入水膜；在阴极，溶于水膜中的氧被还原生成 OH^-，随后两者结合生成不溶于水的 $Fe(OH)_2$，并进一步氧化成为疏松易剥落的红棕色铁锈 $Fe(OH)_3$。由于铁素体基体的逐渐锈蚀，钢组织中的渗碳体等暴露出来的越来越多，于是形成的微电池数目也越来越多，钢材的锈蚀速度也就愈益加速。

钢材易发生锈蚀，除了由于它的化学性质活泼以外，与外界条件也有很大关系。影响钢材锈蚀的主要因素是水、氧及介质中所含的酸、碱、盐等。同时钢材本身的组织成分对锈蚀影响也很大。埋于混凝土中的钢筋，由于普通混凝土的 pH 值在 12 左右，处于碱性环境，使之表面形成一层碱性保护膜，它有较强的阻止锈蚀继续发展的能力，故混凝土中的钢筋一般不易锈蚀。

4.2.5.2 防止钢材锈蚀的措施

（1）保护层法

通常的方法是采用在表面施加保护层，使钢材与周围介质隔离。保护层可分为非金属保护层和金属保护层两类。

① 非金属保护层　常用的是在钢材表面刷漆，常用底漆有红丹、环氧富锌漆、铁红环氧底漆等，面漆有调和漆、醇酸瓷漆、酚醛瓷漆等，该方法简单易行，但不耐久。此外，还可以采用塑料保护层、沥青保护层、搪瓷保护层等。

② 金属保护层　是用耐腐蚀性较好的金属，以电镀或喷镀的方法覆盖在钢材表面，如镀锌、镀锡、镀铬等。薄壁钢材可采用热浸镀锌或镀锌后加涂塑料涂层等措施。

混凝土配筋的防锈措施，根据结构的性质和所处环境条件等考虑混凝土的质量要求，主要是保证混凝土的密实度（控制最大水灰比和最小水泥用量、加强振捣）、保证足够的保护层厚度、限制氯盐外加剂的掺量和保证混凝土一定的碱度等，还可掺用阻锈剂（如亚硝酸钠等）。国外有采用钢筋镀锌、镀镍等方法。对于预应力钢筋，一般碳含量较高，又多是经过变形加工或冷加工，因而对锈蚀破坏较敏感，特别是高强度热处理钢筋，容易产生应力锈蚀现象。故重要的预应力承重结构，除禁止掺用氯盐外，应对原材料进行严格检验。

（2）制成合金

钢材的组织及化学成分是引起锈蚀的内因。通过调整钢的基本组织或加入某些合金元素可有效地提高钢材的抗腐蚀能力。例如，在钢材中加入一定量的合金元素铬、镍、钛等，制成不锈钢，可以提高耐锈蚀能力。

（3）阴极保护法

阴极保护法是根据电化学原理进行保护的一种方法。这种方法可通过两种途径来实现。

① 牺牲阳极保护法　位于水下的钢结构，接上比钢材更为活泼的金属在介质中形成原电池时，这些更为活泼的金属成为阳极而遭到腐蚀，而钢结构作为阴极得到保护。

② 外加电流法　将废钢铁或其他难熔金属（高硅铁、铅银合金等）放置在要保护的结构钢的附近，外接直流电流，负极接在要保护的钢结构上，正极接在废钢铁或难熔金属上，通电后作为废钢铁的阳极被腐蚀，钢结构成为阴极得到保护。

4.2.5.3　建筑钢材的防火

钢是不燃性材料，但这并不表明钢材能够抵抗火灾。耐火试验与火灾案例表明，以失去支承能力为标准，无保护层时钢柱和钢屋架的耐火极限只有 0.25h，而裸露钢梁的耐火极限为 0.15h。温度在 200℃ 以内，可以认为钢材的性能基本不变；超过 300℃ 以后，弹性模量、屈服点和极限强度均开始显著下降，应变急剧增大；达到 600℃ 时已经失去承载能力。总之，在火灾的高温下钢结构很快会出现塑性变形产生局部破坏，最终钢结构整体倒塌而失效。钢结构建筑必须采取防火措施，以使得建筑具有足够的耐火极限。因此，防止钢结构在火灾中迅速升温到临界温度，防止产生过大变形以至于建筑物倒塌，从而为灭火和人员安全疏散赢得宝贵时间，避免或减少火灾带来的损失。

为了使钢结构在火灾中较长时间地保持强度和刚度，保障人们的生命和财产安全，在实际工程中采用了多种防火保护措施。根据防火原理不同，防火措施分为阻热法和水冷却法。阻热法又可分为喷涂法和包封法（空心包封法和实心包封法）。水冷却法有水淋冷却法和冲水冷却法。这些措施的目的是一致的：使构件在规定的时间，温度升高不超过其临界温度。不同的是，阻热法是阻止热量向构件传输，而水冷却法允许热量传到构件上，再将热量驱散以实现目的。

4.3　高性能钢材的断裂性能研究

4.3.1　研究现状

地震作用引起钢结构焊接节点断裂的情况时有发生，地震时，结构应变远超过屈服应变，荷载循环周数在 10 周以内节点即发生断裂。而目前关于断裂的研究主要采用传统断裂力学方法，由于它们均假定裂纹已经存在，且在初始裂纹尖端存在高应变约束，因此主要适用于研究屈服程度极其有限的脆性断裂问题，而对低周反复荷载下无宏观初始缺陷部位和发生显著屈服部位的延性断裂问题不太适用，所以传统断裂力学方法不能用于预测地震引起的结构断裂。基于微观机制的断裂模型能抓住应力-应变场对断裂预测的影响，它们能准确预测大范围屈服和无初始裂纹情况下的延性裂纹开展，因而可用于预测地震作用引起的断裂。然而，以前关于微观机制模型应用的研究主要是针对母材和钢支撑的，关于微观机制模型用于预测高性能钢结构焊接节点在地震作用下断裂的研究还较少。

4.3.2　研究内容

本节对单调荷载作用下的微观机制模型应力修正临界应变模型（SMCS）和空穴扩张模型（VGM），以及超低周往复荷载作用下的微观机制模型退化有效塑性应变模型（DSPS）和循环空穴扩张模型（CVGM）进行详细介绍，并进行了一系列试验和有限元分析，以校准实际工程中常用 Q345 钢材的微观机制模型参数。

4.3.3　单调荷载作用下 Q345 钢材的微观断裂模型及其参数校准

选取单调荷载作用下的微观机制模型应力修正临界应变模型（SMCS）和空穴扩张模型（VGM）作为断裂判据。已有文献中关于 SMCS 和 VGM 模型应用的研究主要是针对母材和钢支撑的，而关于 SMCS 和 VGM 模型用于预测钢结构焊接节点断裂的研究还较少。为使 SMCS 和 VGM 模型能用于预测我国大量使用的钢结构焊接节点的延性断裂，进行了一系列材料试验和有限元分析以及断口扫描电镜试验以校准我国常用 Q345 钢材的模型参数。试验试件由 Q345 钢母材、熔敷金属和热影响区三种材料制成。模型参数校准结果可以应用于预测 Q345 钢焊接节点的延性裂纹开展。

4.3.3.1　节点焊接及试件制作

图 4-2 所示的是 40mm 厚的由两块钢板 T 形连接而成的试件，钢板采用 Q345 钢，用对接与角接组合焊缝全焊透连接，钢板开 45°坡口，采用二氧化碳气体保护焊，加垫板，焊丝采用大西洋 CHW50C8，直径 $\phi 2.1mm$，焊缝采用 UT 超声波探伤，质量等级为一级，制作图 4-2 所示的试件 7 个（每个试件可抽取 3 个钢材圆棒试件、3 个焊缝圆棒试件和 3 个热影响区圆棒试件），试件做好以后沿长度方向用圆盘锯成三等分便于取

圆棒试件。由于热影响区一般在焊缝附近 1～3mm，按图 4-2 抽取的热影响区圆棒试件校准的材料参数可能不能完全反映热影响区的实际情况，但校准结果可反映焊缝附近材料与母材的区别，可作为热影响区的参考值。

圆棒试件用来做单轴拉伸试验、圆周平滑槽口单拉伸试验和反复加载试验。

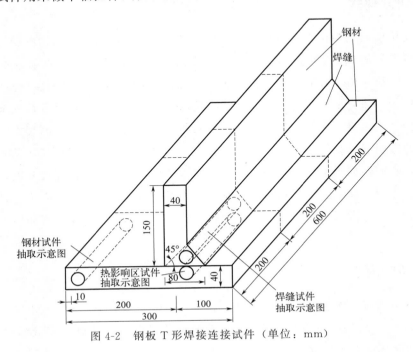

图 4-2　钢板 T 形焊接连接试件（单位：mm）

4.3.3.2　单轴拉伸试验

对 Q345 钢母材、熔敷金属和热影响区三种材料制成的光滑圆棒试件进行单轴拉伸试验，以提供有限元模型校准所需要的基本应力、应变数据，以及材料弹性模量、强度和延性的基本信息。

（1）试验试件及试验过程

从图 4-2 所示的钢板 T 形焊接连接件中抽取并制作母材、熔敷金属和热影响区光滑圆棒试件各 3 个进行单轴拉伸试验，试件设计尺寸如图 4-3 所示。试验在同济大学材料力学实验室电子万能试验机上进行，采用的引伸计标距为 50mm，延伸率为 30%，因此可获得母材、熔敷金属和热影响区的全应力-应变曲线。

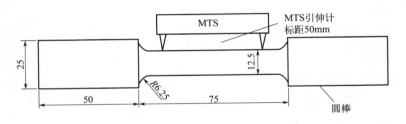

图 4-3　光滑圆棒拉伸试件（单位：mm）

（2）试验结果与分析

单轴拉伸试验所得的各母材、熔敷金属和热影响区试件的名义应力-应变曲线如图 4-4 所示。

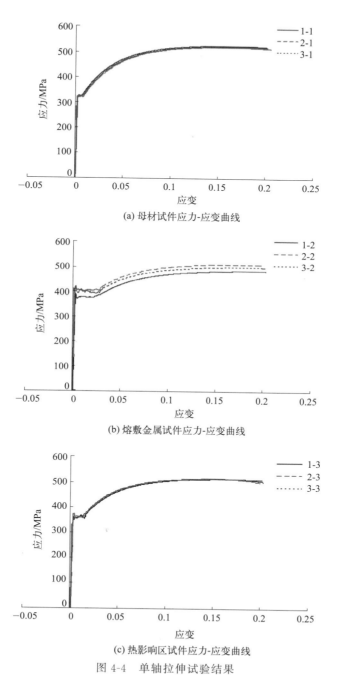

(a) 母材试件应力-应变曲线

(b) 熔敷金属试件应力-应变曲线

(c) 热影响区试件应力-应变曲线

图 4-4　单轴拉伸试验结果

在单轴拉伸试验中得到的数据是以名义应变 ε_{nom} 和名义应力 σ_{nom} 表示的，其计算公式为：

$$\varepsilon_{nom} = \frac{\Delta l}{l_0} \quad \sigma_{nom} = \frac{F}{A_0} \tag{4-1}$$

式中，Δl 是试样标距段的长度变化量；l_0 是试样标距段长度；F 是荷载；A_0 是试样标距段的初始截面面积。

为了准确地描述大变形过程中截面面积的改变，需要使用真实应变 ε_{true} 和真实应力 σ_{true}，它们与名义应变 ε_{nom} 和名义应力 σ_{nom} 之间的换算公式为：

$$\varepsilon_{true} = \int_{l_0}^{l} \frac{dl}{l} = \ln\left(\frac{l}{l_0}\right) = \ln(1 + \varepsilon_{nom}) \tag{4-2}$$

$$\sigma_{true} = \frac{F}{A} = \frac{F}{A_0 \frac{l_0}{l}} = \sigma_{nom}(1 + \varepsilon_{nom}) \tag{4-3}$$

式中，l 是试样标距段的当前长度；A 是试样标距段当前的截面面积。

真实应变 ε_{true} 是由塑性应变 ε_{pl} 和弹性应变 ε_{el} 两部分构成的。在 ABAQUS 有限元模型中定义塑性材料参数时，需要使用塑性应变 ε_{pl}，其表达式为：

$$\varepsilon_{pl} = |\varepsilon_{true}| - |\varepsilon_{el}| = |\varepsilon_{true}| - \frac{|\sigma_{true}|}{E} \tag{4-4}$$

上述三种材料的名义应力-应变曲线均只根据试验数据画到拆除引伸计前，实际上材料在拆除引伸计后到断裂发生前还能发生很大的变形，在 ABAQUS 有限元模型中用到的材料真实应力-塑性应变曲线应延伸到断裂时刻。为此，需要测量单轴拉伸试件断后的直径和断裂时所能承受的力，按式(4-5)、式(4-6) 计算断裂时刻的真实应力和应变。

$$\sigma_{true}^{fracture} = \frac{F_{fracture}}{\pi d_f^2 / 4} \tag{4-5}$$

由试件标距段材料体积守恒，即 $A_0 l_0 = A l$，可得：

$$\varepsilon_{true}^{fracture} = \ln(1 + \varepsilon_{nom}^{fracture}) = \ln\left(1 + \frac{l - l_0}{l_0}\right) = \ln\frac{l}{l_0} = \ln\frac{A_0}{A} = \ln\left[\left(\frac{d_0}{d_f}\right)^2\right] \tag{4-6}$$

式中，d_0 是试件标距段的初始直径；d_f 是试验结束后测得的试件标距段的断裂直径。单轴拉伸试验所得的各母材、熔敷金属和热影响区试件的真实应力-塑性应变曲线如图 4-5 所示。

4.3.3.3　圆周平滑槽口试件单向拉伸试验

对 Q345 钢母材、熔敷金属和热影响区三种材料制成的圆周平滑槽口试件进行单向拉伸试验，并做有限元分析以校准 SMCS 和 VGM 模型的参数 α 和 η。

（1）试验试件及试验过程

从图 4-2 所示的钢板 T 形焊接连接件中抽取并制作母材、熔敷金属和热影响区三种材料的圆周平滑槽口试件，每种材料取三种不同的槽口半径（R 为 1.5mm、3.125mm 和 6.25mm）以提供三种不同的应力三轴度，每种形式的试件制作 2 个，共 18 个试件。试件设计尺寸如图 4-6 所示。试验在同济大学材料力学实验室电子万能试验机上进行，引伸计和加载装置与单轴拉伸试件相同，试验照片见图 4-7 和图 4-8。

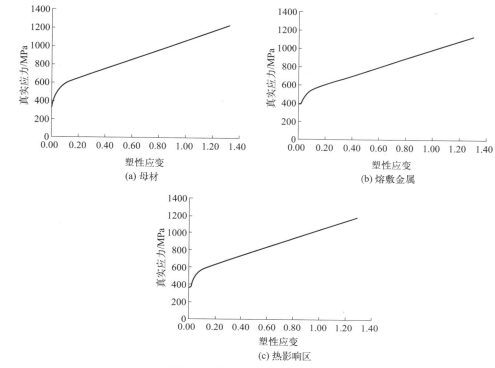

图 4-5 真实应力-塑性应变曲线

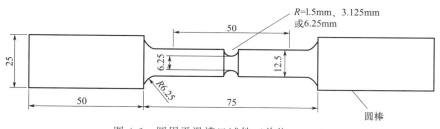

图 4-6 圆周平滑槽口试件（单位：mm）

图 4-7 圆周平滑槽口试件单向拉伸试验装置

图 4-8 圆周平滑槽口单向拉伸试件

（2）试验结果及分析

对母材、熔敷金属和热影响区三种材料制成的圆周平滑槽口试件进行单向拉伸试验，得到的典型母材试件力-变形（标距段）曲线如图 4-9 所示，其余母材试件及熔敷金属和热影响区试件力-变形曲线与此类似，曲线下降段的斜率突变点为延性裂纹开展的点，它对应的断裂伸长量 Δ_f 可以作为有限元分析中的控制变形来反算断裂参数 α 和 η。

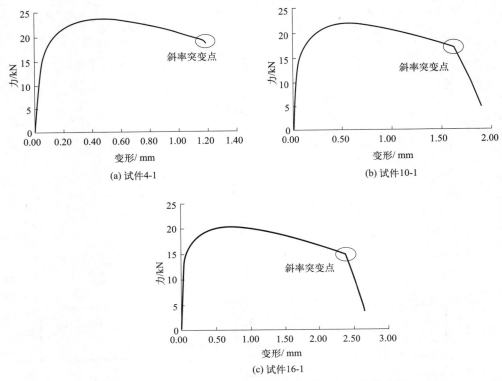

图 4-9　典型圆周平滑槽口试件单向拉伸试验力-变形曲线

（3）有限元分析及参数 α 和 η 校准

用有限元软件 ABAQUS 考虑非线性和大变形的塑性模型来模拟每一个开槽口拉伸试件。采用二维轴对称有限元模型，选取 8 节点四边形双二次轴对称减缩积分单元 CAX8R，（开槽区域单元尺寸为 0.25mm，图 4-10）。对开槽半径 R 为 1.5mm、3.125mm 和 6.25mm 的试件，有限元模型分别包含将近 800 个、1350 个和 1650 个单元。由图 4-11 可见试件危险截面的中心附近应力-应变梯度很缓，SMCS 和 VGM 任一断裂判据在危险截面中间大部分区域几乎同时得到满足，所以可以认为试件整个危险截面几乎同时发生断裂，即断裂破坏主要取决于断裂韧性参数 α 和 η，而与特征长度参数 l^* 关系不大，因此圆周平滑槽口试件单向拉伸试验适合于校准参数 α 和 η。

SMCS 模型参数 α 的值可以由开不同半径槽口的拉伸试件的试验和分析确定。拉伸试验确定了断裂开始时的变形 Δ_f。对每一种几何尺寸的开槽口拉伸试件进行有限元分

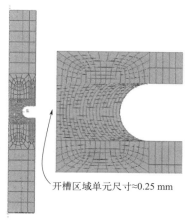

开槽区域单元尺寸≈0.25 mm

图 4-10　圆周平滑槽口单向拉伸试件二维轴对称有限元模型（$R = 1.5\text{mm}$）

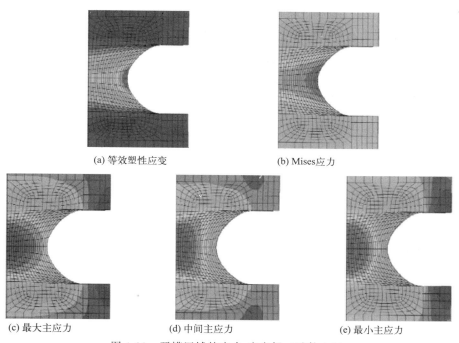

(a) 等效塑性应变

(b) Mises应力

(c) 最大主应力

(d) 中间主应力

(e) 最小主应力

图 4-11　开槽区域的应力-应变场（试件 4-1）

析，得到对应于变形 Δ_f 的应力和应变。将这些横截面的临界应力和应变状态代入 SMCS 判据，并令截面中点处的 SMCS 值为 0，得到式（4-7）以确定断裂参数 α。

$$\alpha = \varepsilon_\text{p}^{\text{criticial}} \text{e}^{1.5T} = \varepsilon_\text{p}^{\text{criticial}} \text{e}^{1.5\left(\frac{\sigma_\text{m}}{\sigma_\text{e}}\right)} \tag{4-7}$$

　　VGM 模型参数 η 的校准过程与 SMCS 模型参数 α 校准过程类似，只是数学表达式稍微不同。η 可以由式（4-8）在破坏点的值来计算。与 SMCS 校准一样，VGM 校准也是基于断裂开始的试验位移 Δ_f。有限元分析中足够多的增量步保证了计算式（4-8）等式右边积分的精确性，参数 η 计算公式如下：

$$\eta = \frac{\ln\left(\dfrac{R}{R_0}\right)_{\text{criticial}}}{C} = \int_0^{\varepsilon_{\text{p}}} \exp(1.5T)\,\mathrm{d}\varepsilon_{\text{p}} \tag{4-8}$$

由此可知，试件槽口半径越大，临界等效塑性应变越大，而应力三轴度越小，不同开槽尺寸试件得到的 α 值和 η 值很接近，表明 α 和 η 是表征材料断裂韧性的基本参数。熔敷金属的 α 和 η 值最大，母材次之，热影响区最小。校准的三种材料的微观机制模型参数可以用于预测 Q345 钢焊接节点的开裂位置和时刻。

4.3.3.4　校准的 Q345 钢参数与其他结构钢参数的比较

Kanvinde 和 Deierlein 已经校准了四种美国结构钢和三种日本结构钢的单调加载微观机制模型参数。本节将校准的国产 Q345 钢母材、熔敷金属和热影响区三种不同部位材料的微观机制模型参数与之前校准的这七种结构钢参数进行比较，结果如表 4-10 所示。比较结果表明 SMCS 模型中的韧性参数 α 和 VGM 模型中的韧性参数 η 与材料的延性有关，材料的延性定义为单轴拉伸试件标距段的初始直径与拉断直径的比值 d_0/d_{f}，材料延性越大，α 和 η 的值也越大，而 α 和 η 的值与材料的屈服强度、极限强度和屈强比关系不大，特征长度参数与材料特性无关。

表 4-10　不同结构钢单调加载微观机制模型参数对比

材料	σ_{y} /MPa	σ_{u} /MPa	$\dfrac{\sigma_{\text{u}}}{\sigma_{\text{y}}}$	$\dfrac{d_0}{d_{\text{f}}}$	α	η	l^* 下限 /mm	l^* 平均值 /mm	l^* 上限 /mm
Q345BM	320.8	522.9	1.63	1.95	2.44	2.55	0.087	0.201	0.473
Q345DM	380.1	491.3	1.29	1.94	2.49	2.63	0.062	0.202	0.311
Q345HAZ	358.7	520.2	1.45	1.91	2.43	2.53	0.072	0.329	0.671
AW50	422.7	494.4	1.17	1.91	2.59	2.80	0.089	0.203	0.381
AP50	388.2	588.1	1.51	1.50	1.18	1.13	0.084	0.178	0.432
AP110	799.1	851.5	1.07	1.45	1.46	1.50	0.058	0.229	0.483
AP70PH	586.8	694.3	1.18	1.95	2.90	3.19	0.064	0.305	0.406
JP50	328.2	515.1	1.57	1.87	2.89	2.87	0.071	0.229	0.356
JP50HP	413.0	516.4	1.25	2.20	4.67	5.09	0.056	0.127	0.229
JW50	338.5	475.8	1.41	2.06	4.23	4.61	0.061	0.229	0.356

注：Q345BM 表示 Q345 母材；Q345DM 表示 Q345 熔敷金属；Q345HAZ 表示 Q345 热影响区；A 表示生产国家为美国；J 表示生产国家为日本；W 表示轧制产品为宽翼缘 H 型钢；P 表示轧制产品为板；HP 表示高性能桥梁结构钢。

4.3.4　微观机制模型在钢管柱与梁翼缘焊接单向拉伸试件断裂预测中的应用

为了将校准的单向拉伸微观机制模型 SMCS 和 VGM 用于实际梁柱焊接节点的断裂预测，本节对同济大学张梁进行的 3 类 11 个钢管柱与梁翼缘直接焊接试件单向拉伸试验进行了 ABAQUS 有限元分析，将应力-应变场分别代入 SMCS 和 VGM 断裂判据，预测了试件的开裂位置和时刻，与试验结果比较后，验证了 SMCS 和 VGM 判据用于预测实际钢结构焊接节点断裂的适用性。

4.3.4.1 试件设计

同济大学张梁设计了 3 类 11 个钢管柱与梁翼缘直接焊接节点试件，其中 10 个冷成型方钢管试件、1 个焊接组合箱型截面柱试件作为与钢管试件的对比，试件具体情况介绍如下：

（1） 焊接组合截面对比试件

用作对比的焊接截面柱 BP 试件如图 4-12 所示。

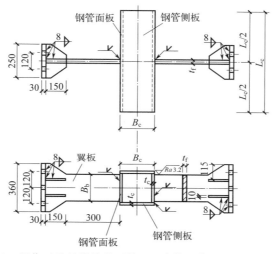

图 4-12　用作对比的焊接截面柱 BP 试件（共 1 个，单位：mm）

（2） 冷成型方钢管试件

① 翼缘平直板　RP 系列试件如图 4-13 所示。

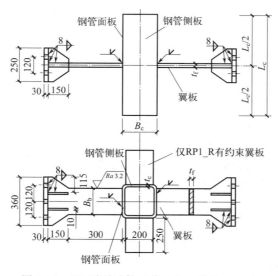

图 4-13　RP 系列试件（共 6 个，单位：mm）

② 翼缘板端部加宽　RPh 系列试件如图 4-14 所示。

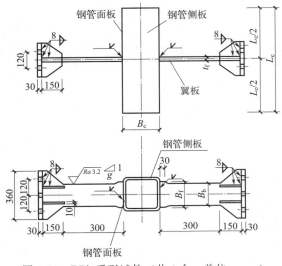

图 4-14　RPh 系列试件（共 4 个，单位：mm）

BP 试件为焊接组合截面对比试件；RP 组为翼板与冷成型钢管焊接试件，共 6 个；RPh 组为翼板端部加宽试件，共 4 个，编号最后一位表示翼板加宽与非加宽部位之间的过渡坡度 g。翼板与钢管间焊缝为一级对接焊缝，其余焊缝为角焊缝。

4.3.4.2　试验加载装置

试验在水平放置的自平衡反力框架内进行，试件现场与加载装置见图 4-15。千斤顶对试件西侧翼板施加拉力 T，东侧翼板则由约束端产生相同拉力 T。

4.3.4.3　试验位移计布置

试件位移计布置如图 4-16 所示。其中 D1、D2 用来测量翼板参考点相对位移总量，并互相校核；D3～D5、D6～D8 分别在两侧柱壁测量钢管变形和管壁相对变形；D9、D10 用来测量钢管腹板凹进量；D11～D14 用来测量钢管端部沿荷载方向变形。

(a) 试件现场

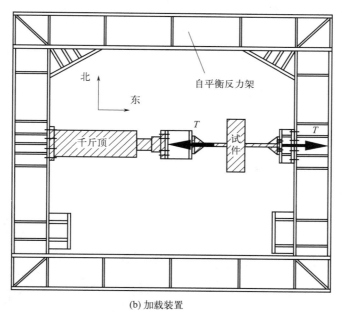

(b) 加载装置

图 4-15　试件现场与加载装置

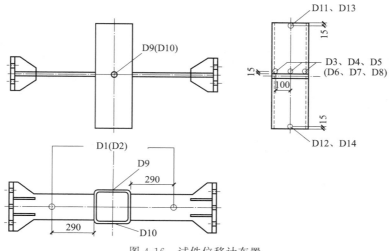

图 4-16　试件位移计布置

4.3.4.4　试验加载制度

试验前利用通用有限元软件计算各个试件的屈服承载力及其对应的屈服位移，试验过程中在屈服荷载以前采用力控制，达到预计的屈服荷载后采用位移控制，直至试件完全断裂或试件扭转过大不适于继续加载。

4.3.4.5　试验过程及现象

（1）焊接组合截面试件试验过程及现象

试验前通过有限元软件计算试件的屈服承载力为 165kN（已取整），对应的屈服位移为5mm。屈服荷载前按力控制，屈服荷载后按位移控制，当荷载达到230kN左右时试件发出响声，北侧翼缘上部焊缝发现裂缝，如图4-17（a）所示。此后荷载略有下降，但随后继续上升，直至最大荷载274kN，此时北侧上部焊缝开裂已十分明显。随着焊缝继续开裂，荷载继续下降，同时发现柱翼缘面发生明显平面外凸变形，柱腹板面出现内凹变形，如图4-17（b）所示，直到北侧翼板焊缝沿板宽方向一半都已开裂，如图4-17（c）所示，组合截面柱已明显转动，试验停止，此时荷载已从最大荷载下降了25%左右。

试验停止后发现，两侧翼板与柱翼缘连接的焊缝上部均发生破坏，焊缝下部位置柱壁发生冲切破坏，如图4-17（d）所示。

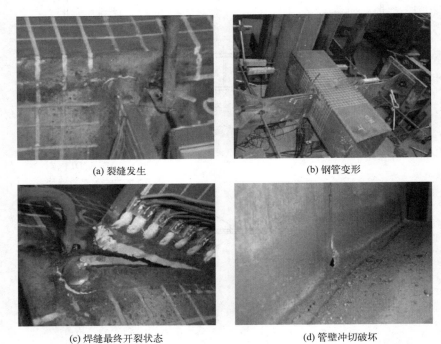

(a) 裂缝发生   (b) 钢管变形

(c) 焊缝最终开裂状态   (d) 管壁冲切破坏

图4-17　BP试件试验现象

（2）冷成型钢管-平直翼缘板试件试验过程及现象

① RP1试件　根据有限元分析结果，试件的屈服承载力为260kN，屈服位移为7.5mm，按照钢管壁最大等效塑性应变等于0.2的条件确定的试件极限承载力为300kN。试验在荷载达到200kN以前采用力控制加载，之后改用位移控制加载直到破坏。当试件加载端位移达到8mm左右时，东侧翼缘板下侧焊缝出现裂缝并沿翼缘板开展，如图4-18（a）所示。当加载端位移达到12mm左右时，西侧翼缘板上部焊缝出现裂缝，钢管发生明显变形，之后裂缝沿钢管纵向将钢管撕裂［图4-18（b）］，最终导致试件破坏。

② RP1_R试件　试验加载方案同RP1试件。当荷载达到260kN时西侧翼缘板上部焊缝与钢管壁连接处出现裂缝［图4-19（a）］，同时承载力明显下降。在与受力方向正

(a) 裂缝出现

(b) 管壁纵向撕裂

图 4-18　RP1 试件试验现象

交方向上设置翼板可以限制此方向变形，提高试件刚度，但当试件出现裂缝后承载力也会有急剧的下降，谷点承载力已基本相当于 80% 极限承载力。最终西侧上部翼缘板焊缝开展，并将钢管壁沿纵向撕裂 [图 4-19(b)]；东侧下部翼缘板角焊缝呈明显受拉破坏，试验结束时沿翼缘板宽度方向约一半的角焊缝受拉破坏。

(a) 西侧翼缘板上部焊缝出现裂缝

(b) 西侧焊缝热影响区撕裂

图 4-19　RP1_R 试件试验现象

③ RP2 试件　400kN 以前采用力控制加载，加载速率 20kN/min，当荷载达到 400kN 以后为了安全采用位移控制加载，加载速率 2mm/min。荷载达到 420kN 左右时，D1、D2 位置荷载位移曲线出现明显拐点，认为试件屈服；荷载达到 580kN 左右时东侧翼缘板发现较明显颈缩现象 [图 4-20(a)]，试件极限承载力达到 610kN 之后试件承载力下降，颈缩处发生断裂，断裂处发热明显，斜裂缝与竖直方向夹角约 22°，如图 4-20(b) 所示。试验过程中虽然发现翼板两侧焊缝有细小裂缝，但是裂缝在其后试验过程中没有扩展。

④ RP3 试件　当荷载达到 900kN 左右时，东侧翼板焊缝上部出现裂缝 [图 4-21(a)]；荷载达到极限承载力 971kN 时，东侧翼板在焊缝缺陷处出现贯穿翼板厚度的裂缝 [图 4-21(b)]，同时西侧翼板下部焊缝靠近钢管处焊趾出现裂缝；此后荷载开始下降，当荷载降低到 880kN 左右时，试件发出响声，西侧翼板下部裂缝、东侧翼板上部裂缝开始向翼板中部延伸；此时试件也出现明显扭转，荷载降至 700kN 左右时卸载，结束试验。

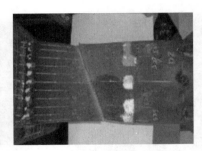

(a) 翼板颈缩　　　　　　　　　　　　(b) 翼板断裂

图 4-20　RP2 试件试验现象

(a) 东侧翼板上部出现裂缝　　　　　　(b) 东侧翼板出现贯穿翼板厚度的裂缝

图 4-21　RP3 试件试验现象

⑤ RP4 试件　荷载达到 288kN 时两侧翼板与钢管焊缝靠近钢管的根部出现细小裂缝 [图 4-22(a)]；荷载达到 380kN 时，两侧翼板裂缝表面沿翼板厚度方向贯通，同时东侧翼板下部和西侧翼板下部管壁热影响区出现冲剪破坏裂缝，承载力稍有下降；当 D1 相对变形达到 27mm 左右（对应 D2 相对变形 28mm 左右）时，东侧翼板下部对应钢管热影响区管壁冲剪断裂 [图 4-22(b)]，西侧翼板焊缝上部被拉开；当 D1 相对变形达到 50mm 左右（对应 D2 变形达到 52mm 左右）时，两侧裂缝扩展至板宽的一半，同时承载力下降至 80% 极限承载力，结束试验。

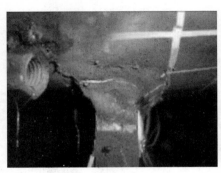

(a) 裂缝出现　　　　　　　　　　　　(b) 焊缝热影响区冲剪断裂

图 4-22　RP4 试件试验现象

⑥ RP5 试件　试验加载制度与 RP1 试件一样。承载力达到 240kN 左右时试件西侧翼板上部和东侧翼板下部焊缝处发现有裂缝 [图 4-23(a)]，试件承载力有少许下降，随后承载力又有所上升，承载力达到 260kN 左右时东侧翼板上部也发现裂缝，同时西侧翼板上部焊缝附近的钢管壁热影响区发生冲剪破坏 [图 4-23(b)]，此后此裂缝沿钢管纵向撕裂，承载力达到 300kN 左右时东侧翼板上部也发生冲剪破坏。之后承载力基本维持，直到作动器位移达到 60mm 左右时东侧翼板下部焊缝突然向翼板中部扩展，承载力急剧降低，试验结束。

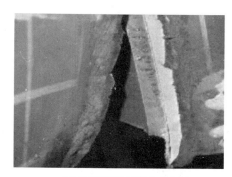

(a) 焊缝裂缝　　　　　　　　　　　　　(b) 焊缝断裂和管壁冲剪破坏

图 4-23　RP5 试件试验现象

(3) 冷成型钢管-斜坡翼缘板试件试验过程及现象

① RPh1_1 试件　试验加载制度和试验现象与 RP1 试件基本一样。荷载达到 230kN 时西侧翼板焊缝下部出现裂缝（最后此处裂缝沿钢管纵向将管壁撕开），如图 4-24(a) 所示，同时东侧翼板上部焊缝也出现了裂缝（最终此裂缝向翼板宽度方向中央处扩展）。裂缝出现后试件荷载并没有出现明显下降，维持在 230kN 左右，在经历了大约 8mm 平台阶段后荷载有少许上升，最大荷载达到 299kN。结束试验时东侧翼板焊缝开裂情况如图 4-24(b) 所示。

(a) 西侧翼板焊缝开裂　　　　　　　　　　(b) 试件焊缝开裂

图 4-24　RPh1_1 试件试验现象

② RPh1_2 试件　荷载达到 240kN 左右时东侧翼板焊缝上部出现细小裂缝，如图 4-25(a) 所示，此裂缝随荷载增大沿焊缝向翼板中部扩展，西侧翼缘板下部靠近焊

缝热影响区附近也出现裂缝，此裂缝向翼缘板中部扩展一段长度后转向焊缝，随后钢管管壁出现冲剪断裂，如图 4-25（b）所示。当作动器位移达到 20mm 左右时，西侧翼板焊缝下部裂缝急剧扩展至翼板中部附近，荷载下降明显，当作动器位移达到 30mm 左右时，试件扭转明显，停止试验。

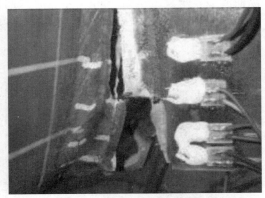

(a) 东侧翼板焊缝上部开裂　　　　　　　(b) 试件翼板焊缝热影响区断裂后延伸至焊缝断裂

图 4-25　RPh1_2 试件试验现象

③ RPh1_4 试件　荷载达到 220kN 左右时西侧翼板焊缝上部［图 4-26（a）］和东侧翼板焊缝下部均出现裂缝。裂缝出现后荷载同样没有明显下降，在经历一段持荷平台后荷载稍有上升。最终西侧翼板上部和东侧翼板下部附近的钢管管壁焊接热影响区发生冲剪破坏，并且裂缝沿钢管纵向有所发展，如图 4-26（b）所示。

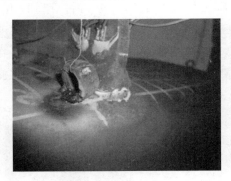

(a) 西侧翼板焊缝上部开裂　　　　　　　(b) 试件管壁冲剪破坏及纵向撕裂

图 4-26　RPh1_4 试件试验现象

④ RPh2_2 试件　荷载达到 380kN 左右时荷载-整体变形曲线出现明显拐点，即认为此时试件屈服；荷载达到 540kN 左右时西侧翼缘板出现较明显"颈缩"现象，如图 4-27（a）所示；试件达到极限荷载 550kN 后荷载开始下降，并在东侧翼板靠近固定端处也出现颈缩，随后在此颈缩处发生断裂，断裂处发热明显，裂缝呈 S 形，中部宽，上部贯穿翼板，下部翼板未完全断裂，如图 4-28（b）所示。试验过程中虽然发现两侧翼板焊缝上下端部有细小裂缝，但是裂缝在试验过程中没有扩展。

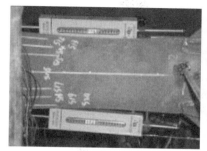
(a) 翼板"颈缩"

(b) 翼板断裂

图 4-27 RPh2_2 试件试验现象

4.3.4.6 有限元分析

(1) 单元选取

模型考虑了翼板与钢管壁之间焊缝形状、尺寸对组合体性能的影响，同时为了提高精度，选取 20 节点二次减缩积分实体单元 C3D20R。

(2) 材料模型确定

① 钢管材料模型　由于钢管弯角和平板部位材料性能差异较大，在有限元分析中对弯角部位和平板部位采用不同的多线性材料模型。

根据材性试验数据得到的应力-应变曲线均只到拆除引伸计前，实际上材料在拆除引伸计后到断裂发生前还能发生很大的变形，在 ABAQUS 有限元模型中用到的材料真实应力-塑性应变曲线应延伸到断裂时刻。为此，需要测量单轴拉伸试件断后的直径和断裂时所能承受的力，按式(4-5)、式(4-6)计算断裂时刻的真实应力和应变。

钢管材料的真实应力-塑性应变曲线应由拆除引伸计前的试验曲线延伸到断裂点，如图 4-28 所示。在试件的 ABAQUS 有限元分析中，材料属性均按图 4-28 中的曲线输入关键点，并采用等向强化。

② 翼缘板材料模型　翼板与钢管材料模型类似，也取到材性试验的断裂时刻，材料模型曲线如图 4-29 所示。

(3) 边界条件

考虑到试件对称性，建立一半模型，翼板端部一侧固定，另一侧施加位移荷载；翼缘和钢管柱对称位置施加 X 轴对称约束。有限元模型如图 4-30 所示。

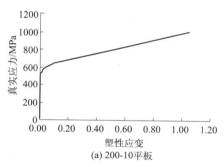
(a) 200-10平板

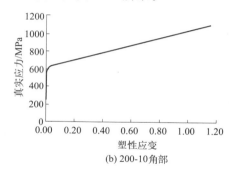
(b) 200-10角部

图 4-28

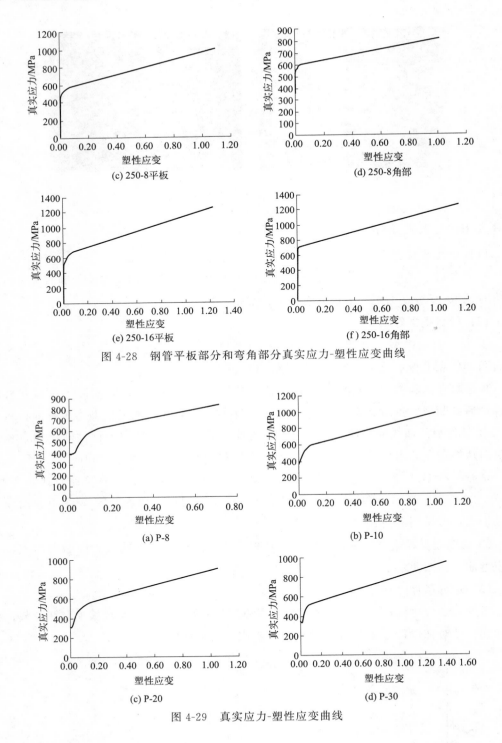

图 4-28　钢管平板部分和弯角部分真实应力-塑性应变曲线

图 4-29　真实应力-塑性应变曲线

(4)　单元尺寸

有限元模型单元尺寸在节点区附近加密，在试件厚度方向划分四个单元，焊缝长度方向单元尺寸取为 5mm 或 10mm，宽度方向单元尺寸取为 2mm，钢管壁和翼板在焊缝外沿长度方向单元尺寸取为 20mm，节点区焊缝附近的最小单元尺寸取为 0.3mm，与

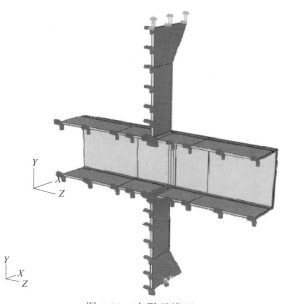

图 4-30　有限元模型

材料的特征长度的平均值一致，通过在焊缝附近三个方向单元尺寸均取为 0.3mm 的精细有限元划分的分析结果可知钢管壁与翼板连接的端部焊缝沿翼板厚度方向应力-应变梯度较缓，故在该方向单元尺寸取为 2mm，焊缝附近在其他两个方向单元尺寸取为 0.3mm，得到的分析结果与在三个方向上单元尺寸均取为 0.3mm 的分析结果基本一致，却能减少单元数量，节省大量的分析时间，所以有限元分析中都采用了这种划分。

（5）微观机制断裂预测模型预测结果与试验结果对比

11 根钢管柱与梁翼缘焊接单向拉伸试件用微观机制断裂判据 SMCS 和 VGM 预测的断裂位置，将断裂荷载和断裂位移与试验结果进行比较得出以下结论：

① 各试件预测断裂位置与试验断裂位置均一致。

② 除 RP4 试件外，其余试件预测断裂荷载和位移与试验结果比较接近，SMCS 判据预测断裂荷载与试验结果相差－12%～8%，预测断裂位移与试验结果相差－22%～0；VGM 判据预测断裂荷载与试验结果相差－3%～11%，预测断裂位移与试验结果相差－7%～33%。RP4 试件预测开裂荷载和位移比试验观察到细小裂缝时对应的端部荷载和位移大，原因可能是没有进行焊缝的材性试验，有限元分析中直接取前面试验所得熔敷金属的应力-应变关系，会带来一定误差，而且实际焊接过程中会有焊接缺陷也会影响试验中提前出现细小裂缝，另外，断裂位置处等效塑性应变和应力三轴度沿翼板厚度方向梯度很缓，由微观机制断裂预测模型可知该处沿翼板厚度方向几乎同时出现贯穿裂缝，试验中观察到出现贯穿翼板厚度方向裂缝对应的端部荷载和位移也大于细小裂缝出现时刻对应的端部荷载和位移，而且开裂时刻已经进入塑性，变形发展很快，开裂位移数值较小，预测断裂位移比试验结果稍大一点都会导致相差较大的百分数，因此微观机制模型预测焊接节点单向拉伸试件的断裂有相对较高的精确度。

第 4 章

③ 大部分试件用 VGM 断裂判据预测断裂的结果比 SMCS 断裂判据精确，这也说明了在试件变形较大的情况下，VGM 断裂判据能考虑应力三轴度随加载历史的变化，因而预测结果会更精确一些。

参考文献

[1] 聂建国 . 我国结构工程的未来——高性能结构工程 [J]. 土木工程学报，2016，49（9）：1-8.

[2] 同济大学，清华大学 . 高性能建筑钢结构应用技术规程：T/CECS 599—2019 [S]. 北京：中国建筑工业出版社，2019.

[3] 李国强，王彦博，陈素文，等 . 高强度结构钢研究现状及其在抗震设防区应用问题 [J]. 建筑结构学报，2013，34（1）：1-13.

[4] 李国强 . 多高层建筑钢结构设计 [M]. 北京：中国建筑工业出版社，2004.

[5] 沈祖炎 . 中国建筑钢结构技术发展现状及展望 [J]. 建筑结构，2009，39（9）：15-24.

[6] 陈绍蕃 . 钢结构设计原理（研究生教学用书）[M]. 北京：科学出版社，2005.

[7] 徐君兰，孙淑红 . 钢桥 [M]. 北京：人民交通出版社，2011.

[8] 国际桥梁与结构工程协会 . 高性能钢材在钢结构中的应用 [M]. 北京：中国建筑工业出版社，2010.

第 5 章
智能土木工程材料

　　随着材料技术的快速发展，越来越多的高新技术被运用到工程材料的研发中，各种新型材料层出不穷。其中，以复合材料为基础发展而来的智能材料，为土木工程专业新理论、新方法、新技术的发展提供了契机。所谓智能材料，是指随时能够对环境条件及内部状态的变化做出精准、高效、合适的响应，同时还具备自主分析、自我调整、自动修复等功能的新材料。

　　在土木工程领域，一直以来要面对复杂的环境，比如地震、洪涝、滑坡等自然灾害以及盐雾、冻融等侵蚀环境。任何环境的变化，都会影响工程材料的属性，甚至可能直接损坏材料。诸如大跨度桥梁、高层建筑、水利枢纽、海洋钻井平台以及油气管网系统之类的工程设施在其较长的使用期中，外界各种不利作用会使得组成这些结构的材料发生不可逆的变化，从而导致结构出现不同程度的性能衰减、功能弱化，甚至诱发重大工程事故。若是能将智能材料运用到这些超规模的工程结构物中，实时监测结构的变形和内力变化、评定其安全性能并智能修复，则为未来工程建设提供新的发展思路。

5.1　智能材料的定义、分类及特征

5.1.1　智能材料的定义

　　智能材料发源于"自适应材料"（adaptive material），最早由著名材料学家 Rogers 和 Claus 等共同提出。智能材料（intelligent material，IM）当前没有一个明确的定义，在学术领域中仅是结合材料科学的发展特征，将天然材料、合成高分子材料、人工设计材料之后的第四代材料，直接命名为智能材料。而其自身的智能性与自适应材料的适应性相同，但是适应能力却远高于自适应材料。可以说，智能材料是材料技术本身的突破，而非性质的巨大改变。智能材料产生的背景决定了其所具有的独特优势，终将会带来科学的重大革新。

5.1.2　智能材料的类型与特征

（1）智能材料类型

　　根据工作时发挥作用的不同，智能材料可分为两类：一类是感知外界刺激的材料，称为感知材料，它们可以制作成各种传感器对外界的刺激或系统工作状态进行信息采

集，主要包含压电薄膜、光导纤维、形状记忆合金等材料；另一类是对内部状态或外部环境变化做出及时响应的材料，如磁致伸缩材料、压电陶瓷、电流变体和磁流变体等，这类材料可以依据温度、磁/电场的变化自动改变自身刚度、频率、阻尼、形状等。常见智能材料的基本性能如表 5-1 所示。

表 5-1　智能材料基本性能

特点	压电薄膜	光导纤维	形状记忆合金	磁致伸缩材料	压电陶瓷	电/磁流变体
技术成熟度	良好	良好	良好	较好	中等	较好
嵌入性	良好	优良	优良	良好	很好	较好
响应频率/Hz	1～50000	1～10000	1～10000	1～20000	1～20000	1～20000
最大应变	—	200	200	1000～2000	1000	—
适用类型	感知材料	感知材料	感知材料/驱动材料	驱动材料	感知材料/驱动材料	驱动材料

（2）智能材料特征

① 仿生性　智能材料是基于仿生学所构建的适应系统。所谓仿生学，本质上是人类观察生物系统所总结的规律，例如，目前广泛使用的雷达技术便是基于蝙蝠飞行时的生物学特征所构建的一种空间检测系统模式。而智能材料的构建，也会参照生物适应不同环境变化的情况来组建其自身适应环境的系统。

② 传感功能　智能材料具有基于信号传输与接收机制所构建的一套信息处理系统，可以实现对空间的监控。材料技术虽并未以 CPU 构建中枢，但材料本身的分子性质，却能够形成一套类似于 CPU 的中枢系统，其功能主要在于识别环境的变化，从而积极实现对自身的调节，继而实现其自适应功能。

③ 自诊断、修复、调节能力　从材料科学角度，复原行为可称为自动修复，而基于自动修复的原理，也意味着其修复过程中存在着诊断与识别的环节。尽管材料不会说话，但其诊断出自身问题后，可通过材料之间的联系，以特殊的"空间符号"告知使用者自身当前的变化，并进行自我调节，这使得材料与人的沟通成为可能。

该功能是目前土木工程领域研究最多的特征，智能材料可以通过对系统端口目前与过去状态的分析比较，诊断和纠正系统故障及判断错误，借助自我繁殖、生长、原位重组等再生机制，修复部分局部破坏或损伤，并根据外部环境和条件的变化及时自动调整和改变状态与行为，使材料系统始终能够对外部世界的变化及时做出反应。

5.2　土木工程智能材料的研究现状

目前土木工程领域研究较多的智能材料主要有光导纤维、形状记忆材料、压电陶瓷材料、磁流变体以及磁致伸缩材料等。

5.2.1　光导纤维

光导纤维（optical fiber），简称光纤，是一种传输光的特殊材料，是光纤传感的主要元件，它利用光的全反射原理将光波能量约束在其界面内，并引导光波沿光纤轴线方向传播。光纤是一种由高度透明的石英（或其他材料）经历复杂的工艺拉制而成的光波导材料。光纤的典型结构为多层同轴圆柱体，一般由折射率较高的纤芯、折射率较低的包层以及涂覆层和护套构成。纤芯和包层是光纤的主体结构，对光纤中光的传播起着决定性作用；涂覆层和护套的作用是隔离杂散光、提高光纤强度、保护光纤等。纤芯直径一般为 $5\sim75\mu m$，材料主体为二氧化硅；包层为紧贴纤芯的材料层，其光学折射率稍小于纤芯材料的折射率，包层的总直径一般为 $100\sim200\mu m$，涂覆层的材料一般为尼龙或者其他有机材料，用于增加光纤的机械强度，保护光纤。

　　光纤传感是指外界信号按照其变化规律使光纤中传输光波的物理特征参量随之变化，通过测量光参量的变化"感知"外界信号的变化。光纤传感的基本原理是光纤中的光参数（如光强、频率、波长、相位以及偏振态等）随外界参数的变化而变化，通过检测光纤中光参数的变化而达到检测外界被测物理量的目的。美国是最早开始光纤传感器研究的国家，1977 年美国海军研究所主持制订了光纤传感器研究计划。国内从 20 世纪 70 年代末开始光纤传感器技术的研究工作，目前在光纤温度传感器、压力计、流量计、电流计、位移计等领域进行了大量的研究，已取得数百项实验成果。目前光纤传感技术已大量应用于桥梁和路面的健康监测、大坝的混凝土结构监测、隧道围岩的监测等。

　　光纤传感器本质上是一种器件，可分为传光型光纤传感器和传感型光纤传感器。传光型光纤传感器，光纤仅起到传输光波的作用，使用时必须在光纤端面加装其他传感组件才能构成传感器。传感型光纤传感器又称分布式光纤传感器，是利用光纤本身具有的敏感特性，使被测物理量光纤特性参数发生变化，然后测量这些光参数，即能测定被测物理量，光纤既是传感介质，又发挥传输功用。目前应用在土木工程领域的主要是传感型光纤传感器。

　　光纤光栅传感器是传感型光纤传感器中应用较为广泛和成熟的一种，是利用光纤材料的光敏性，在纤芯内形成空间相位光栅，其作用实质上是在纤芯内形成一个窄带的滤波器或反射镜，使得光在其中的传播行为得以改变和控制。光纤光栅应用于光纤传感可通过光纤将光栅串联起来，在大范围内对多点同时测量，因此又称准分布式光纤传感。由于被测量信息在空间上并不是连续分布的，而是通过传输光纤串联敏感单元，获取被测量对象的变化信息，监测实施之前，要预先设置传感阵列，因此对离散分布的传感点进行测量，系统安装难度大、灵活性较低，而且成本高。

　　分布式光纤传感器是利用光纤的低损耗传输特性，通过分析经过光纤后向散射光的分布变化来检测光纤周围温度、应变等被测物理量的分布变化，是一种全分布式光纤传感器，也是目前国内外学者研究的热点。鲍晓毅提出分布式光纤传感技术在各种管道变形监测中应用的具体思路和方法，同时在试验基础上证明光纤监测在管道变形监测中的可行性和先进性；刘浩吾等将光时域反射分布式光纤传感应用到混凝土的裂缝监测中，提出了非正交构型（力-光转换机制）和双界面细微观力学模型，给出了裂缝宽度的确

定方法，并将其应用到巫峡长江大桥光纤裂缝监测中；张俊义等通过将光纤铺设在治理
工程形成的混凝土结构上，基于布里渊光时域反射的分布式光纤传感技术，对三峡库区
崩滑灾害进行了监测；Shunji Kato 等将光纤安装在塑料管内，通过在坡面上布置 W 形
平面分布的管子感应坡体变形，对日本某公路边坡进行了监测。周同和等、朴春德等将
光纤植入桩体中，通过检测桩的变形，判断桩身完整性，再应用力学理论对监测得到的
应变数据进行转换，得到桩身轴力和桩侧摩阻力的分布，为桩基工程的检测提供了新的
检测手段；张丹等将分布式光纤传感技术应用到钢筋混凝土梁结构中，检测梁的实际应
变分布，通过积分计算出梁变形的挠度分布，是梁变形的损伤监测及挠度测量的新手
段；刘杰等将光纤粘贴在基坑工程测斜管的外部凹槽中，监测基坑的深部变形，通过室
内的模型模拟试验和现场测试，验证了光纤测斜的可行性。

　　光纤传感由于其自身独特的优势已在土木工程领域得到了广泛的应用，通过光纤传
感直接监测到的物理量有温度、应力、应变、位移等，间接监测到的有混凝土裂缝、钢
筋锈蚀、深部位移、水工建筑物的渗流、桩侧摩阻力、路基沉降量等，细分应用领域有
大坝、边坡、基坑、隧道、建筑、岩溶、路基等工程结构物的监测。虽然光纤传感已经
被当作一种重要的结构健康监测技术手段，但由于直接监测得到的物理量是有限的，因
此只有将光纤监测数据与其他基础理论相结合，才可能获得更为准确的监测结果，制定
更为全面的评价标准。

5.2.2　形状记忆合金

　　形状记忆合金（shape memory alloy，SMA）是一种在加热升温后能完全消除其在
较低的温度下发生的变形、恢复其变形前原始形状的合金材料，即拥有"记忆"效应的
合金。SMA 在土木工程领域主要用于结构监测与控制，作为一种新型智能材料，有着
显著的优点，当它的形状与记忆被激发时，会产生 700MPa 以上的恢复应力，且能产生
8%左右的恢复应变。除此之外，SMA 的能量传输与存储也很强大，可以将材料嵌入土
木工程结构中，用于控制土木工程结构的裂缝与变形，实现结构的自诊断与自增强。

　　另外，SMA 还具有独特的相变伪弹性与相变滞后性能，即在加载和卸载过程中，
应力-应变曲线呈环形，在这个过程中材料会吸收与消耗大量能量，利用形状记忆合金
的这一特点能开发出 SMA 阻尼器用于土木结构的被动减震控制。试验结果表明，在土
木工程结构中安装 SMA 阻尼器，能吸收 50%左右的地震能量，有效抑制结构的地震反
应，在土木工程减震控制中有着显著的应用价值。同时 SMA 具有极高的抗疲劳性，以
此为基础制作的阻尼器使用周期远胜于普通的阻尼器，可实现结构品质的大幅度提高。

　　目前国内外学者已对 SMA 阻尼器进行了全面深入的研究，这些成果为 SMA 的减
震设计与工程应用提供了理论基础与技术支持。Clark、Maurot 等研制了多种适用于被
动控制的 SMA 阻尼器，并在多层结构振动试验中取得了较明显的控制效果。李宏男、
凌育洪等设计了筒式拉伸型 SMA 阻尼器，并通过改变 SMA 丝的初始预应变或长度来
调整其滞回能力。王社良等建立了 SMA 的相变伪弹性恢复力模型，并设计制作了多种

阻尼器用于结构的地震控制及古建筑的加固保护。Li 等设计了拉伸型 SMA 耗能器和剪刀型 SMA 耗能器，并对安装了该阻尼器的五层钢框架模型进行了振动台试验，验证了两种阻尼器的减震效果。陈云和禹奇才设计了位移放大型 SMA 阻尼器，并进行了耗能能力分析。Indirli 等采用 SMA 阻尼器对 S. Giorgio 教堂的钟塔进行加固。El-Attar 等使用 SMA 阻尼器来提高两座伊斯兰古塔的抗震性能。

此外，1996 年，麻省理工学院的 K. Ullakko 博士在《材料工程与性能学报》上发表了题为"磁控型形状记忆合金———一种新型的执行器材料"的论文，公布了磁控形状记忆合金（magnetically shape memory alloy，MSMA）材料模型试验的结果，随后引起了一些专家学者们对这种新型智能材料的兴趣，并取得了一些可喜的研究成果。2002 年，Sozinov 等报道了 MSMA 的最大磁致应变为 9.4%，最高响应频率可达 5000Hz，弥补了传统 SMA 响应频率慢、压电及磁致伸缩材料应变小的不足，是一种较为理想的驱动材料。芬兰的 AdaptaMat 公司将 Ni-Mn-Ga 合金作为驱动材料生产的 A522 型驱动器，其最大行程为 3mm，响应频率为 300Hz。在我国，中国科学院物理研究所、北京航空航天大学、哈尔滨工业大学、大连理工大学、上海交通大学、钢铁研究总院、包头稀土研究院等科研院所针对铁磁形状记忆合金材料的样品制备方法、微观结构、相变特征、磁学特征、热滞后特性、力学性能等材料性能和特点进行了一系列的研究。

5.2.3　磁流变材料

磁流变（magnetorheology，MR）液是由磁化颗粒、载体液和稳定剂组成的智能流体。在常态下，其中的悬浮颗粒自由分布，混合物呈流体状态；在磁场的作用下，这些颗粒能在瞬间形成链状，混合物变成具有一定屈服强度的半固体，并能提供一定的屈服力。MR 主要被用来制作成 MR 阻尼器等半主动控制装置。MR 阻尼器由于具有机构简单、功耗小、阻尼力大、动态范围广、响应快等优点，成为结构振动智能控制领域研究的热门之一。

美国 Lord 公司最早成功研制了几种性能优良的小型 MR 阻尼装置引起了学术界很大的震动，随后还研发出了用于土木工程结构智能控制的足尺 MR 阻尼器。瞿伟廉等攻克了出力居世界前列的 500kN 足尺阻尼器设计的关键技术，并进行了性能试验及力学模型的参数识别研究。Li 等使用 MR 阻尼器对 3 层框架剪力墙偏心结构进行了半主动控制。王修勇等对 RD-1097 型 MR 阻尼器进行了力学性能试验，并进行了本构模型神经网络建模。孙清等对双出杆流动型 MR 阻尼器进行了阻尼特性试验，建立了描述 MR 阻尼器阻尼特性的非线性模型。徐赵东、沈亚鹏提出了除 Bingham 模型和 Bouc-Wen 模型外的另一种 MR 阻尼器的计算模型———Sigmoid 模型，对三种计算模型进行仿真分析并与试验结果进行了对比。

在工程应用研究方面，Spencer 等将 30 个 MR 阻尼器安装到一个 20 层的钢框架结构来进行地震反应控制；Mandara 等使用 MR 阻尼器对意大利的 S. S. Salvatore 教堂进行了加固；2001 年日本东京的国家新兴科技博物馆首次采用 MR 阻尼器进行了地震反应控制；我国的欧进萍和张纪刚等将 MR 阻尼装置应用到海洋平台和大型斜拉索桥梁结构中进行振动控制；2001 年我国岳阳的洞庭湖大桥首次安装 MR 阻尼器进行斜拉索的风雨激励振动控制。

尽管对 MR 阻尼器的研究相对比较深入和成熟，但由于磁流变体长期搁置后的固体颗粒沉降及流体性能稳定性问题尚未完全克服，因此其理论成果从研究走向应用的还较少。

5.2.4　压电陶瓷材料

压电陶瓷（piezoelectric ceramics，PC）是一种具有正逆压电效应的功能材料。当压电陶瓷沿极化方向受到机械力时，剩余极化强度将随着陶瓷片的形变而变化，从而在材料表面产生吸放电现象；当压电陶瓷受到与剩余极化强度方向一致的电场时，由于晶粒极化方向都趋于电场方向，材料就会沿极化方向而产生形变。压电驱动器在结构振动控制的应用正是利用了压电材料的逆压电效应，通过施加电压使压电驱动器产生机械变形，对结构施加控制力。压电陶瓷材料在土木工程振动中一般可用于主动控制和半主动控制。

在主动控制方面，主要有两种用法。一种是将压电材料贴在结构的高应变区表面，一方面作为传感器来监测结构的应力状况，另一方面则可作为驱动器，当结构应力超过容许限值时就可施加主动控制。Stavroulakis、陈勇等以悬臂梁为对象，进行了基于压电材料的结构振动主动控制研究。另一种主动控制用法，是利用压电陶瓷的主动驱动力实时调整结构构件的动内力。瞿伟廉等利用压电材料对排架结构和框架结构进行了地震激励下的主动控制；Kamada 等对安装有三种压电主动控制装置的钢框架结构模型进行了振动台试验，还比较了不同设置位置时压电控制器的控制效果；Fujita 等将智能压电驱动控制装置同时布置于框架结构的梁和柱上，进行了三维振动台试验；马乾瑛等利用设计制作的压电主动杆件进行了网架结构的动力稳定试验研究。

在半主动控制方面，主要是与摩擦阻尼器结合制成压电变摩擦阻尼器。虽然基于压电材料的控制系统一般具有可控性好、时滞小和控制系统简单等优点，但压电陶瓷驱动器提供的行程非常小，仅是微米级的，因此压电材料一直以来都难以用于较大规模结构的振动控制。而压电变摩擦阻尼器的正压力控制器并不需要大的行程，且相对于 MR 等液体阻尼器，不存在漏油等问题，维修方便，半主动控制系统更加简单，且响应速度要比 MR 还快 2 倍左右，这对半主动控制系统是非常有益的。

目前国内外学者对压电变摩擦阻尼器进行了一系列研究。Chen 和 Garrett 用四个直径 2.54cm、高 1.27cm 的压电陶瓷驱动器设计制作了一种压电摩擦阻尼器，通过试验得到了其在不同预压力、不同加载频率下的滞回曲线，分析了摩擦系数、等效阻尼比和等效刚度随加载频率的变化，结果表明，该阻尼器性能稳定，滞回曲线的形状与加载频率关系不大，且相同预压力下阻尼器的摩擦系数、等效阻尼比和等效刚度基本不受加载频率的影响。Durmaz 等对研制的智能压电摩擦阻尼器进行了静、动力的试验研究，结果表明，该阻尼器能够提供 890N 到 11kN 之间可控的摩擦力，并具有耗能低、行程大、响应快等优点。Ozbulut 等将压电摩擦阻尼器用于基础隔震建筑的地震保护，并提出了两种模糊逻辑控制器来确定压电摩擦阻尼器的控制力。欧进萍和杨飏设计制作了 T 型压电变摩擦阻尼器，并对其出力性能和滞回性能进行了研究分析。赵大海等制作了实验室比例的压电摩擦阻尼器模型，测试了其在不同预压力、不同加载频率和不同电压下的出力性能，并将其安装到两层钢框架模型进行了振动台试验研究。展猛等设计制作了杆轴式压电变摩擦阻尼器，并将其以拉线或杆件形式离散优化集成于输电塔结构模型中，进行了减震控制试验和数值分析。

5.2.5　磁致伸缩材料

因磁化状态的改变而导致磁性体产生应变的现象称为磁致伸缩现象，智能材料中的磁致伸缩材料通常指的是超磁致伸缩材料（giant magnetostrictive material，GMM），与压电材料相似，在外场激励下，它可在微秒级的时间内发生机械变形，只不过激励外场是磁场而不是电场。商品化的磁致伸缩材料——Terfenol-D 金属的最大变形能力远大于一般的压电陶瓷驱动器。GMM 有许多优点，如伸缩变形大、能量转换率高、驱动电压低、弹性模量高、响应速度快等，是制作大能量驱动器的良好材料。

20 世纪 80 年代末，Hiller 等采用简单的比例反馈控制律进行了 GMM 驱动器的主动隔振，并通过试验验证了其有效性。20 世纪 90 年代，Geng 等采用 GMM 驱动器进行了六自由度平台的主动控制试验，结果表明，平台的振动减小 30dB。近年来，国内许多研究者利用 GMM 设计制作了主动振动控制器，并对其进行了理论分析与试验研究，取得了理想的控制效果。例如，北京航空航天大学的徐峰等制作了主动振动控制用的 GMM 作动器，对正弦振动进行主动控制，减振效果达到 30dB；南京航空航天大学的顾仲权等系统研究了 GMM 作动器在主动隔振与主动吸振中的应用；浙江大学的唐志峰等对 GMM 作动器进行了系统的理论和试验研究。但目前这些研究仅限于微制造、机械、军事及航空等领域，而在土木工程结构振动控制领域的研究还较少。

哈尔滨工业大学的关新春等将 GMM 驱动器与摩擦阻尼器结合制作了 GMM 摩擦阻尼器（其主要由摩擦片、驱动器以及将各部分连接在一起的外壳组成），并对三种驱动器（Terfenol-D 金属、树脂基磁致伸缩材料以及压电陶瓷驱动器）制成的智能摩擦阻尼器进行了阻尼力及响应时间测试。西安建筑科技大学的王社良等根据 GMM 的变形机理及磁控特性，以其为核心元件并结合空间网格结构主动抗震控制的需求，研制了两种 GMM 作动器，研究了其在应力、磁场等多因素耦合作用下的磁力学性能，探讨了作动器预压应力参数、磁场强度和加磁方式等对其磁力学性能的影响，并进行了其在空间网架结构中的优化配置及振动台试验研究。

5.2.6　导电混凝土材料

上述智能材料在土木工程中的应用主要原理是：以智能材料为核心元件制成传感装置或驱动装置，然后将其集成到土木工程的结构或构件中，以实现应力、变形的智能监测与控制。不同于上述智能材料的间接使用，导电混凝土主要是由水泥、导电材料、集料和水等按照一定比例掺配而成，可以直接作为工程材料应用到工程中。

导电混凝土既能够保持结构材料的力学性能，又具有导电材料的电学特性。导电混凝土试验研究中用的导电材料主要包括两大类：一类是非金属导电材料，包括碳纤维、炭黑、石墨、碳纳米管、石墨烯等；另一类是金属导电材料，包括铁粉、铜粉、钢纤维、镍粉等，这些材料均具有极其优异的导电性能。导电材料掺加的方法有单掺和复掺，导电混凝土主要是通过导电相材料的掺入，使导电颗粒在混凝土内部相互接触和链接形成互相连接的导电网络，来实现水泥基复合材料的电能传递，使得导电混凝土具备多功能机敏特性。

导电混凝土是一种功能性复合材料，除了具有特殊的机敏特性外，同样也需要具有良好的力学性能和耐久性，以满足建筑结构正常使用功能的需要。为了使导电混凝土能够在实际工程中得到推广应用，不仅要保证其具有良好的导电性能，而且需要具备一定的力学性能。欧阳平研究了石墨、碳纤维、钢纤维三种材料的掺量对混凝土强度与导电性能的影响，发现按照一定比例掺加后，混凝土能获得良好的导电性能和较高的强度，导电混凝土掺加不同的导电相材料及掺入比例的不同都会使导电混凝土的力学性能发生不同程度的变化。

导电混凝土的电学性能主要包括导电性和电阻率稳定性两方面，导电性是衡量导电混凝土电学性能的主要物理参数，电阻率是表示导电混凝土电阻特性的基本物理量，它反映导电材料对电流阻碍作用的属性。相同导电材料在同等情况下，电阻率越大，导电性能越差，导电混凝土应保持电阻率的稳定性，正常的外部环境变化应对基体电阻率没有明显影响。贾兴文等通过研究发现，导电混凝土具有良好的导电性能，使其基本具有一定的优良特性。此外，除了导电材料不同对导电混凝土导电性能有显著影响外，导电材料的分散性、集料和掺和料养护、龄期、温湿度变化等因素都会影响导电混凝土的导电性。

（1）导电性能

通过在普通混凝土中加入导电材料可以降低混凝土复合材料的电阻率，改善其本身导电性能。导电混凝土最基本的特性就是其导电性能，导电混凝土通过导电材料粒子彼此接触、相互链接，使其内部结构形成导电网络，通过隧道效应、粒子连通网络间的间隙进行电能的传导输送。导电混凝土的导电性能取决于掺加导电材料的电学性能、物理性能、导电材料与胶凝材料的相互作用及在混凝土中的分布特性等。孙旭采用导电混凝土作为变电站接地网中的接地电极，达到了降低接地电阻的目的。

（2）电热性能

导电混凝土在掺入一定比例的导电材料时具有良好的通电发热性能。在接通电源后导电混凝土在电场的作用下发热，产生大量的热能，因此被广泛地应用于公路、高速公路、机场道路、桥梁结构、墙体采暖保温等场所，特别在冬季道路融雪除冰、墙体采暖保温方面发挥着良好的效果。导电混凝土电热性的应用，降低了道路冰雪造成的经济损失，提高了建筑采暖保温节能能效，在实际应用中发挥了巨大的经济效益，符合可持续发展的理念。李龙海等采用碳纤维导电混凝土对机场道路建立了融冰除雪模型，寻求最佳输入功率，获得最为合理的导电混凝土电热性能输出，从而实现节能除雪功能。

（3）压敏性能

压敏性能是导电混凝土一个非常重要的功能。将导电混凝土连接在外加电路中，对导电混凝土施加外载荷（压力或拉力），导电混凝土自身的电阻值会随着载荷变化发生相应的变化，使用电子监控仪器测量并计算混凝土内部电阻率的变化，通过电阻率的变化间接反映出混凝土内部结构的变化。因此，可以利用导电混凝土的压阻性能制作传感器，并置于混凝土结构中，对混凝土在不同时期受力状况下的内部结构损伤和变形情况进行长期监测。孔祥东等通过单掺和复掺的方式设计出几种不同配合比的水泥基传感器，在载荷的作用下，压缩应变导致导电填料间距减小而致使传感器电阻率减小，微损伤的产生导致导电填料间距增大而致使传感器电阻率增大。

（4）电磁屏蔽性能

在混凝土中掺杂一些低电阻的导电材料制成导电混凝土，把其必须防护的地方密封起来，并利用屏蔽体对电磁波的反射效应、吸收效应及其对内部的损耗效应，来实现减弱甚至中断电磁波传播的目的，有效地控制了电磁波由某一地区向另一地区的辐射。电磁屏蔽技术对电磁波具有极其强大的干扰和抑制能力，可很好地改善电子设备质量和系统电磁兼容性。导电材料对电磁波具有良好的反射和引导作用，将导电混凝土应用到电磁屏蔽领域，利用导电材料内部形成与磁场相反的磁极化效应，降低电磁场的辐射效应。郭轩雄等使用镍纤维作为导电材料掺入水泥基中制作试件，研究发现其电磁屏蔽效能较好。

（5）温敏性能

当外部温度产生变化时，导电混凝土的电阻率也会随之发生相应的改变，这就表现为导电混凝土的温度-电阻特性，即温敏效应。导电水泥基复合材料温敏效应的机理在于外部温度的变化：随着温度的升高，电子受热激发而获得能量，使更多电子能克服水泥基体阻隔形成的势垒，使混凝土结构内部的电子更加活跃，导电相粒子之间的距离减小，最终导致材料的电阻率降低；反之当温度降低时则电阻率升高。因此，可使用导电混凝土试件作为有效的热敏电阻传感器，监测大体积混凝土的温度自控和有火灾预警要求的部位。曹震等的试验研究表明，碳纤维混凝土的温敏性能具有良好的规律性，当温度降低到某一特定值时，电阻率与温度呈现比例关系，普通混凝土则不具备此特性。

随着工程技术的不断发展，常规混凝土应用技术已经不能满足工程实际需求，对一些比较重要的混凝土结构部位进行实时监测以掌握结构损伤变化显得尤为重要，对传统混凝土材料进行改性，研究和开发具有感知能力的智能混凝土材料，促进新型材料向高新技术和多功能化发展将是一大趋势。导电混凝土作为一种新型功能性材料，通过在混凝土结构中布置传感器，可对结构内部损伤等进行实时健康监测。另外，导电混凝土具有原材料来源广泛、制备工艺简单、生产使用经济等特性，符合节能经济发展理念，未来必将被广泛应用于工程建设。

5.2.7　智能土木工程材料的性能测试

针对智能材料的性能测试，目前研究较多的主要有形状记忆合金、磁致伸缩材料、压电陶瓷材料、磁流变材料以及导电混凝土等，而关于智能材料的性能测试根据其使用目的不同，一般分为力学性能测试和传感性能测试，其影响因素除材料自身参数外，还有电流、电压、磁场、频率等外部激励。本书重点介绍形状记忆合金（包括普通形状记忆合金和磁致形状记忆合金）、磁致伸缩材料、压电陶瓷材料三类常用智能材料。

5.3　SMA 丝超弹性性能试验

SMA 丝超弹性性能试验主要分析了不同循环加载次数、加载应变幅值、加载速率及材料直径等因素对奥氏体 SMA 丝超弹性性能、特征点应力、耗能能力、等效阻尼比及等效割线模量的影响规律。

5.3.1　试验材料与设备

本次试验所用材料为西北有色金属研究院赛特金属材料开发有限公司生产的 Ni-Ti SMA 丝（图 5-1），该丝材化学成分为 Ti-51％Ni，直径规格为 0.5mm、0.8mm、1.0mm 和 1.2mm。相变温度如下：马氏体结束温度 M_f 为 $-420℃$，马氏体开始温度 M_s 为 $-380℃$，奥氏体开始温度 A_f 为 $-60℃$，奥氏体结束温度 A_s 为 $-20℃$，由此可知该丝材常温下处于奥氏体状态。试验在西安理工大学材料科学实验室进行，试验设备和仪器是 HT-2402 电脑式伺服控制材料试验机，该试验机最大拉、压荷载为 100t，荷载精度为 $\pm5％$。丝材的轴向力由试验机自带的力感应器测量，轴向变形由位移引伸计测量（图 5-2），引伸计的标距为 33.5mm，数据采集系统为计算机自动采集系统。为了防止 SMA 丝在夹头处滑脱，采用了丝材专用缠绕防滑夹具。

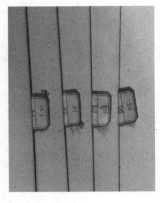 

图 5-1　奥氏体 Ni-Ti SMA 丝　　　　图 5-2　位移引伸计及夹具

5.3.2 试验步骤和加载方案

以西安建筑科技大学王社良教授课题组的奥氏体 SMA 丝力学性能试验为例，本次试验主要考虑了加载循环、应变幅值、加载速率、材料直径等因素对奥氏体 SMA 丝材的应力-应变曲线、特征点应力、耗能能力、等效阻尼比及等效割线模量的影响。因此，本次试验制订了以下试验方案，通过正交共计 48 个试验组，如表 5-2 所示。为了避免试件长度对 SMA 性能的未知影响，本次试验各工况采用的试件长度均为 300mm，有效长度为 100mm。为了保证测试的准确性，每个工况开始前对试件施加 10～30MPa 的预拉力，使试件能拉直绷紧。试验中加载/卸载模式均采用定速率加载/卸载；每次循环均以丝材应变达到幅值应变作为加载的终止条件，以丝材受轴向力小于 5N 作为卸载的终止条件；对每种工况循环加载 30 圈。

表 5-2 奥氏体 SMA 丝超弹性性能试验工况

总试验组数	试件标距 /mm	直径 /mm	加载速率 /(mm/min)	应变幅值 /%	循环次数
48	33.5	0.5/0.8/1.0/1.2	10/30/60/90	3/6/8	30

5.3.3 试验结果与分析

对常温下为奥氏体的 SMA 丝进行加载/卸载循环试验，奥氏体 SMA 丝材的单圈相变过程和单圈典型应力-应变曲线如图 5-3 所示。其中，相关力学性能参数定义如下：σ_{Ms}、σ_{Mf} 分别表示马氏体相变开始应力和马氏体相变结束应力；σ_{As}、σ_{Af} 分别表示奥氏体相变开始应力和奥氏体相变结束应力；O-F 段表示单圈残余应变；W 表示单圈循环弹性势能，即 B-D-E-F-G-B 所围的图形面积；ΔW 表示 SMA 丝单位循环的耗能能力，即 O-A-B-D-E-F-O 所围的图形面积；K_s 表示单位循环的等效割线刚度；ζ_a 表示单位循环的等效阻尼比。其中：

$$K_s = \frac{\sigma_{max} - \sigma_{min}}{\varepsilon_{max} - \varepsilon_{min}} \tag{5-1}$$

$$\zeta_a = \frac{\Delta W}{2\pi K_s \varepsilon^2} \tag{5-2}$$

$\sigma_{max}(\varepsilon_{max})$ 和 $\sigma_{min}(\varepsilon_{min})$ 分别表示每次循环中的最大应力（应变）和最小应力（应变）；ε 表示幅值应变。

马氏体相变的临界应力和奥氏体相变的临界应力的确定，需要在试验过程中实时观测丝材微观晶格的变化过程。本次试验由于试验设备受限，除马氏体相变开始应力 σ_{Ms} 可根据明显的相变平台来分析得到外，其他三个特征点应力均无法准确确定，特别是在加载速率比较大时，卸载段没有明显的相变平台，确定奥氏体相变的临界应力困难。因此，定义四个特征点，以这四个特征点的应力（σ_a、σ_b、σ_c、σ_d）近似代替相变临界应力（σ_{Ms}、σ_{Mf}、σ_{As}、σ_{Af}）。结合图 5-4 说明特征点 a、b、c、d 的确定方法：加载段

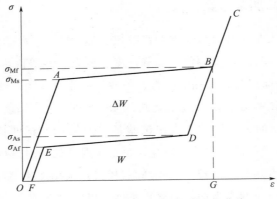

图 5-3　超弹性 SMA 典型应力-应变曲线

以应力-应变曲线平台开始点作为特征点 a；以经过加载平台，加载段曲线斜率明显增大点作为特征点 b；应力、应变从应力最大点后成比例趋势开始下降，以应力、应变下降开始偏离线性关系的点作为特征点 c；应力-应变曲线在卸载末期，从非线性变为线性，以应力、应变开始近似成比例下降的点为特征点 d。以上述特征点代替奥氏体 SMA 的相变临界点，虽然特征点应力与丝材真实的相变应力有一定误差，但仍能真实反映 SMA 的相变过程，而且也能通过这些特征点确定 SMA 的本构模型。

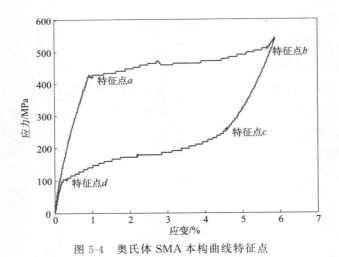

图 5-4　奥氏体 SMA 本构曲线特征点

　　根据试验结果，求解上述力学性能参数，并分析循环加载、应变幅值、加载速率和材料直径对奥氏体 SMA 丝力学性能参数的影响。

（1）循环加载

　　循环加载对超弹性力学性能的影响如图 5-5 所示，相关性能参数如表 5-3 所示。选取直径为 1.0mm，加载速率为 10mm/min，应变幅值为 3% 的拉伸循环试验为例说明循环加载对奥氏体 SMA 丝材力学性能的影响。根据试验结果可以看出，奥氏体 Ni-Ti SMA 丝材的残余变形较小，随着加载/卸载循环次数的增加，奥氏体 SMA 丝的性能逐渐趋于稳定，应力-应变曲线逐渐变光滑；SMA 丝的耗能能力和等效阻尼比逐渐减小，累计残余变形逐渐增加，但单圈残余变形逐渐减小，并在循环 15 圈以后趋于稳定，单圈残余应变基本为 0。循环次数对奥氏体 SMA 丝的力学性能影响较大，在实际工程应用中，为了得到 SMA 丝稳定的超弹性性能，必须预先对 SMA 丝进行循环加载。通常循环 20 圈左右，SMA 丝力学性能可趋于稳定。

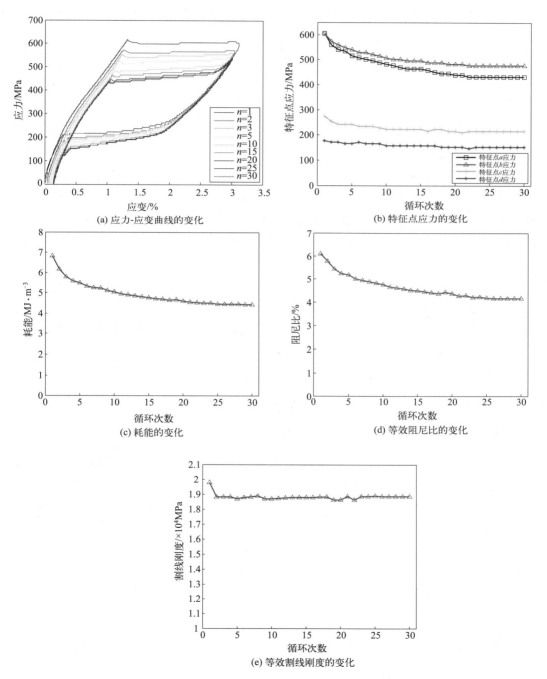

图 5-5 循环加载/卸载次数对奥氏体 SMA 丝力学性能的影响

表 5-3　不同加载/卸载循环次数对应的奥氏体 SMA 丝的力学性能参数值

循环次数	σ_a /MPa	σ_b /MPa	σ_c /MPa	σ_d /MPa	ΔW /(MJ/m^3)	ζ_a /%	K_s /MPa
1	604.79	604.79	273.75	178.25	6.843	6.11	19796
2	560.23	572.96	254.65	171.89	6.190	5.81	18836
3	541.13	560.23	241.92	171.89	5.796	5.44	18824
5	515.66	541.13	241.92	165.52	5.481	5.18	18715
10	483.83	509.30	222.82	159.15	5.035	4.76	18708
15	464.73	496.56	222.82	159.15	4.769	4.48	18805
20	439.27	483.83	216.45	152.79	4.603	4.37	18622
25	432.90	477.46	216.45	152.79	4.461	4.18	18883
30	432.90	477.46	216.45	152.79	4.438	4.16	18845

（2）应变幅值

应变幅值对超弹性力学性能的影响如图 5-6 所示，相关性能参数如表 5-4 所示。选取直径为 1.0mm，加载速率为 10mm/min 的拉伸循环试验为例，说明应变幅值对奥氏体 SMA 丝力学性能的影响。根据试验结果可以看出，当应变幅值较小时，奥氏体 SMA 丝基本处于弹性阶段，稳定后弹性模量近似为 450MPa；应变幅值超过 1% 时，

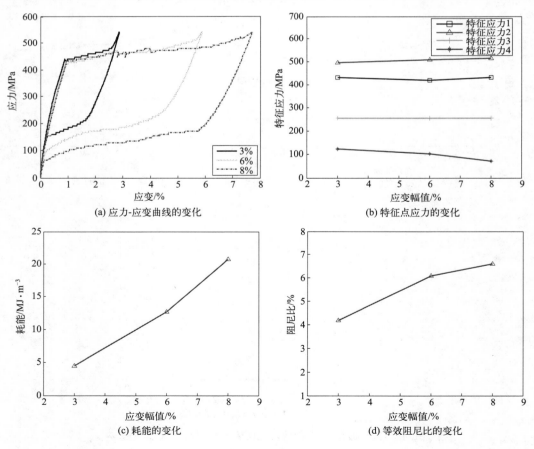

(a) 应力-应变曲线的变化　　(b) 特征点应力的变化

(c) 耗能的变化　　(d) 等效阻尼比的变化

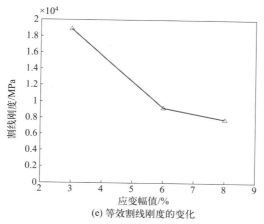

(e) 等效割线刚度的变化

图 5-6 应变幅值对奥氏体 SMA 丝力学性能的影响

SMA 丝才会发生马氏体相变和奥氏体相变，表现出超弹性性能，并且应变幅值越大，其超弹性性能越好，耗能能力也越大；应变幅值是影响 SMA 丝耗能能力的最主要因素，大约在应变幅值为 6% 时，SMA 丝的耗能能力大，耗能效率最高。

表 5-4 不同应变幅值对应的奥氏体 SMA 丝力学性能参数值

应变幅值 /%	σ_a /MPa	σ_b /MPa	σ_c /MPa	σ_d /MPa	ΔW /(MJ/m³)	ζ_a /%	K_s /MPa
3	432.90	496.56	260.65	120.96	4.46	4.18	18883
6	420.17	509.30	254.65	101.86	12.70	6.09	9211
8	432.90	515.66	254.65	70.03	20.76	6.60	7813

（3）加载速率

加载速率对超弹性力学性能的影响如图 5-7 所示，相关性能参数如表 5-5 所示。选取直径为 1.0mm，加载应变幅值为 6% 的拉伸循环试验为例，说明加载速率对 SMA 丝力学性能的影响。根据试验结果可以看出，当加载速率较小时，奥氏体 SMA 丝的耗能能力随着加载速率的增大有小幅度的增大；当加载速率较大时，SMA 丝材的应力-应变曲线形状随着加载/卸载频率的增大而变化明显，卸载段的奥氏体相变"平台"逐渐向上倾斜，奥氏体相变的开始应力明显增大，应力-应变曲线形状从矩形、菱形逐渐过渡到梯形、较窄三角形，滞回曲线包围的面积逐渐减小，等效阻尼比逐渐减少，耗能能力也逐渐降低。

表 5-5 不同加载速率对应的奥氏体 SMA 丝力学性能参数值

加载速率 /(mm/min)	σ_a /MPa	σ_b /MPa	σ_c /MPa	σ_d /MPa	ΔW /(MJ/m³)	ζ_a /%	K_s /MPa
10	420.17	509.30	254.65	101.86	12.70	6.09	9211
30	426.54	515.36	280.11	107.59	12.31	6.25	8703
60	420.17	502.93	326.04	109.86	11.93	6.15	8578
90	420.17	502.93	331.94	118.23	10.52	5.34	8711

第 5 章

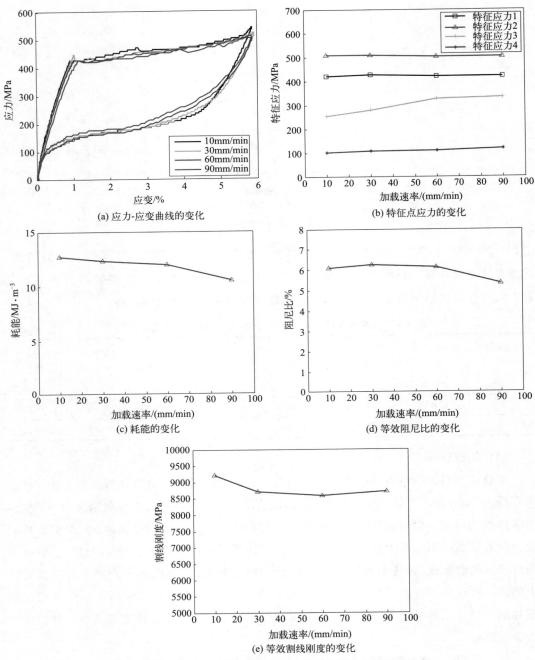

图 5-7　加载速率对奥氏体 SMA 丝力学性能的影响

（4）材料直径

材料直径对超弹性力学性能的影响如图 5-8 所示，相关性能参数如表 5-6 所示。选取加载速率为 90mm/min，加载应变幅值为 6％的拉伸循环试验为例，说明奥氏体 SMA 丝材直径对其超弹性力学性能的影响。根据试验结果可以看出，随着材料直径的增大，奥氏体 SMA 丝的各特征点应力显著降低，而耗能能力呈现先增大后减小的趋势，大约在直径 0.8mm 时单圈耗能能力最大。大直径的 SMA 丝，其耗能能力小，耗能效率不高；小直径的 SMA 丝，虽然其耗能能力高，特征点应力高，但由于丝材截面面积较小，对结构施加的反力较小，因此实际工程中应该选择直径大小合适的 SMA 丝用于被动控制。

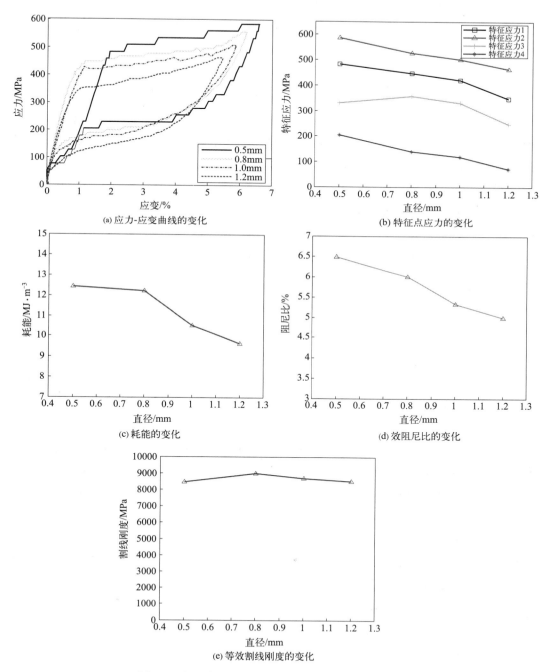

图 5-8　材料直径对奥氏体 SMA 丝力学性能的影响

表 5-6 不同直径对应的奥氏体 SMA 丝力学性能参数值

直径/mm	σ_a /MPa	σ_b /MPa	σ_c /MPa	σ_d /MPa	ΔW /(MJ/m³)	ζ_a /%	K_s /MPa
0.5	483.83	585.69	331.04	203.72	12.43	6.49	8473
0.8	447.62	527.20	358.10	139.26	12.22	6.01	8993
1.0	420.17	502.93	331.94	118.23	10.52	5.34	8711
1.2	349.26	464.20	247.57	70.74	9.63	5.00	8515

5.3.4 唯象理论模型

基于热力学理论的唯象理论模型是在试验的基础上来描述材料的宏观响应，就工程应用而言有其不可比拟的优势，是 SMA 本构模型中应用最为广泛的本构模型。唯象理论模型主要有 Tanaka 模型、Liang-Rogers 模型、Brinson 模型和 Graesser-Cozzareli 模型，目前应用较多的是 Brinson 模型和 Graesser-Cozzareli 模型。

（1）Brinson 模型

基于 Tanaka 和 Liang-Rogers 模型的缺陷，Brinson 将马氏体体积分数表示为应力诱发相和温度诱发相，并采用了非常数材料参数，认为材料的弹性模量、相变模量与马氏体体积分数呈线性关系，使得模型具有很强的工程适用性并便于有限元分析，因此在实际工程结构中的应用十分广泛。Brinson 一维本构模型可写成下述增率形式：

$$\frac{d\sigma}{dt} = D \frac{d\varepsilon}{dt} + \Omega \frac{d\xi_S}{dt} + \Theta \frac{dT}{dt} \tag{5-3}$$

$$\xi = \xi_T + \xi_S \tag{5-4}$$

$$D = D_A + \xi(D_M + D_A) \tag{5-5}$$

$$\Omega = -\varepsilon_L D \tag{5-6}$$

则修正后的 SMA 本构方程：

$$\sigma - \sigma_0 = D(\xi)\varepsilon - D(\xi_0)\varepsilon_0 + \Omega(\xi_0)\xi_{S0} + \Theta(T - T_0) \tag{5-7}$$

式中，D 是杨氏模量，其中 D_A 和 D_M 分别表示奥氏体状态和马氏体状态下的杨氏模量；ξ 是马氏体体积分数，其中 ξ_S 和 ξ_T 分别表示应力诱发和温度引起的马氏体体积分数；Ω 是相变张量；ε_L 是 SMA 材料在相变过程中的最大可恢复应变；Θ 是材料的热弹性模量。

Brinson 模型弥补了 Tanaka 模型和 Liang-Rogers 模型的不足之处，且具有严密的逻辑和理论，因而在土木工程振动控制中得到了广泛的应用，但这些公式往往待定参数较多，且烦琐复杂，使用起来计算量较大，编程难度较高，不利于工程实际应用。

（2）Graesser-Cozzarelli 模型

Graesser 和 Cozzarelli 在 Achenbach 等提出的一种具有内变量的塑性流动本构方程的基础上，提出了 SMA 的一维本构关系模型：

$$\dot{\sigma} = D \left[\dot{\varepsilon} - |\dot{\varepsilon}| \left(\frac{\sigma - \beta}{Y} \right)^n \right] \tag{5-8}$$

$$\beta = D\alpha \left\{ \varepsilon - \frac{\sigma}{D} + f_T |\varepsilon|^c \operatorname{erf}(a\varepsilon) \left[\mu(\varepsilon\dot{\varepsilon}) \right] \right\} \tag{5-9}$$

式中，σ、ε 分别为一维应力、应变；D 为弹性模量；Y 为屈服应力；β 为一维背应力；n、f_T、a、c 为与材料有关的常数，直接影响着滞回曲线的形状；α 为由应力-应变曲线斜率所决定的常数；$\operatorname{erf}(x)$、$u(x)$ 分别为误差函数和单位阶跃函数，其表达式为：

$$\operatorname{erf}(x) = \frac{2}{\sqrt{\pi}} \int_0^\pi e^{-r^2} \mathrm{d}t \tag{5-10}$$

$$\mu(x) = \begin{cases} 1, & x \geq 0 \\ 0, & x < 0 \end{cases} \tag{5-11}$$

该模型形式相对简单，可用于描述常应变相变、自由恢复及约束恢复下的相变规律，且容易推广到三维模型。但它忽略了加荷路径对材料力学性质的影响，没有区分马氏体与奥氏体的弹性模量，加卸载采用了相同的特征参数，不能反映加载与卸载时曲线平台斜率的差异。因此该模型的计算结果只在弹性阶段与试验结果吻合较好，在屈服阶段和卸载阶段与试验结果相差较大。

5.3.5　速率相关型 SMA 简化本构模型

Brinson 本构模型虽能比较精确的描述奥氏体 SMA 的力学性能，但是此模型没有考虑加载频率的影响，并非 SMA 动态本构模型。此外，相对于安装了 SMA 丝或 SMA 阻尼器的结构振动分析而言，Brinson 本构模型的公式显得烦琐。因此，通常对 SMA 本构模型进行简化，常用的简化模型是四折线简化模型，如图 5-9 所示。A 点是马氏体相变开始点，E 和 E' 分别为 SMA 超弹性曲线的奥氏体弹性模量和马氏体相变阶段弹性模量。

常用的简化方法如下：首先将试验测得 SMA 丝超弹性应力-应变曲线分为加载段和卸载段两部分；然后对加载段根据最小二乘法进行分段拟合，得到图中 OA 段和 AB 段的线性表达式，然后在此基础上根据能量等效原则，并保证 BC 段和 CD 段的斜率分别等于 OA 段和 AB 段的斜率，从而建立 BC 和 CD 段的线性表达式，最后求解四条直线的交点确定 A、B、C、D 点。

但是，上述简化模型也并没有强调加载速率的影响，没能明确给出本构模型与加载速率之间的关系。而从试验现象和结果可知，在室温下 SMA 的本构曲线与加/卸载速率之间有很明显的关系，特别是当 SMA 丝材应变变化较大时，加/卸载速率对本构曲线的影响将更为明显。高速加载时的 SMA 应力-应变曲线与准静态加载时的应力-应变曲线有明显的不同之处：当加/卸载速率较低或近似于准静态加载时，SMA 材料的应力-应变曲线形状为近似的平行四边形，即矩形旗帜形；而当加/卸载速率较高时，SMA 材料应力-应变曲线的形状则随着加/卸载速率的增加，其形状逐渐由平行四边形转变为较窄的梯形甚至是三角形，且加/卸载速率增大到一定值之后，这种变化趋于稳定。

另一方面，实际结构受到地震作用时，结构振动速率往往比较大，安装在结构上的 SMA 丝材不可能处于准静态加/卸载状态，如果忽略加/卸载速率的影响，按照图 5-9 所示的简化本构模型来考虑 SMA 对结构的减震作用，将会导致过高地估计 SMA 材料的耗能能力。因此，不论从试验结果考虑还是出于对实际应用的考虑，加/卸载速率对确定 SMA 本构模型都是不可缺少的一个因素，有必要给出 SMA 本构模型与加/卸载速率之间的关系。

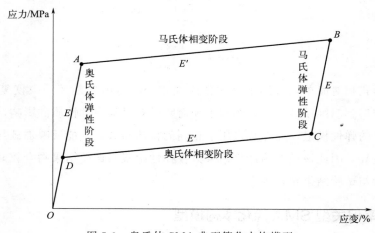

图 5-9 奥氏体 SMA 典型简化本构模型

（1）简化本构模型的建立

根据奥氏体 SMA 丝材超弹性力学性能试验可知：SMA 的应力-应变曲线分为加载段和卸载段，而且各段曲线的形状与各影响因素的关系呈现出明显的规律。因此，书中建立 SMA 简化本构模型的总体思路是：首先确定每段曲线的特征点，然后根据力学性能试验统计拟合各特征点的应力、应变与加/卸载速率之间的关系，最后以两特征点间线性应力-应变关系代替原应力-应变曲线，从而构建四折线简化本构模型（如图 5-10 中虚线所示）。

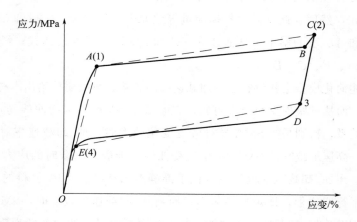

图 5-10 奥氏体 SMA 简化本构特征点示意图

如图 5-10 所示，O-A-B-C-D-E 曲线为典型的奥氏体 SMA 丝材的应力-应变曲线。在曲线上定义 4 个特征点，分别为特征点 1、特征点 2、特征点 3、特征点 4。各特征点按以下方法确定：特征点 1、3、4 与力学性能分析中的特征点 a、c、d 相同，这三个点分别近似表示马氏体相变开始应力、奥氏体相变开始应力和奥氏体相变结束应力；由试验结果可知，特征点 b 与应变幅值对应的应力值相差不大，因此为了简化考虑，可取曲线达到应变幅值的点作为特征点 2。

以直径为 1.0mm 的 SMA 丝材本构模型作为研究对象，则在直径、环境温度及材料参数已定的情况下，SMA 的应力 σ、应变 ε 主要受加载幅值和加/卸载速率影响。本书按如下方法分别考虑加载幅值和加/卸载速率对本构的影响：首先在准静态情况下，研究各特征点应力 σ_i、应变 ε_i 与加载幅值 x 的关系，然后在此基础上以附加应力 $\Delta\sigma_{iv}$、附加应变 $\Delta\varepsilon_{iv}$ 的方式考虑加/卸载速率 v 对各特征点应力 σ_i、应变 ε_i 的影响。各特征点应力 σ_i、应变 ε_i 与应变幅值 x 和加/卸载速率 v 的关系可按下式确定：

$$\sigma_i = \sigma_{ix} + \Delta\sigma_{iv} \tag{5-12}$$

$$\varepsilon_i = \varepsilon_{ix} + \Delta\varepsilon_{iv} \tag{5-13}$$

$$\sigma_{ix} = f_{i1}(x) \qquad \varepsilon_{ix} = g_{i1}(x) \tag{5-14}$$

$$\Delta\sigma_{iv} = f_{i2}(v) \qquad \Delta\varepsilon_{iv} = g_{i2}(v) \tag{5-15}$$

则

$$\sigma_i = f_{i1}(x) + f_{i2}(v) \tag{5-16}$$

$$\varepsilon_i = g_{i1}(x) + g_{i2}(v) \tag{5-17}$$

式中，f_{i1}、f_{i2}、g_{i1}、g_{i2} 为根据各特征点的试验数据经拟合得到表达式；$\Delta\sigma_{iv}$、$\Delta\varepsilon_{iv}$ 分别为加载幅值为 x 时，不同加载速率下的应力、应变与准静态的应力、应变之差。

在确定各特征点的应力、应变与应变幅值和加载速率的关系后，可进一步确定简化本构模型的四条直线的斜率：

$$k_1 = \frac{\sigma_1}{\varepsilon_1} \quad k_2 = \frac{\sigma_2 - \sigma_1}{\varepsilon_2 - \varepsilon_1} \quad k_3 = \frac{\sigma_3 - \sigma_2}{\varepsilon_3 - \varepsilon_2} \quad k_4 = \frac{\sigma_4 - \sigma_3}{\varepsilon_4 - \varepsilon_3} \tag{5-18}$$

式中，k_1、k_2、k_3、k_4 依次表示 O-1、1-2、2-3、3-4 段的斜率。

最后可得到如图 5-10 中虚线 O-1-2-3-4 所示速率相关型 SMA 简化四折线本构模型，其表达式如下：

$$\begin{cases} \sigma = E\varepsilon = k_1\varepsilon = \dfrac{f_{11}(x) + f_{12}(v)}{g_{11}(x) + g_{12}(v)}\varepsilon & (O{\to}1\text{ 段和 }4{\to}O\text{ 段}) \\[3mm] \sigma = \sigma_1 + \dfrac{f_{21}(x) + f_{22}(v) - f_{11}(x) - f_{12}(v)}{g_{21}(x) + g_{22}(v) - g_{11}(x) - g_{12}(v)}(\varepsilon - \varepsilon_1) & (1{\to}2\text{ 段}) \\[3mm] \sigma = \sigma_2 + \dfrac{f_{31}(x) + f_{32}(v) - f_{21}(x) - f_{22}(v)}{g_{31}(x) + g_{32}(v) - g_{21}(x) - g_{22}(v)}(\varepsilon - \varepsilon_2) & (2{\to}3\text{ 段}) \\[3mm] \sigma = \sigma_3 + \dfrac{f_{41}(x) + f_{42}(v) - f_{31}(x) - f_{32}(v)}{g_{41}(x) + g_{42}(v) - g_{31}(x) - g_{32}(v)}(\varepsilon - \varepsilon_3) & (3{\to}4\text{ 段}) \end{cases}$$

$$\tag{5-19}$$

式中，σ_1、ε_1、σ_2、ε_2、σ_3、ε_3 依次为特征点 1、2、3 点的应力、应变。

按照上述方法确定每条应力-应变曲线的特征点，如图 5-11 所示为直径 1.0mm、加载幅值 6%、加/卸载速率 60mm/min 的奥氏体 SMA 本构曲线及其特征点。将加/卸载速率为 10mm/min 的情况近似作为准静态情况，整理出在准静态情况下，不同加载应变幅值对应的 4 个特征点的应力、应变试验值，如表 5-7 所示；不同加/卸载速率对应的特征点的应力、应变试验值如表 5-7～表 5-10 所示。则不同加/卸载速率下，相对准静态时的应力、应变增量即附加应力和附加应变，如表 5-11～表 5-13 所示。

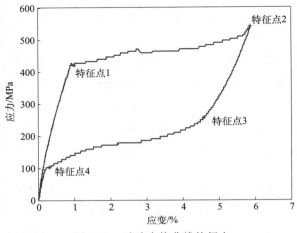

图 5-11　试验本构曲线特征点

表 5-7　准静态不同加载幅值下特征点的应力和应变值

应变幅值	3%		6%		8%	
	应力 σ /MPa	应变 ε /%	应力 σ /MPa	应变 ε /%	应力 σ /MPa	应变 ε /%
特征点 1	432.90	0.905	420.17	0.893	432.90	0.949
特征点 2	541.13	3.003	541.13	6.001	541.13	7.998
特征点 3	254.65	1.896	254.65	4.579	254.65	6.412
特征点 4	120.96	0.176	101.86	0.299	70.03	0.334

表 5-8　应变幅值为 3% 下特征点的应力和应变值

加/卸载速率	10mm/min		30mm/min		60mm/min		90mm/min	
	应力 σ /MPa	应变 ε /%	应力 σ /MPa	应变 ε /%	应力 σ /MPa	应变 ε /%	应力 σ /MPa	应变 ε /%
特征点 1	432.90	0.905	445.63	0.910	458.37	1.060	453.37	0.970
特征点 2	541.13	3.003	522.03	3.085	496.56	3.215	502.20	3.304
特征点 3	254.65	1.896	260.65	2.057	299.21	2.555	292.48	2.579
特征点 4	120.96	0.176	133.69	0.200	127.32	0.194	135.59	0.200

表 5-9　应变幅值为 6% 下特征点的应力和应变值

加/卸载速率	10mm/min		30mm/min		60mm/min		90mm/min	
	应力 σ /MPa	应变 ε /%	应力 σ /MPa	应变 ε /%	应力 σ /MPa	应变 ε /%	应力 σ /MPa	应变 ε /%
特征点 1	420.17	0.893	426.54	0.973	420.17	0.949	420.17	0.967
特征点 2	541.13	6.001	522.03	6.052	502.93	6.096	510.72	6.116
特征点 3	254.65	4.579	280.11	4.743	326.04	4.989	331.94	4.895
特征点 4	101.86	0.299	107.59	0.337	109.59	0.398	118.23	0.349

表 5-10　应变幅值为 8% 下特征点的应力和应变值

加/卸载速率	10mm/min		30mm/min		60mm/min		90mm/min	
	应力 σ /MPa	应变 ε /%	应力 σ /MPa	应变 ε /%	应力 σ /MPa	应变 ε /%	应力 σ /MPa	应变 ε /%
特征点 1	432.90	0.949	439.27	1.021	421.07	1.067	417.44	1.110
特征点 2	541.13	7.998	541.13	8.025	545.69	8.060	552.32	8.102
特征点 3	254.65	6.412	241.92	6.509	278.92	6.881	305.58	6.824
特征点 4	70.03	0.334	89.13	0.352	91.13	0.781	95.49	0.600

表 5-11　应变幅值为 3% 下特征点的附加应力和附加应变值

加/卸载速率	10mm/min		30mm/min		60mm/min		90mm/min	
	$\Delta\sigma_{iv}$ /MPa	$\Delta\varepsilon_{iv}$ /%	$\Delta\sigma_{iv}$ /MPa	$\Delta\varepsilon_{iv}$ /%	$\Delta\sigma_{iv}$ /MPa	$\Delta\varepsilon_{iv}$ /%	$\Delta\sigma_{iv}$ /MPa	$\Delta\varepsilon_{iv}$ /%
特征点 1	0.00	0.000	12.73	0.005	25.47	0.155	20.47	0.065
特征点 2	0.00	0.000	−19.1	0.082	−44.57	0.212	−38.93	0.301
特征点 3	0.00	0.000	6.00	0.161	44.56	0.659	37.83	0.683
特征点 4	0.00	0.000	12.73	0.024	6.36	0.018	14.63	0.024

表 5-12　应变幅值为 6% 下特征点的附加应力和附加应变值

加/卸载速率	10mm/min		30mm/min		60mm/min		90mm/min	
	$\Delta\sigma_{iv}$ /MPa	$\Delta\varepsilon_{iv}$ /%	$\Delta\sigma_{iv}$ /MPa	$\Delta\varepsilon_{iv}$ /%	$\Delta\sigma_{iv}$ /MPa	$\Delta\varepsilon_{iv}$ /%	$\Delta\sigma_{iv}$ /MPa	$\Delta\varepsilon_{iv}$ /%
特征点 1	0.00	0.000	6.37	0.081	0.00	0.057	0.00	0.074
特征点 2	0.00	0.000	−19.10	0.051	−38.20	0.095	−30.40	0.115
特征点 3	0.00	0.000	25.46	0.164	71.39	0.410	77.30	0.316
特征点 4	0.00	0.000	5.73	0.039	7.73	0.100	16.37	0.050

表 5-13　应变幅值为 8%下特征点的附加应力和附加应变值

加/卸载速率	10mm/min		30mm/min		60mm/min		90mm/min	
	$\Delta\sigma_{iv}$ /MPa	$\Delta\varepsilon_{iv}$ /%	$\Delta\sigma_{iv}$ /MPa	$\Delta\varepsilon_{iv}$ /%	$\Delta\sigma_{iv}$ /MPa	$\Delta\varepsilon_{iv}$ /%	$\Delta\sigma_{iv}$ /MPa	$\Delta\varepsilon_{iv}$ /%
特征点 1	0.00	0.000	6.37	0.072	−11.83	0.118	−15.46	0.161
特征点 2	0.00	0.000	0.00	0.027	4.56	0.062	11.19	0.104
特征点 3	0.00	0.000	−12.73	0.097	24.27	0.469	50.93	0.412
特征点 4	0.00	0.000	19.10	0.018	21.10	0.447	25.46	0.266

　　根据上述表中试验数据以及试验结论，讨论各特征点的应力 σ、应变 ε 与加载幅值 x、加/卸载速率 v 的关系。

　　特征点 1：根据表 5-7 可知特征点 1 在准静态情况下，随应变幅值的增大，应力、应变基本没有变化，因此，可取准静态下不同加载应变幅值对应应力、应变的平均值作为 σ_{1x}、ε_{1x}；根据表 5-7～表 5-13 可知在一定的应变幅值下，特征点 1 的附加应力 $\Delta\sigma_{1v}$、附加应变 $\Delta\varepsilon_{1v}$ 随加/卸载速率的变化较小，因此可取各速率下附加应力、附加应变的平均值作为 $\Delta\sigma_{1v}$、$\Delta\varepsilon_{1v}$。

　　特征点 2：根据表 5-7 可知特征点 2 在准静态情况下，随着应变幅值的增大，应变逐渐增大，而应力基本不变，因此，σ_{2x} 可取准静态情况下不同加载幅值对应应力的平均值；对特征点 2，在准静态时其应变理论上应等于幅值应变，即 $\varepsilon_{2x}=x$，但是由于仪器的误差，ε_{2x} 与 x 并不相等，但误差很小，可忽略。根据表 5-8～表 5-13 可知在一定的应变幅值下，特征点 2 的附加应力 $\Delta\sigma_{2v}$ 随加/卸载速率的变化较小，因此可取各速率下附加应力的平均值作为 $\Delta\sigma_{2v}$；理论上加载速率对应变幅值没有影响，但高速加载时，因仪器惯性作用，SMA 实际的应变幅值将大于仪器设定的应变幅值，但是由表 5-9 可知两者差别并不大，因此 $\Delta\varepsilon_{2v}$ 近似为 0，特征点 2 的应变即为应变幅值。

　　特征点 3：根据表 5-7 可知特征点 3 在准静态情况下，随着应变幅值的增大，应变逐渐增大，而应力基本不变，因此，σ_{3x} 可取准静态情况下不同加载幅值对应应力的平均值；ε_{2x} 与 x 可近似按线性关系表示为 $\sigma_{3x}=c_3 x+d_3$，根据试验数据由最小二乘法，可得到 $c_3=0.9026$，$d_3=0.8192$；根据表 5-8～表 5-13 可知在一定的应变幅值下，特征点 3 的附加应变 $\Delta\sigma_{3v}$ 随加/卸载速率的变化较小，因此可取各速率下附加应变的平均值作为 $\Delta\varepsilon_{3v}$；经分析，$\Delta\sigma_{3v}$ 与 v 可近似按幂次函数表示为 $\Delta\sigma_{3v}=e_3 v^{f_3}+g_3$，根据试验数据分别拟合得到不同应变幅值下上述表达式的系数，并取均值可得 $e_3=34.9553$，$f_3=0.3376$，$g_3=-77.7637$。

　　特征点 4：根据表 5-7 可知特征点 4 在准静态情况下，随应变幅值的增大，应力、应变逐渐增大，因此，σ_{4x}、ε_{4x} 与 x 可近似按线性关系来拟合，即 $\sigma_{4x}=a_4 x+b_4$，$\varepsilon_{4x}=c_4 x+d_4$，根据试验数据由最小二乘法拟合，可得到 $a_4=-9.884$，$b_4=153.626$，$c_4=0.0324$，$d_4=0.0862$；根据表 5-8～表 5-13 可知在一定的应变幅值下，特征点 4 的

附加应变 $\Delta\varepsilon_{4v}$ 随加/卸载速率的变化较小,因此可取各速率下附加应变的平均值作为 $\Delta\varepsilon_{4v}$;经分析,$\Delta\sigma_{2v}$ 与 v 可近似按线性关系表示为 $\Delta\sigma_{4v}=e_4 v+f_4$,根据试验数据分别拟合不同应变幅值下上述表达式的系数,取均值可得 $e_4=0.1883$,$f_4=-1.485$。

由上述统计分析可确定简化本构模型每一段的特征点表达式及本构表达式。

① $O\text{-}1$ 段及 $4\text{-}O$ 段:经过前述分析可得特征点 1 与加载应变幅值和加/卸载速率基本无关,按前述分析得特征点 1 的平均应力、应变分别为 $\sigma_1=426.33\text{MPa}$,$\varepsilon_1=0.96$;则 $O\text{-}1$ 段本构表达式为:

$$\sigma=E\varepsilon \tag{5-20}$$

式中,奥氏体弹性模量 $E=\sigma_1/\varepsilon_1=443.56\text{MPa}$。

② $1\text{-}2$ 段:实际应用中,加载过程无法预先确定 SMA 的应变幅值。由 SMA 丝的材料性质可知,不同应变幅值及不同加载速率下,马氏体相变应力变化不大,且实际应用中应变一般达不到 8%,因此,构建简化本构模型时认为应变幅值和加载速率对马氏体相变段无影响。则根据表 5-13 可统计出应变幅值为 8% 时第二特征点应力为 $\sigma_2=526.58\text{MPa}$,由此可确定应变幅值为 8% 时 $1\text{-}2$ 段的斜率为 $k_2=14.24\text{MPa}$。则不同幅值和不同加载速率下第二个特征点的应力、应变为:

$$\varepsilon_2=x \tag{5-21}$$

$$\sigma_2=k_2(x-\varepsilon_1)+\sigma_1 \tag{5-22}$$

将 σ_1、ε_1、σ_2、ε_2 依次代入式(5-18)及式(5-19)第 2 个表达式即可确定 $1\text{-}2$ 段的表达式。

③ $2\text{-}3$ 段:根据前述的统计分析可得特征点 3 的应力、应变与加载幅值及加/卸载速率的关系为:

$$\sigma_3=176.8842+34.9553 v^{0.3376} \tag{5-23}$$

$$\varepsilon_3=0.9026 x-0.5967 \tag{5-24}$$

将 σ_2、ε_2、σ_3、ε_3 依次代入式(5-18)及式(5-19)第 3 个表达式即可确定 $2\text{-}3$ 段的表达式。

④ $3\text{-}4$ 段:根据前述的统计分析可得特征点 4 的应力、应变与加载幅值及加/卸载速率的关系为:

$$\sigma_4=-9.8844 x+0.1883 v+152.1414 \tag{5-25}$$

$$\varepsilon_4=0.0324 x+0.1333 \tag{5-26}$$

将 σ_3、ε_3、σ_4、ε_4 依次代入式(5-18)及式(5-19)第 4 个表达式即可确定 $3\text{-}4$ 段的表达式。

(2)简化本构模型的模拟

根据上述建立的奥氏体 SMA 材料的速率相关型分段式超弹性本构模型的相关公式,利用 MATLAB2013b 软件进行数值模拟分析,并与试验结果进行比对,以检验所建 SMA 材料速率相关型分段式超弹性本构模型的合理性与实用性。

图 5-12 给出了直径为 1.0mm、加载幅值为 6％时，奥氏体 SMA 丝在不同加/卸载速率下的试验应力-应变曲线与 MATLAB 模拟曲线的比较图。

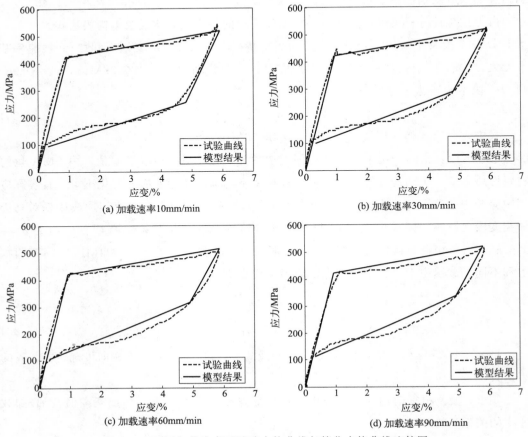

图 5-12 不同加载速率下试验本构曲线与简化本构曲线比较图

从图中可以看出，试验结果与计算机模拟结果基本吻合，说明所建立的速率相关型简化本构模型可以较好描述 SMA 材料在应力诱发相变过程中的超弹性力学行为，能够反映加/卸载速率和应变幅值等主要因素对这种材料超弹性力学行为的影响，而且模型结构形式简单，没有复杂的函数计算，具有较好工程应用前景。

5.4 压电主动杆件设计与测试

5.4.1 工作原理

压电材料的压电性涉及电学和力学之间的相互作用，压电方程就是描述压电晶体的电学量和力学量之间相互关系的表达式，为空间方程。压电材料的性能与其极化方向密切相关，在实际应用中，一般仅利用压电材料一个方向上的应变模型，即一维压电效应模型，压电片工作原理见图 5-13，其压电方程为：

$$
\begin{cases}
\varepsilon_3 = \dfrac{\sigma_3}{E_P} + d_{33}E_3 \\[2mm]
D_3 = d_{33}\sigma_3 + \varepsilon_{33}^{\sigma}E_3
\end{cases} \tag{5-27}
$$

式中，ε_3 是极化方向的应变；d_{33} 是极化方向的压电应变系数；E_3 是极化方向的电场强度；D_3 是极化方向的电位移；$\varepsilon_{33}^{\sigma}$ 是极化方向的介电常数。

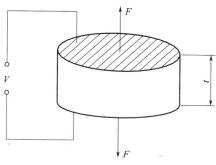

图 5-13　压电片工作原理

将式(5-27)中第一个式子等号两边同乘以压电片厚度 t，第二个式子等号两边同乘以压电片的截面积，则：

$$
\begin{cases}
\delta_i = \dfrac{F}{k} + d_{33}V \\[2mm]
Q_i = d_{33}F + CV
\end{cases} \tag{5-28}
$$

式中，δ_i 是压电片的变形量；F 是压电片所承受的轴向力；k 是压电片的等效刚度，$k = \dfrac{E_p A}{t}$；V 是压电片极化方向的电压；Q_i 是压电片截面上的电量；C 是压电片的等效电容，$C = \dfrac{\varepsilon_{33}^{E}A}{t}$。

由于压电材料压电应变系数很小，一般仅有（$400 \sim 800$）$\times 10^{-12}\,\mathrm{m/V}$，因此单个压电片的位移量很难满足工程结构中的应用要求。通常采用的方法是，将多个压电片在力学上串联、电学上并联叠合制成压电陶瓷驱动器，使各压电片产生的位移能够叠加输出，提高位移和力的输出量以满足应用要求。压电陶瓷驱动器的工作原理如图 5-14 所示。

对于由 n 个几何、物理参数相同的压电片组成的压电陶瓷驱动器，在理想情况和相同电压驱动下，各压电片间不存在能量损耗，其输出位移 D_i 和相位都相同，因此可以认为压电陶瓷驱动器的总位移输出为各压电片输出位移之和，即：

$$
\delta = n\delta_i = n\left(\frac{F}{k_i} + d_{33}V\right) = \frac{F}{K_s} + d_s V \tag{5-29}
$$

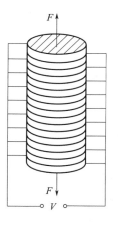

图 5-14　压电陶瓷驱动器工作原理

式中，F 为压电陶瓷驱动器上受到的力；V 为施加压电片的电压；K_s，d_s 分别为压电陶瓷驱动器的等效静态刚度和等效压电系数；k_i 为压电片的刚度。

同理，压电陶瓷传感器产生的电荷量也存在线性叠加，即：

$$Q = nQ_i = nd_{33}\delta + nC_iV = d_sF + C_sV$$
$$C_s = nC_i \tag{5-30}$$

式中，C_s 为压电陶瓷驱动器等效电容；C_i 为压电片的等效电容。

5.4.2　使用要求

压电陶瓷微位移驱动器的使用一般应注意：

① 压电陶瓷驱动器属于位移小、出力大的电子元器件，由于位移很小，使用时必须保证驱动器与被驱动物体良好接触，且最好是刚性连接，软性连接容易使驱动器的位移损失在软性连接上，驱动器使用时一般需要施加一定的预压力；

② 压电陶瓷驱动器属于脆性材料，因此使用时应保证面接触，切勿使用点接触或者线接触；

③ 压电陶瓷驱动器为叠层式，所以只能受压不能受拉弯，因此在使用时必须使器件出力方向与器件的轴保持一致。

5.4.3　压电主动杆件设计

基于压电堆制成的主动作动器，既要满足位移输出要求，又要满足承受荷载的要求，但是作为核心部件的压电堆具有受压性能好、不能受拉的特点，马乾瑛博士设计了将拉力转化为压力且不承受弯矩的压电作动器（一种压电套筒式拉压双向受力主动抗震控制装置：ZL200910254589.7），并制成 8 个压电作动器（图 5-15），充分发挥了压电堆受压性能强的特点，使得外部荷载，无论是拉力还是压力，均转化为对压电堆的压力，从而达到作动器位移和力输出的要求。

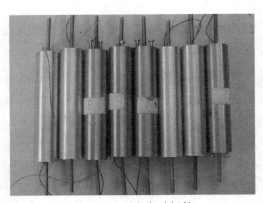

图 5-15　压电主动杆件

该测试所用的压电堆为江苏省攀特电陶科技有限公司生产的 PTBS200/8×8/60 型，性能参数如表 5-14 所示。

表 5-14　PTBS200/88/60 型压电堆性能参数

参数	数值	参数	数值
压电常数 d_{33}	≥780	长度	60.24mm
介电常数	4000%±20%	电阻	8.03GΩ
厚度	0.13～0.14mm	位移	≥66μm
片数	440	出力	800N
截面积	8mm×8mm	质量	29.28g
驱动电压	0～200V	静电容	6.768μF

5.4.4　压电主动杆件动态性能测试

图 5-16 为压电堆动态性能测试图，由图可看出，压电堆的基本自振频率为 1750Hz，第二阶自振频率为 2900Hz。

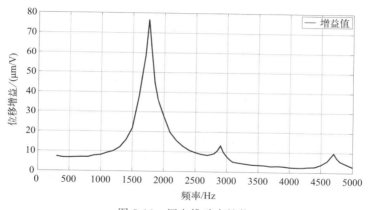

图 5-16　压电堆动态性能

由于主动杆件工作时，需要压电堆和外套筒等协同作动，因此需要对压电主动杆件进行性能测试，动态测试流程如图 5-17 所示。当对主动杆件施加激励时，由于压电材

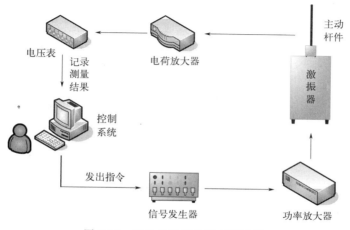

图 5-17　压电主动杆件动态测试图

料的正压电效应，主动杆件将产生电荷，经电荷放大器放大之后进行记录处理，从而得到主动杆件的动态性能。

对压电主动杆件进行测试记录，采样频率为10240Hz，采样点数2048个，频率间隔为5，分析频宽为4000Hz，加窗类型为汉明窗，分析谱线为900，采用1/3倍频程线性计权，频率上下限为20～4000Hz，得到其性能曲线如图5-18所示。可以看出，压电主动杆件的第一阶振动频率为50Hz，二阶为80Hz，三阶为100Hz，四阶为160Hz，五阶为240Hz，适合在低频段范围内工作，而地震荷载的富余频率一般低于50Hz，同时，压电主动杆件在20～50Hz频段范围内基本保持恒定，并且通过重复性试验，其稳定性较好，可以达到设计要求。

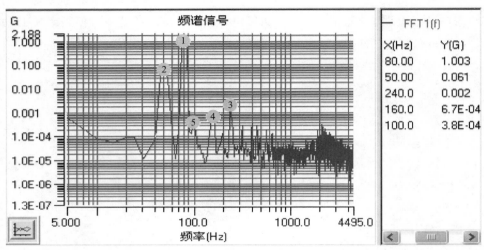

图 5-18　动态测试频谱分析图

5.4.5　压电主动杆件驱动性能测试

压电主动杆件对结构进行主动控制，主要是利用其驱动性能，因此需要对设计的压电主动杆件进行驱动能力测试，从而得到合适的反馈增益值。

根据压电堆的性能参数，可得压电堆零应力位移输出为：

$$\delta = n d_{33} V = 440 \times 780 \times 200 \times 10^{-6} = 68.64 \mu m \tag{5-31}$$

则位移增益为：

$$g_s = \delta / V = 0.3432 \mu m / V \tag{5-32}$$

压电堆零位移输出力为：

$$F_0 = k_s d_{33} V = 164.736 N \tag{5-33}$$

对应的力增益为：

$$g_f = F / V = 0.82368 N / V \tag{5-34}$$

根据上式，可得平均等效刚度：

$$K = g_f / g_s = 2.4 N / \mu m \tag{5-35}$$

对压电主动杆件进行测试时，将稳压电源与压电堆相连接，将压电主动杆件夹持在负荷传感器上。通过逐级增大/减小稳压电源的电压值，从而调节驱动电源的输出电压，然后由负荷传感器测得压电主动杆件驱动力的变化值。理论上，稳压电源电压调节范围为 0～5V，对应于驱动电源的 0～200V 电压输出。测试试验如图 5-19 所示。

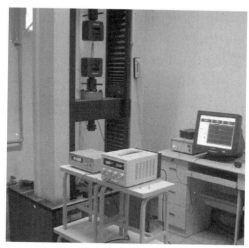

图 5-19　压电主动杆件驱动性能测试

主动杆件的电压-力增益的函数表达式为：

$$F_v = AV + B \tag{5-36}$$

式中，F_v 为驱动力；A、B 为系数，各主动杆件取值如表 5-15 所示。

表 5-15　主动杆件电压-驱动力函数关系

杆号	加电压		减电压	
	A	B	A	B
1	0.358	1.5244	0.4325	−9.5996
2	0.2812	−0.3611	0.2693	−0.2185
3	0.4286	0.0914	0.4601	−7.4989
4	0.2982	−0.2214	0.3693	−5.8234
5	0.1244	0.5506	0.1383	3.0487
6	0.3526	3.641	0.3666	−4.8423
7	0.5041	−2.359	0.7233	29.0741
8	0.3999	−11.7906	0.4926	−8.2268

通过对 8 根压电主动杆件加、减电压时驱动力的测试，得到了对应于各级驱动电压的主动杆件驱动力，通过线性拟合方法得到了压电主动杆件的电压-驱动力关系。以 1 号杆件为例，如图 5-20 所示，可以看出，主动杆件的电压-驱动力关系基本上是线性的。由于主动杆件在设计制作的过程中连接部件采用螺纹形式，因此对驱动位移和驱动能力相对于压电堆的理论值有所降低。

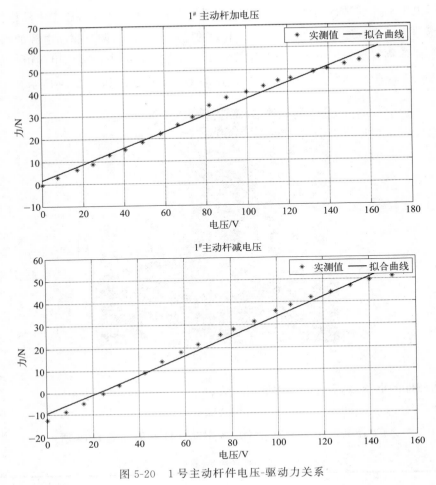

图 5-20 1 号主动杆件电压-驱动力关系

5.5 压电半主动阻尼器设计与测试

5.5.1 构造设计

压电材料实现工程结构半主动控制的主要形式为压电变摩擦阻尼器，朱熹育和展猛博士设计的压电摩擦阻尼器构造如图 5-21 所示。除压电陶瓷驱动器外，其余部分全部由铝合金材料制成。阻尼器的外壳由顶盖和小箱构成；阻尼器内部设有 3 个压电陶瓷套筒，除了作为耗能活塞机构的组成部分外，还可以有效防止压电陶瓷驱动器侧向受剪作用，压电陶瓷驱动器通过上下半球支撑放置于套筒中，半球支撑防止了压电驱动器受弯作用；套筒的一端置于小箱底面的底座上，另一端设置在顶盖底面的顶座下且与顶座间留有一定空隙，以保证压电陶瓷驱动器与半球支撑的充分接触；压电陶瓷驱动器的导线通过套筒侧面的小槽及小箱侧壁上狭长的孔槽伸出到阻尼器外与外接电源连接，狭长的孔槽保证了阻尼器滑动时导线的自由活动，可以防止导线被拉断；压电陶瓷驱动器的两端均设置有垫片，以保证压电驱动器上下受力均匀，防止压电陶瓷局部受压破坏；挡板用固定螺钉固定于小箱侧壁，预压力通过顶盖上的预紧螺钉施加，平衡拉杆穿过挡板与套筒侧壁连接，连接拉杆通过六角螺母固定于小箱侧壁，作动拉杆穿过小箱侧壁与套筒连接。

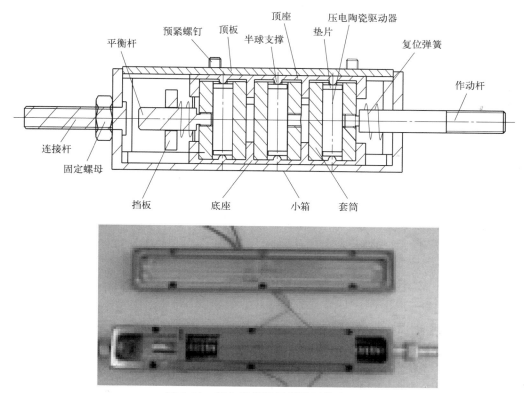

图 5-21　压电摩擦阻尼器模型构造图

该半主动阻尼器工作原理为：将压电摩擦阻尼器替换或附加为结构中的某一杆件，当地震作用时，作动拉杆往复运动，带动套筒顶、底座运动与阻尼器小箱底面及顶盖产生滑动摩擦力。根据地震激励时结构的动力反应，通过稳压电源对压电陶瓷驱动器瓷施加相应大小的电压值，由于压电陶瓷的逆压电效应，预紧螺钉通过限制压电陶瓷驱动器的形变从而改变套筒顶底座与阻尼器顶底板之间的正压力，通过调节电压，从而调整正压力，实现摩擦力的半主动实时调节。

5.5.2　阻尼力模型

在阻尼器顶盖上均匀布置较多数量的预紧螺钉，以减小顶盖受力时的有效跨度，从而减小顶盖受到正压力时所产生的挠度。顶座和顶盖相应于螺钉受力面积较大，轴向长度较小，故受力时产生的压缩变形相对较小。对此忽略顶盖起拱对压电驱动器约束的影响，且不考虑顶座和顶盖受到压力时的压缩变形，即假定压电陶瓷驱动器被约束后的伸长量等于预紧螺钉因驱动器变形而产生的伸长量。令 F_p 为压电陶瓷驱动器在电场作用下所受的约束力，F_1 为预紧螺钉约束压电陶瓷驱动器形变而产生的可调紧固力，则：

$$F_p = \varepsilon_p n_1 E_p A_p \qquad F_1 = \varepsilon_1 n_2 E_1 A_1 \tag{5-37}$$

$$\varepsilon_p = \frac{\Delta l_E - \Delta l}{L_p} \qquad \varepsilon_1 = \frac{\Delta l}{L_1}$$

式中，Δl_E 为不施加约束下，压电陶瓷驱动器在电压强度 U 时的伸长量，$\Delta l_E = \dfrac{d_{33} U L_p}{d}$；$U$ 为压电驱动器的输入电压强度；d 为电极之间的距离（即压电陶瓷片的厚度）；d_{33} 为压电陶瓷的轴向压电应变常数；Δl 为驱动器形变受到螺钉限制时，在电压强度为 U 时的伸长量，也是螺钉因驱动器变形而产生的伸长量；E_p 为压电陶瓷的弹性模量；A_p 为压电陶瓷驱动器的横截面积；L_p 为压电陶瓷驱动器的轴向高度；E_1 为预紧螺钉的弹性模量；A_1 为单个预紧螺钉的横截面积；L_1 为预紧螺钉的有效长度；n_1 为压电陶瓷驱动器的数量；n_2 为预紧螺钉的数量。

由 $F_p = F_1$，得：

$$\Delta l = \frac{d_{33} U n_1 E_p A_p L_1 L_p}{(n_2 E_1 A_1 L_p + n_1 E_p A_p L_1) d} \tag{5-38}$$

则，预紧螺钉因驱动器形变产生的紧固力 F_1 为：

$$F_1 = \frac{d_{33} U n_1 E_p A_p L_p n_2 E_1 A_1}{(n_2 E_1 A_1 L_p + n_1 E_p A_p L_1) d} \tag{5-39}$$

将上式简化为：

$$F_1 = K U d_{33} / d \tag{5-40}$$

其中，K 称为新型压电摩擦阻尼器的形状系数，可以表示为：

$$K = \frac{n_1 E_p A_p L_p n_2 E_1 A_1}{n_2 E_1 A_1 L_p + n_1 E_p A_p L_1} \tag{5-41}$$

可以看出，K 只与材料的特性和形状有关，当材料弹性模量和形状一定的情况下，在压电材料的线性变形范围内，螺钉的可调紧固力与压电驱动器的输入电压成正比。

将形状系数 K 进一步改写为：

$$K = \frac{1}{\dfrac{1}{n_1 E_p A_p} + \dfrac{L_1}{n_2 E_1 A_1 L_p}} \tag{5-42}$$

可以看出，当压电陶瓷驱动器的参数和数量一定的情况下，约束材料的刚度越大，形状系数 K 就越大，即压电驱动器的出力性能就越好。当 $E_1 A_1$ 趋于无穷大时，$K \approx n_1 E_p A_p$，此时的压电驱动器的电致变形全部转化为顶座的约束力。压电驱动器的制作工艺复杂、成本高，体积不宜过大，因此为了更好地发挥压电驱动器的出力作用，阻尼器设计中应尽可能地增加预紧螺钉的横截面积，从而增加驱动器的出力效果。

假设活塞机构与顶盖和小箱底面的摩擦系数均为 μ，新型压电摩擦阻尼器的阻尼力由初始滑动摩擦力 f_0 和电压可调滑动摩擦力 f_u 组成，即：

$$f(t) = (f_0 + f_u) \mathrm{sgn}[\dot{x}(t)] \tag{5-43}$$

$$f(t) = 2\mu(N_0 + Kd_{33}U/d)\,\mathrm{sgn}[\dot{x}(t)] \tag{5-44}$$

式中，N_0 为压电摩擦阻尼器的初始预压力；2 为摩擦面的个数；$Kd_{33}U/d$ 为电压可调正压力；$\dot{x}(t)$ 为压电摩擦阻尼器外壳与活塞机构的相对滑动速度。

5.5.3 理论出力计算

(1) 压电陶瓷驱动器参数

本试验使用的压电陶瓷驱动器是由昆山攀特电陶科技有限公司生产的叠层式压电陶瓷微位移驱动器，其特点有：体积小，位移分辨率极高，响应速度快，输出力大，换能效率高，发热低，可使用相对简单的电压控制方式等。其应用范围有：微型机械制造、超精密加工、生物工程、集成电路制造、医疗科学、光纤对接、光学微处理系统、航空航天领域、扫描探针显微镜等。试验中所使用的压电陶瓷驱动器的实物与电压-位移特性测试曲线见图 5-22，性能指标见表 5-16。

 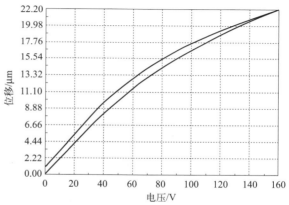

图 5-22　压电陶瓷驱动器及其特性测试曲线

表 5-16　压电陶瓷驱动器的性能指标

型号	外形尺寸 $A \times B \times H$ /mm	标称位移/μm（@150V）（±10%）	0 位移推力/N（@150V）	刚度 /(N/μm)	静电容量/μF（±20%）
PT150/10×10/20	10×10×18	20	3600	180	4

(2) 控制力计算

预紧螺钉采用内六角圆柱头螺钉，有效直径为 4mm，弹性模量 E_1 为 50GPa，$A_1 = 12.56\mathrm{mm}^2$，$L_1 = 18\mathrm{mm}$；根据压电陶瓷驱动器的性能指标可知，$E_P A_P = 180\mathrm{N}/\mu\mathrm{m} \times 18 \times 10^3 \mu\mathrm{m} = 3240\mathrm{kN}$，$L_p = 18\mathrm{mm}$。压电陶瓷驱动器的片数为 180 片，预紧螺钉的数量 n_2 取为 6 个，由式(5-42) 知：

当 $n_1 = 1$ 时　　　　　　　$K = 1742.05\mathrm{kN}$

当 $n_1 = 2$ 时　　　　　　　$K = 2382.57\mathrm{kN}$

d_{33} 为 $750 \times 10^{-12}\mathrm{m/V}$，$d$ 为 0.1mm，则压电陶瓷驱动器的压电驱动本构模型为：

$$N_u = \begin{cases} 13.065U, n_1 = 1 \\ 17.869U, n_1 = 2 \end{cases} \qquad (5\text{-}45)$$

当电压为 150V 时，1 块和 2 块压电陶瓷驱动器的出力分别为 1959.81N 和 2680N。可以看出，本章设计的压电摩擦阻尼器理论上出力较好，可以满足一般的工程需要，且出力并不与压电驱动器的数量成比例增加。

5.5.4　出力性能试验测试

试验仪器主要有直流稳压电源、压力传感器、开关、钢板架，试验装置如图 5-23 所示。由于后面振动台试验阻尼器数量为 2 个，故待测阻尼器取为 2 个。通过钢板上的螺栓来提供阻尼器的预压力，通过开关来控制压电陶瓷驱动器参与工作的数量。在给定的预压力已知的情况下，逐级施加电压，观测压力传感器上数值的变化，即可得到常电压下压电陶瓷驱动器的出力性能曲线。

图 5-23　试验装置

在不施加电压的情况下，测量预压力分别为 50N、100N、150N、200N、250N、300N 时阻尼器的起滑力，具体测试方法为：一个压力传感器测试正压力的大小，另一个压力传感器与阻尼器作动拉杆连接并对作动拉杆施加推力，待滑动时同时记下两个压力传感器的数值。表 5-17 和表 5-18 为 2 个阻尼器测试时的记录数据，可以看出，2 个阻尼器的摩擦系数稳定，2 个摩擦面的总摩擦系数都约为 0.48。

表 5-17　阻尼器 1 摩擦系数的测试结果

项目	预压力级别					
	50N	100N	150N	200N	250N	300N
实测 N/N	51	103	151	204	250	306
实测 F/N	24	49	73	99	121	146
摩擦系数 μ	0.471	0.476	0.483	0.485	0.484	0.477

表 5-18　阻尼器 2 摩擦系数的测试结果

项目	预压力级别					
	50N	100N	150N	200N	250N	300N
实测 N/N	53	101	152	203	251	303
实测 F/N	25	48	72	97	121	145
摩擦系数 μ	0.472	0.475	0.474	0.479	0.482	0.479

通过调节钢板上的螺栓对阻尼器施加不同的预压力，分别为 50N、100N、150N、200N、250N、300N，调节稳压电源逐级加、卸载电压依次为 0V、30V、60V、90V、120V、150V、120V、90V、60V、30V、0V，进行 1 块和 2 块压电陶瓷驱动器的出力性能标定试验。图 5-24 和图 5-25 分别给出了 2 个阻尼器安装 1 块和 2 块压电陶瓷驱动器时阻尼器的正压力随电压的变化曲线。可以看出，随着输入电压的增加，正压力逐渐提高，且近似呈线性关系；在一定的范围内，压电陶瓷驱动器的出力与预压力的关系不大，这表明本章所设计的压电摩擦阻尼器加工精密，有效避免了阻尼器各部件间的空隙对压电陶瓷驱动器伸长量的损耗作用；根据压电陶瓷驱动器的电压-位移特性测试曲线可知，电压卸载过程中零应力下驱动器的位移有一定损耗，故正压力略有减小；1 块压电陶瓷驱动器时的最大出力约为 230N，2 块压电陶瓷驱动器时的最大出力约为 240N。

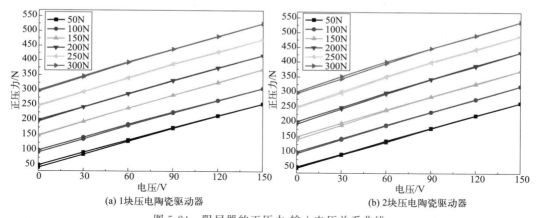

图 5-24　阻尼器的正压力-输入电压关系曲线

对试验所得的正压力-输入电压关系曲线线性拟合，可得压电摩擦阻尼器的最大摩擦阻尼力表达式：

$$F = \mu(N_0 + 1.6U) \quad U \geqslant 0 \tag{5-46}$$

式中，F 为绝对最大摩阻力；μ 为摩擦系数，取为 0.48；N_0 为压电摩擦阻尼器的初始预压力；U 为输入电压。

从试验出力效果与理论出力效果相比可以看出，试验中的出力性能与理论有一定差距。究其原因，主要是压电陶瓷驱动器的驱动位移太小，仅有 20μm，很容易被其他因素干扰。就本章设计的压电摩擦阻尼器而言，主要有以下两点干扰因素：忽略了顶盖受压时的挠度变形和压缩变形；半球支撑下的垫片受力时产生倾斜，会消耗掉压电陶瓷驱动器的部分伸长变形量。

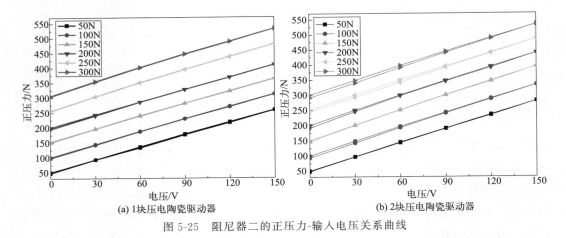

(a) 1块压电陶瓷驱动器   (b) 2块压电陶瓷驱动器

图 5-25   阻尼器二的正压力-输入电压关系曲线

5.6   GMM 作动器磁力学性能试验

5.6.1   GMM 工作特性

（1）材性特点

GMM 抗压强度高，一般可达 700MPa 左右，但抗拉强度较差，约为 28MPa。由于材料较脆，不能承受过大的拉应力和剪切应力，故在作动器设计时，应尽量使材料处于受压状态，以充分发挥材料的抗压性能，避免受拉和受剪。

（2）倍频效应

GMM 的磁致伸缩效应主要与外加激励磁场强度有关，在振动状态下工作时，如果通电线圈中输入的是交变电流，则 GMM 处于交变磁场的激励下，对外工作的输出频率是所加激励磁场频率的两倍，即发生倍频效应。为了避免材料的倍频效应，一般的方法是在外加激励磁场之外再施加合适的偏置磁场，从而使 GMM 的输出频率与输入频率相一致。

（3）预压力特性

GMM 的预压力特性是指对其施加一定的预压力，在外加激励磁场的作用下可获得更大的磁致伸缩变形的特点。其原理为：施加预压力后，原先磁化方向与外加激励磁场方向接近平行的磁畴向与外加激励磁场垂直的方向发生偏转，这样当施加激励磁场后，会有数目更多的与外磁场垂直方向的磁畴发生偏转，从而使 GMM 有更大的磁致伸缩变形。

（4）温度特性

GMM 工作温度的大小对其磁致伸缩率也有十分明显的影响。当工作温度趋近居里点时磁致伸缩单调减少，而超过居里点后磁致伸缩特性将消失，但温度回降后，磁致伸缩材料又能恢复其性能，这是 GMM 可靠性的其中一个表现。在给定预压力的条件下，GMM 的磁致伸缩系数先随着温度升高而变大并达到峰值，而后随着温度进一步升高而变小。当温度在 40～50℃之间时，具有较大的磁致伸缩系数，且变化较为平缓，这时 GMM 受到温度的影响很小，为最佳工作温度范围。

（5）磁滞现象

GMM 在磁场中伸缩变化，将电磁能转化为机械能的同时，由于磁畴间的内应力、晶格之间的摩擦力以及外力不均匀等因素的影响，导致其磁化过程不完全可逆，存在剩磁，从而形成磁滞能量损耗，称为磁滞现象。磁滞现象的存在，导致作动器重复使用的性能下降。磁滞现象无法完全消除，但当作动器应用在低驱动电流及准静态时，由于 GMM 的磁化过程可以类似于静态磁化过程，使用的是 GMM 的线性区，输入电流与输出位移表现为线性关系，所以磁滞效应不显著。

（6）涡流损耗

当施加交流的激励磁场时，GMM 内部的磁通量也是交变的，由电磁感应定律可知，磁通量的改变将导致 GMM 内产生相应的感应电流，即涡电流。高频应用时，GMM 涡流损耗较大，对输出特性的影响也较大，故应采取措施加以控制，否则作动器的整体稳定性、精度和可靠性将会大大降低。另一方面，涡电流会产生感生磁场来阻止外磁场的变化，使得 GMM 内部的磁场变得不均匀，也降低 GMM 的磁致伸缩性能。所以 GMM 更适合低频工作，而在高频工作条件下则可以将 GMM 采用切片处理以减小涡流。

（7）低导磁特性

GMM 的相对磁导率为 5～10，材料的导磁性能较差，需要在闭合磁路下工作，而且要防止漏磁。同时，材料内部磁场的均匀性对材料的磁致伸缩率也有较大影响，因此在 GMM 作动器设计时，应注意磁路设计的合理性及磁路中磁场的均匀性。

5.6.2　GMM 作动器构造设计

GMM 作动器的设计就是根据工作要求，尽量保证 GMM 元件工作在线性区，具有尽可能大的磁致伸缩系数和磁机耦合系数以发挥其材料性能，然后确定作动器的机械及电磁结构参数。整个设计过程包括 GMM 元件的优选、磁路设计、磁场设计、预压力装置设计、温控设计等。以代建波博士设计的 GMM 作动器及其性能测试为例（一种超磁致伸缩抗震控制装置，ZL200910219589.3），其组成包括 GMM 元件、外套筒、线圈骨架、偏置线圈、激励线圈、探测线圈、连接杆、作动杆、预压碟簧和调节螺母等。通电后激励线圈、偏置线圈提供叠加磁场，单层探测线圈用于测量磁场的大小。当激励线圈通以电流信号时产生磁场，GMM 元件产生伸长变化且伸长效应通过作动杆输出给作动对象，断掉电流信号后磁场消失，GMM 元件恢复原来形状，完成此作动器的作动效应，此过程重复进行，即可实现对工程结构的主动控制。

　　GMM 棒材由中国甘肃天星稀土功能材料有限公司提供（图 5-26），规格为 10mm×60mm，产品的晶体取向沿长度方向，具体性能见表 5-19。由于地震频率较低，作动器工作时 GMM 元件处于低频状态，涡流效应较小，故无须对 GMM 元件进行切片处理。

图 5-26　GMM 实物图

图 5-27　预压力装置中的碟簧组

　　由于 GMM 元件上的预压应力必须在整个工作状态（无论在静态、动态变形过程）中保持而不消失，所以在 GMM 作动器设计时采用了碟簧组（图 5-27）和调节螺母构成的预压机构对其施加预压应力。通过试验得到碟簧刚度约为 1800N/mm，预压力与变形基本呈线性关系。

表 5-19　GMM 元件性能参数

名称	符号	参数
GMM 元件直径/mm	D	10
GMM 元件长度/mm	L	60
密度/(kg/m³)	ρ	9.15～9.25
磁致伸缩系数	λ	$\geqslant 1000\times 10^{-6}$
轴向压磁系数/(m/A)	d_{33}	
相对磁导率	μ	3～15
杨氏模量/Pa	E	$(1.5\sim 6.5)\times 10^{10}$
抗压强度/MPa	σ_c	$\geqslant 260$
抗拉强度/MPa	σ_s	$\geqslant 25$
居里温度/℃	T_C	380
热膨胀系数/(10^{-6}mm/K)	α	8～12
电阻率/($\mu\Omega\cdot$cm)	γ	60～130
磁机耦合系数	K	0.65～0.75
声速/(m/s)	v	1700～2600
能量密度/(kJ/m)	δ	14～25
响应速度/μs	t	<1
响应频带/Hz	v	$1\sim 10^4$

5.6.3　GMM 参数设计

（1）　确定线圈的内径和长度

在保证 GMM 元件能够在线圈骨架内自由伸缩的前提下，通电线圈的内径应尽量接近 GMM 元件的直径，因为二者之间的空隙越大，整个系统的电磁转换效率越低。图 5-28 所示的线圈磁场均匀度试验研究结果表明，整个螺线管的中心处磁场强度最大，两端的磁场强度明显偏低，整体磁场强度呈现不均匀形态，所以设计的通电线圈缠绕长度稍长于 GMM 元件的长度（1.05～1.1 倍），并且两端密绕，这样可以使 GMM 元件尽可能处在相对均匀的磁场中，以获得较好的输出性能。根据 GMM 元件的尺寸，选定线圈的内径为 12mm，长度为 65mm。

图 5-28　线圈磁场均匀度试验

（2）　确定线圈的缠绕匝数及导线直径

电磁线圈在通电后所产生的磁场强度与电流的强度、线圈缠绕的匝数和线圈的形状尺寸有关。应先根据 GMM 的性能，确定需要产生的磁场强度，再考虑电源可靠性及输入电流的大小，然后根据下式计算线圈缠绕匝数：

$$NI \geqslant 1.1 H_s l_{\text{coil}} \tag{5-47}$$

式中，H 为线圈的磁场强度；l_{coil} 为线圈绕组的长度；N 为总匝数；I 为通入线圈的电流；系数 1.1 为考虑线圈电阻损耗的设计系数。

线圈匝数和通电电流的选取应综合考虑 GMM 作动器的体积限制和电源输出性能。输入电流小，线圈匝数会增多，导线的长度会增加，则 GMM 作动器的体积和线圈电阻均增大；而输入电流大，则导线的直径要增大，否则有可能会引起 GMM 作动器的损坏。综合考虑电流驱动和系统稳定，确定饱和电流为 3A，根据设计的激励磁场强度范围，按式（5-47）计算出所需线圈的匝数为：

$$N \geqslant \frac{1.1 H_s l_{\text{coil}}}{I} = \frac{1.1 \times 120000 \times 0.065}{3} = 2860 \text{ 匝}$$

根据通电电流的最大值来确定通电导线的规格。采用圆径铜导线，由式（5-48）确定导线直径 d_w 为：

$$d_w \geqslant 1.13 \sqrt{I_{\max}/J} \tag{5-48}$$

式中，$I_{\max}$ 为通电电流最大有效值；J 为电流密度。

电流密度 J 可以根据线圈工作制取值。因为地震持续时间较短，故作动器属于短时工作制，J 可取 10～30A/mm^2。本设计取 $J=15$A/mm^2，则导线直径为：

$$d_{\mathrm{w}} \geqslant 1.13\sqrt{I_{\max}/J} = 1.13 \times \sqrt{\frac{3}{15}} \approx 0.50\mathrm{mm}$$

故选择 0.5mm 的漆包铜导线。

（3）偏置磁场设计

当 GMM 处于交变激励磁场的作用下，会发生倍频效应，为实现精确控制，一般需要通过布置偏置磁场消除该现象，其主要形式有永磁体偏置磁场、独立线圈偏置磁场以及叠加直流电流偏置磁场等。永磁体偏置磁场设置后不易调节，采用独立偏置线圈或在激励电流上叠加直流偏置电流的方式则较为灵活。但在激励电流上叠加直流偏置电流的方式会造成 GMM 作动器的工作温度上升，故线圈对偏置电流有最大值限制，很难产生较大的偏置磁场。综上，课题组采用设置独立偏置线圈的方式施加偏置磁场。

5.6.4　本构关系试验

（1）输出力性能试验

经优化设计后，研发的 GMM 作动器如图 5-29 所示，主要参数见表 5-20。

图 5-29　GMM 作动器

表 5-20　GMM 作动器主要参数

序号	名称	参数
1	GMM 元件直径	10mm
2	GMM 元件长度	60mm
3	激励线圈匝数	1430 匝
4	激励线圈电阻	15Ω
5	偏置线圈匝数	1430 匝
6	偏置线圈电阻	10Ω
7	探测线圈规格	0.3mm 漆包铜线
8	励磁线圈规格	0.5mm 漆包铜线
9	偏置线圈规格	0.5mm 漆包铜线
10	线圈骨架	铝
11	外套筒	A3 钢
12	上下端盖、连接杆	A3 钢
13	作动杆	不锈钢
14	碟簧组（四片）	内径 10.2mm，外径 20mm，高 1.6mm

　　本试验在西安理工大学材料科学实验室中的台湾弘达 HT-2402 多功能伺服控制试验机上进行（图 5-30），通过预压力装置对 GMM 元件施加了 2～20MPa 的预压应力，分别输入电流后进行 GMM 作动器的输出力性能试验。图 5-31 是课题组通过实验给出的预压应力与 GMM 作动器输出力性能的关系（稳压驱动电流为 0～3A）。可以看出，在预压应力为 2～6MPa 时，GMM 作动器的输出力随预压应力的增大而增大，预压应力为 6MPa 时最大输出力为 2033N，较同等驱动电流下预压应力为 2MPa 时的最大输出力 1099N，增幅达到 85%。而当预压应力超过 6MPa 后，GMM 作动器的输出力又随预压应力的增大而减小，预压应力为 20MPa 时，最大输出力降低到 1598N，表明预压应力的施加对提高作动器的输出力性能非常重要，且施加的预压应力不宜过小也不宜过大，根据试验可取 GMM 作动器的工作预压应力为 6MPa。

图 5-30　GMM 作动器输出力性能测试试验

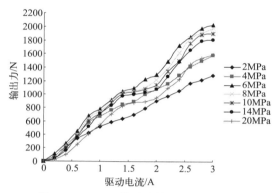

图 5-31　GMM 作动器输出力性能曲线

　　试验结果还表明，GMM 作动器在较小的能量输入下就可以产生较大的控制力，输出力与输入电流之间呈线性关系，对电流的变化较为敏感，重复性和稳定性也较好，具有较好的工作性能。

　　试验得到的 GMM 作动器在最优预压应力为 6MPa 时的电-力转换关系如图 5-32 所示。由图可知 GMM 作动器的电流驱动本构模型为：

$$F = kI \qquad (5\text{-}49)$$

　　式中，F 为 GMM 作动器输出力；I 为输入电流；k 为 GMM 作动器电-力转化系数，取值 700N/A。

　　通过式(5-49) 所示的 GMM 作动器电流驱动本构模型可以方便地实现输入电流与输出力之间的合理转换，便于工程应用。

　　在最优预压应力 6MPa 下，对 GMM 作动器进行了加磁和退磁的试验以分析其磁滞现象，试验结果如图 5-33 所示。由图可知，GMM 作动器在退磁的时候有磁滞现象，但不明显，表明合理的优化设计可以提高 GMM 作动器重复使用的性能。

第 5 章

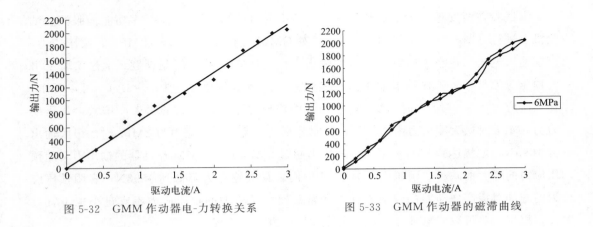

图 5-32　GMM 作动器电-力转换关系　　　　图 5-33　GMM 作动器的磁滞曲线

（2）输出位移性能试验

　　不同预压应力下 GMM 作动器的输出位移性能试验如图 5-34 所示（稳压驱动电流为 0～3A）。可以看出，在预压应力为 2～6MPa 时，GMM 作动器的输出位移随预压应力的增大而增大，预压应力为 6MPa 时最大输出位移为 83μm，预压应力为 2MPa 时最大输出位移为 74μm，同等驱动电流条件下最大位移差为 9μm，而当预压应力超过 6MPa 后，GMM 作动器的输出力又随预压应力的增大而减小，预压应力为 10MPa 时，最大输出位移降低到 78μm，验证了施加一定的预压应力可以使 GMM 元件的磁致伸缩率显著增长的理论。

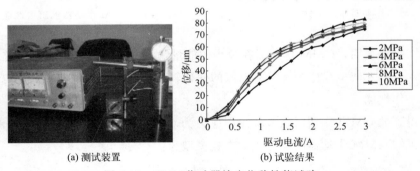

(a) 测试装置　　　　　　　　　(b) 试验结果

图 5-34　GMM 作动器输出位移性能试验

　　试验结果还可以看出，作动器在 6MPa 的预压应力下的位移输出为最优，且位移输出在输入电流为 0.2～1A 时线性度较好，3A 以后基本趋于平缓，表明施加的激励磁场已经较为充分地利用了 GMM 元件的磁致伸缩效应。

　　（3）本构关系

　　GMM 作动器的输出位移等于 GMM 元件的伸长量，而由于通过预压力装置对 GMM 元件施加了预压应力，GMM 元件的输出力则为 GMM 作动器的输出力与预压应力之和。GMM 元件的最大伸长量为其长度与饱和磁致伸缩率的乘积：

$$\Delta l_{\max} = \lambda_s l_T \tag{5-50}$$

式中，Δl_{max} 为 GMM 元件的最大伸长量；λ_s 为饱和磁致伸缩率；l_T 为长度。

对准静态负载，可将 GMM 元件等效为一刚度为 k_T 的弹性体。理想的 GMM 作动器输出力与输出位移的关系如图 5-35 所示，图中 x 是位移，F 是力，F_b 为 GMM 元件处于机械夹持状态时（输出位移为零）GMM 作动器的输出力，x_s 是饱和伸长量（GMM 作动器负载为零），可以看出，GMM 作动器输出力随输出位移增大而减小，即：

$$F = F_b - k_T x \qquad (5-51)$$

式中，$k_T = \dfrac{E_y^B A}{l_T}$，$A$ 为 GMM 元件的截面面积。

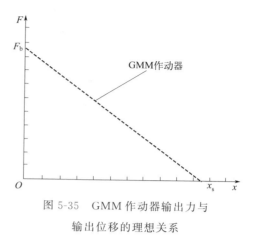

图 5-35 GMM 作动器输出力与输出位移的理想关系

当 GMM 元件达到饱和磁致伸缩时，其输出力为零，$x_s = \lambda_s l_T$，由式（5-51）得：

$$F_b = A E_y^B \lambda_s \qquad (5-52)$$

但是在实际工作中 GMM 作动器的本构关系受 GMM 元件材性、外加磁场、温度和预压应力等多重耦合作用的影响，要建立一个精确的 GMM 作动器的输出位移-输出力的本构关系较为困难。因此，课题组通过试验建立 GMM 作动器的输出位移-输出力本构模型。

本次试验先对 GMM 作动器施加一个恒定的磁场，测试其在自由状态下所能达到的最大位移值，此时输出力为零。再用压力试验机对 GMM 作动器施加荷载，将其压至原始长度，此时输出位移为零，并记录整个过程中输出力与输出位移的变化曲线，经过调整后得出 GMM 作动器的输出力-输出位移本构关系。

图 5-36 给出了预压应力为 6MPa、驱动电流 3.0A 时，GMM 作动器的本构关系试验曲线。可以看出，GMM 作动器的输出本构呈较好的线性关系，本构方程为：

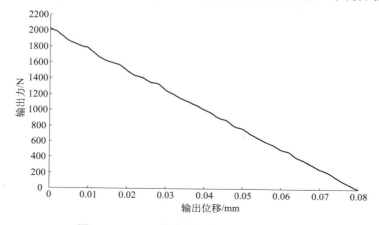

图 5-36 GMM 作动器的本构关系试验曲线

$$F = 2010 - 2.5 \times 10^4 x \tag{5-53}$$

式中，F 为输出力；x 为输出位移。

5.6.5 自传感性能试验

(1) 自传感机理

GMM 作动器在外加磁场的作用下，受到外荷载作用时，由于 GMM 元件具有磁致伸缩逆效应，当应力、应变状态发生变化时，就会引起整个磁路中的磁阻或磁导率发生变化，而磁路中磁阻的变化则会引起磁通的变化。故设计 GMM 作动器时，在激励线圈里层设计了独立的单层探测线圈，当磁通发生变化时，GMM 作动器中的探测线圈就会获得感生电压，而且感生电压会随着外荷载的大小而发生变化，从而将非电量的应力、应变转化为可以测量的电压信号，达到应力传感的目的，其变化过程如下：

$$F \rightarrow \Delta\sigma \rightarrow \Delta\mu \rightarrow \Delta R \rightarrow \Delta u$$

其中，$\Delta\sigma$ 为应力变化量；$\Delta\mu$ 为 GMM 的磁导率变化量；ΔR 为磁路中总磁阻的变化量；Δu 为感生电压的变化量。

线圈中的磁通量可由线圈的横截面积 A_{coil} 与磁感应强度 B 求得。当线圈单位长度上的匝数为 n，线圈的总长度为 l_{coil} 时，线圈的总匝数 $N = nl_{coil}$，则 GMM 在外荷载作用下的磁通量为：

$$\phi = A_{coil} d_{33} \sigma + A_{coil} \mu^{\sigma} n i \tag{5-54}$$

式中，i 为线圈感生电流；σ 为 GMM 元件受到的应力；d_{33} 为压磁系数；μ^{σ} 为恒应力下的磁导率。

由 Faraday 定律可得线圈中产生的开路电压为 $u(t) = N d\phi/dt$，结合式(5-54) 可得感生电压为：

$$u(t) = N d_{33} A_{coil} \frac{d\sigma}{dt} + L \frac{di}{dt} \tag{5-55}$$

式中，L 为等效自感系数，$L = (\mu^{\sigma} N^2 A_{coil})/l_{coil}$。

由 $F = \sigma A$，A 为 GMM 棒的横截面积，$A \approx A_{coil}$，可得 GMM 作动器感知的外部作用力 $F(t)$ 的大小为：

$$F(t) = \frac{1}{N d_{33}} \left[\int u(t) dt - Li \right] \tag{5-56}$$

感生电压 u 由变化的磁通量产生，由式(5-54)、式(5-56) 可知，u 与 GMM 元件的应力变化率成正比，故只要测量出感生电压 u，即可获得 GMM 作动器所承受的外荷载。

(2) 自传感试验

本试验采用西安理工大学 HT9711 型动态加载试验机分析预压应力、磁场、加载频率等因素对 GMM 作动器自传感性能的影响。首先利用直流稳压电源对 GMM 作动器输入电流，产生磁场，然后由动态加载试验机对 GMM 作动器施加不同大小、不同频率的动态荷载，最后使用无纸记录仪对探测到的电压信号进行存储，并与施加的荷载信号进行对比，得出施加荷载与输出电压信号之间的关系，试验过程如图 5-37 所示。

(a) 试验加载系统　　　　　　　(b) GMM作动器

图 5-37　GMM 作动器传感性能试验

本次试验分为 4 组，每组 3 种工况，共计 12 种工况进行，如表 5-21 所示。试验中，对 GMM 作动器施加动态正弦荷载，根据工况调整预压应力、磁场及施加荷载的大小和频率，并采集各种工况下的电压信号，进行转换后与施加荷载波形进行对比，得出各种工况下的传感系数，并绘制相应的对比关系曲线。定义传感系数为感知电压信号幅值与施加荷载幅值的比值。

表 5-21　GMM 作动器传感性能试验方案

试验序号	动态力幅值 /N	动态力频率 /Hz	磁场 /(kA/m)	预压应力 /MPa	电压信号幅值 /mV	力感知信号灵敏度 /(mV/N)
A1	500	1	60	1	22.0	0.044
A2	500	1	60	3	16.6	0.033
A3	500	1	60	6	8.5	0.017
B1	500	1	20	3	11.9	0.024
B2	500	1	40	3	14.5	0.029
B3	500	1	80	3	20.8	0.042
C1	500	5	60	3	16.7	0.033
C2	500	10	60	3	17.1	0.034
C3	500	20	60	3	17.9	0.036
D1	750	5	60	3	24.3	0.032
D2	1000	5	60	3	31.4	0.031
D3	1500	5	60	3	47.7	0.032

试验得到的各工况下感知电压信号波形与施加荷载波形的对比曲线如图 5-38 所示。可以看出：

① GMM 作动器的预压应力和磁场的大小对其自传感性能有较大影响，随着预压应力的增大，GMM 作动器感知到的电压信号明显减小，自传感能力减弱，而施加合适的磁场则可以提高 GMM 作动器的自传感性能，故要使 GMM 作动器具有较好的自传

感性能，需要对其偏置条件进行优化，即使预压应力尽可能小且偏置磁场不宜过大。

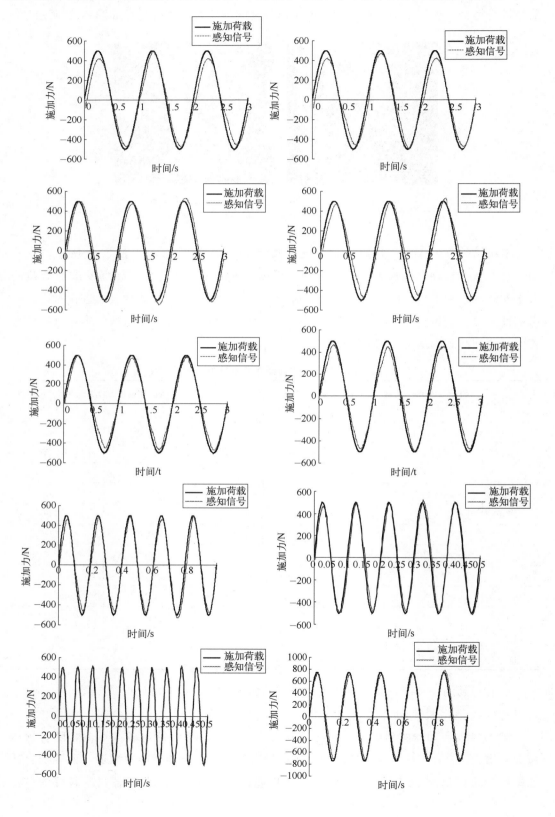

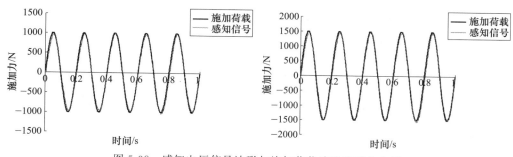

图 5-38 感知电压信号波形与施加荷载波形的对比曲线

② 当施加荷载的频率较小时，感知到的电压信号波形与施加荷载的波形误差较大，随着荷载频率增大，波形误差逐渐减小，传感系数增大，GMM 作动器的自传感能力增强，表明采用 GMM 作动器进行静态或准静态系统传感时灵敏性较差，而对动态系统传感的敏感性较好。

③ 在预压应力、外加磁场等参数恒定的条件下，GMM 作动器感知电压信号的幅值随着施加荷载幅值的增大而增大，而传感系数几乎不变，表明 GMM 作动器能够很好地感知不同大小的荷载，且感知电压信号与施加荷载呈较好地线性关系，便于量测和应用。

④ 一般来说，GMM 作动器在前几个加载周期内，感应电压信号与施加荷载的波形曲线较为吻合，虽然感应过程有一定的迟滞性，但时差较小，表明 GMM 作动器自传感性能的重复使用性较好，且对荷载效应的反应较为灵敏，能够满足工程使用要求。

5.7 MSMA 材料的制备和磁力特性试验

5.7.1 Ni-Mn-Ga 化学成分含量对合金性能的影响

晶体结构对合金的化学成分较为敏感，随着合金中镍替代锰，晶体结构由立方体向四角形转变，晶胞体积会有微量收缩。用镍来替代镓时，随着镍的过量，奥氏体在室温转变成马氏体，并且晶胞的体积发生了大的收缩。一般地，镍含量的过量会使马氏体结构变得稳定。随着锰代替镓，晶体结构在常温下分别呈现出立方体的奥氏体以及 5M、7M 和不可调的马氏体，随着晶胞在某个方向的伸张，另外两个方向被压缩，导致了马氏体结构由四角形变成斜方晶系。由此可见，镍含量的增加对合金的相变有着重要的影响。Ni-Mn-Ga 合金的相变点温度也和组成成分的含量有很大的关系。在所有的替换条件下，随着镍或锰含量的增加，马氏体相变的温度几乎是呈线性增长的，但是增长率不同。

对于 Ni-Mn-Ga 合金最重要的磁特性参数主要包括磁场转变温度 T_c、饱和磁化强度、磁各向异性常数。随着镍分别替代锰、镓，磁场转变温度首先降低，然后出现增长，饱和磁化强度和磁各向异性常数随着镍含量的增加而降低。Ni-Mn-Ga 合金的应力-

应变关系已经得到了详细的研究。根据文献［85］，应力-应变主要包括三个阶段，首先是单晶变体的弹性阶段，其次是孪晶变形和重组的变形体再定位，然后再是单晶变体的弹性变形阶段，$Ni_{53}Mn_{25}Ga_{22}$ 变体重组的应变大约是 15%，$Ni_{54}Mn_{23}Ga_{23}$ 为 13.5%。对于 $Ni_{53}Mn_{25}Ga_{22}$ 和 $Ni_{54}Mn_{23}Ga_{23}$ 不可调马氏体孪晶重组的应力大约为 20MPa，材料试样表现出了高磁化强度和强磁各向异性，在不可调马氏体的 Ni-Mn-Ga 合金中可以期望得到更大的磁场诱发应变和应力。

5.7.2　预加压力、磁感应强度与 MSMA 变形率的关系

通过对目前各种不同化学成分含量的合金物理力学性能进行反复比对试验，最终选定 $Ni_{53}Mn_{25}Ga_{22}$ 为研发作动器的驱动材料，在西安交通大学材料实验室制备了 2 根化学成分含量为 $Ni_{53}Mn_{25}Ga_{22}$ 的 MSMA 材料试样，所制备的 2 根 MSMA 材料试样的尺寸均为：8mm×4mm×45mm，并在实验室对 MSMA 试样材料进行了温度、预加压力、磁场耦合作用下的磁力特性的试验研究。

测试工况为：温度和磁场恒定，测试预加压力与 MSMA 变形的关系；温度和预加压力恒定，测试磁感应强度与 MSMA 变形之间的关系；温度恒定，磁场和预加压力同时变化时 MSMA 变形规律。

（1）预加压力与 MSMA 变形率的关系

在测试时，利用直流电源使线圈产生 0.6T 的恒定磁场，保持温度为 25℃恒定不变，测出的预加压力和 MSMA 变形率的曲线如图 5-39 所示。可以看出，预加压力和 MSMA 变形率之间近似呈线性关系，根据试验结果进行分析，可得 MSMA 变形率与预加压力之间的本构方程为：

$$\delta = 0.045N + 1.875 \tag{5-57}$$

式中，δ 为 MSMA 的变形率；N 为试验中的预加压力。

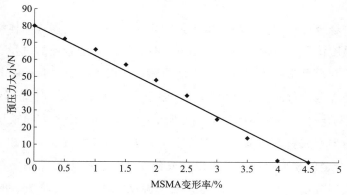

图 5-39　预加压力与 MSMA 变形率的关系

（2）磁感应强度与 MSMA 变形率的关系

测试时温度为 25℃，预加压力为 30N，对 MSMA 材料按照 0.1T 逐级施加磁场，分别测出了磁感应强度为 0.1T、0.2T、0.3T、0.4T、0.5T、0.6T、0.7T、0.8T 时，

MSMA 的变形率，如图 5-40 所示。可以看出，MSMA 的变形率与所加磁场在固定 MSMA 材料处产生的磁感应强度大致呈线性关系，变形率随着磁感应强度的增大而增大。当磁感应强度小于 0.4T 时，MSMA 材料的变形率随着磁感应强度的增大缓慢增长；当磁感应强度在 0.4～0.5T 之间线性变化时，MSMA 变形率迅速上升；磁感应强度超过 0.5T 时，MSMA 变形率的增长速度减慢，出现磁场诱发变形的饱和特性。由此可见，在一定预加压力下，要使 MSMA 达到一定的变形，只要施加足够大的磁场，获得较大的磁感应强度即可，施加过大的磁场产生的磁感应强度并不会使 MSMA 的变形率继续增大，反而会引发应用中巨大磁场难以实现的问题。

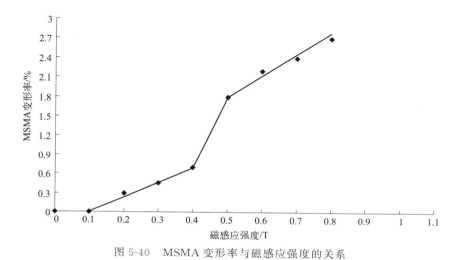

图 5-40　MSMA 变形率与磁感应强度的关系

根据试验结果可得在磁场作用下，MSMA 的变形率和磁感应强度之间的本构关系为：

$$\delta=\begin{cases} 0 & B\in[0\sim0.1] \\ 2.3B-0.23 & B\in[0.1\sim0.4] \\ 11B-3.7 & B\in[0.4\sim0.5] \\ 3B+0.3 & B\in[0.5\sim0.8] \end{cases} \tag{5-58}$$

式中，δ 为 MSMA 的变形率；B 为磁感应强度。

从上式可以看到，磁感应强度在 0.4～0.5T 之间，MSMA 的变形率的增长最快，这一结论为 MSMA 作动器的磁场驱动装置的设计提供了重要的参考依据。

（3）磁场、预压力与 MSMA 变形率的耦合关系

通过试验测试了温度恒定时，MSMA 变形率和磁场、预加压力之间的耦合作用关系，如图 5-41 所示。可以看出，在保持温度和预加压力不变的情况下，磁感应强度较小时，变形率随磁感应强度的增大而增大，变形率与所加磁场强度大致呈线性关系，但当磁感应强度增大到一定值时，MSMA 的形变率增长速度减慢，出现饱和特性。在温度和磁感应强度不变时，MSMA 变形率随预加压力的增加而减小，无压应力时变形最大可达 4.8% 左右，而当预加压力达到 74N 时，最大变形率仅为 0.6% 左右。通过试验还发现，当磁场消失时，预加压力太小，MSMA 不能恢复到原始状态而保持一定的形变率；而预加压力太大，驱动所需要的磁场增大，给 MSMA 作动器的设计带来不便。因此，MSMA 恢复变形所需要的弹簧性能很难确定，这也是 MSMA 作动器设计时需要解决的重要问题之一。

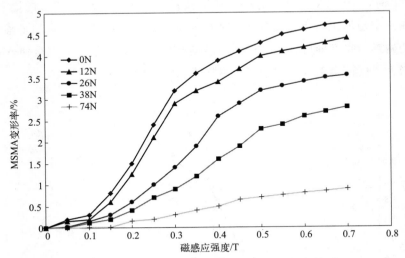

图 5-41　变形率与磁场、预加压力之间的耦合关系

5.7.3　MSMA 作动器设计

（1）构造设计

在典型的 MSMA 作动器设计中，磁场是由线圈或者铁磁体产生的，预加压力的方向一般和磁场的方向是垂直的，MSMA 变形的恢复一般是由弹簧提供的，基本原理如图 5-42 所示。

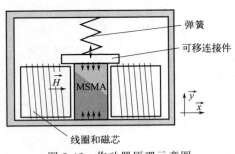

图 5-42　作动器原理示意图

根据 MSMA 材料磁力特性试验结果，翁光远博士研发的 MSMA 作动器如图 5-43 所示。该作动器利用弹簧来实现 MSMA 变形的恢复，在电磁铁中绕线圈，通过可控的直流或者交流电产生磁场。

（2）MSMA 尺寸及弹簧压力的确定

MSMA 材料一般定义长度 l 为变形伸长方向，高 h 为施加磁场方向，为了减少磁场励磁绕组的匝数，一般 h 取值较小，宽度 b 的取值则由 MSMA 所承受压力而定。本设计中选用的 MSMA 材料如图 5-44 所示，其具体的尺寸为 8mm×4mm×45mm。

在 MSMA 作动器的设计中，必须解决去掉磁场后 MSMA 材料恢复变形等问题。虽然可以通过沿变形伸长方向（l 方向）施加磁场使其恢复原形，然而如图 5-45 所示，

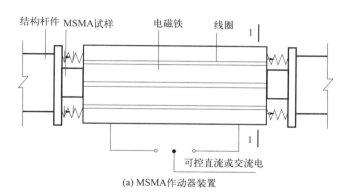

(a) MSMA作动器装置

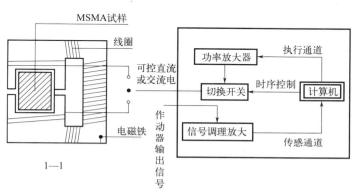

(b) 作动器1-1断面图及驱动原理

图 5-43 MSMA 作动器构造及原理图

MSMA 材料的长度 l 远大于高度 h，沿 l 方向施加足以使材料恢复变形的磁场所需要的励磁功率过大而且难以实现，因而使材料恢复原形通常采用外加弹簧的方法。参考文献 [86] 给出了尺寸为 $5mm \times 5mm \times 20mm$ 的 MSMA 样品材料变形率与变形恢复所需要的压力值的曲线关系，如图 5-45 所示。可以看出，在 MSMA 材料的变形率小于 4% 时，恢复变形所需要的压力不大且基本为常数，而当变形率超过 4% 后，材料恢复变形所需要的压力急剧增加。因此必须根据所要求的变形率及输出控制力的大小，精心设计 MSMA 变形恢复所需要的弹簧装置。

图 5-44 MSMA 材料

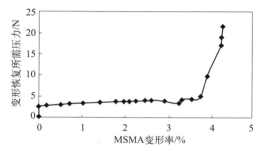

图 5-45 MSMA 恢复变形-压力关系曲线

弹簧刚度系数按下式近似确定：

$$F = kx + F_0 \tag{5-59}$$

式中，k 为弹簧的刚度系数；x 为弹簧的压缩量；F 为弹簧一定压缩量时所受的压力；F_0 为弹簧初始状态的压力值。

在 MSMA 作动器设计中，按照 MSMA 的变形率为 2%～4%，根据图 5-39 可知：MSMA 变形率为 2% 时，预加压力为 53N，当 MSMA 变形率为 3% 时，预加压力为 30N，从而可以算出弹簧的刚度系数为 $2.3 \times 10^3 \mathrm{N/m}$。

(3) 磁路设计及励磁组确定

要使 MSMA 作动器输出足够大的位移或者驱动力，控制磁场要大于 MSMA 变形曲线拐点处的磁感应强度，在 MSMA 作动器设计中，线圈产生的磁感应强度最小应达到 0.5T，为了保证磁感应强度能够充分驱动 MSMA 材料，故按照最大磁场感应强度为 0.6T 来设计线圈的匝数。

MSMA 材料在外加磁场作用下发生变形，产生磁-力耦合效应，该效应可以表示为：

$$\varepsilon = \varepsilon(\sigma, H), B = B(\sigma, H) \tag{5-60}$$

式中，ε 为 MSMA 材料的应变；B 为 MSMA 材料的磁感应强度；σ 为材料在应变方向的压应力；H 为外加磁场强度。

应变和磁感应强度同时受到外加磁场强度和应力的影响。对 MSMA 轴向应变，在外加磁场强度较低且垂直于 MSMA 试样时，忽略纵向应力和剪切力影响，低频磁场即准静态条件下可由方程给出：

$$\varepsilon = \sigma/C_{\mathrm{eff}} + qH, B = q\sigma + \mu H \tag{5-61}$$

式中，σ 为材料在应变方向的压应力；H 为外加磁场强度；C_{eff} 为给定磁场下材料的弹性模量；q 为磁化系数；μ 为材料在给定应力下的磁导率。

设 MSMA 作动器驱动的位移为 Δx，则应变可表示为 $\varepsilon = \Delta x/l$，式中 l 为 MSMA 材料的原长，因此可得：

$$\Delta x = l(\sigma/C_{\mathrm{eff}} + qH) \tag{5-62}$$

当忽略线圈的漏磁，即认为磁场全部穿过作动器中的 MSMA，线圈产生的磁通 Φ_{c} 可表示为：

$$NI = \Phi_{\mathrm{c}}R \tag{5-63}$$

式中，N 为线圈的匝数；I 为线圈电流；R 为磁路的总磁阻，等于 MSMA 的磁阻加上外磁路的磁阻，可由磁路的几何尺寸和材料导磁性能确定。

根据 MSMA 变形率的要求可确定所需要的磁场强度，从而确定励磁绕组的安匝数。要求 MSMA 在无预加压力下的自由变形率为 4%，所需要的磁感应强度为 0.5T，而感应强度 B 与磁场强度 H 的关系为：

$$B = \mu_{\mathrm{m}}\mu_0 H \tag{5-64}$$

式中，$\mu_0 = 4\pi \times 10^{-7}$（H/m），为空气的磁导率；$\mu_{\mathrm{m}}$ 为 MSMA 材料相对于空气的磁导率，其值不是一个常数，而是取决于所施加的磁场强度和材料的变形，当沿伸长变形垂直方向施加磁场时的相对磁导率约为 1.5。

因此在进行励磁绕组初步设计时，可按 $\mu_{\mathrm{m}}=1.5$ 考虑。MSMA 材料自由变形率为 4％时所需要的磁场强度为 $H=0.5/(1.5\times4\pi\times10^{-7})=266(\mathrm{kA/m})$。

课题组设计的 MSMA 作动器如图 5-46 所示，图中铁芯的尺寸为 $60\mathrm{mm}\times60\mathrm{mm}\times45\mathrm{mm}$，开口处的宽度为 g（$g=5\mathrm{mm}$），根据安培环路定律，则有 $NI=Hg$。其中，N 为励磁绕组的串联匝数；I 为励磁绕组的电流值，单位为 A；H 为 MSMA 作动器开口处的磁感应强度，单位为 A/m。求得所需要的励磁安匝数为 $NI=1608\mathrm{A}$，可以据此选择导线直径和电流强度，也可具体决定励磁绕组的参数。

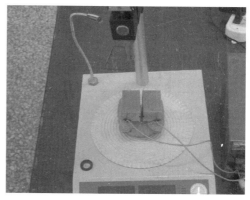

图 5-46　磁感应强度测试

对作动器中放置 MSMA 材料的开口处进行磁感应强度测试（图 5-46），最终测试出的最大磁感应强度为 0.7T，说明所设计的作动器的励磁绕组能够满足使 MSMA 材料驱动的要求。

5.7.4　磁力学性能测试

通过线圈产生磁场来驱动 MSMA，在磁场作用下使 MSMA 发生变形，利用弹簧限制 MSMA 材料的变形，给 MSMA 材料提供预加压力。试验测试了不同预加压力值时，电压和 MSMA 作动器输出主动控制力的大小关系。测试时，首先使弹簧压缩，记录弹簧的压缩量，利用弹簧的刚度系数，得到施加给 MSMA 材料的预加压力。然后使稳压电源从 0V 逐渐增大，线圈产生磁场也逐渐增大，使 MSMA 作动器输出的主动控制力传递给结构的杆件。

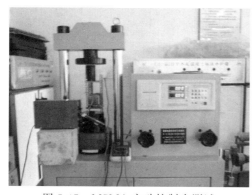

图 5-47　MSMA 主动控制力测试

利用 RFP-03 型智能测力仪测试 MSMA 作动器输入主动控制力的大小，如图 5-47 所示。调节测力仪夹具的距离使 MSMA 元件受到的压力大小正好为 0N，接通电源，缓慢增加电压，线圈产生磁场，从而使 MSMA 得到驱动而输出主动控制力。6 种工况下 MSMA 作动器输出的主动控制力见表 5-22。可以看出，在一定范围内，预加压力越大，MSMA 作动器输出的主动控制力越大，但当预加压力超出一定范围时，MSMA 作动器输出的主动控制力会随着预压力的增大而减小，其原因是 MSMA 作动时负载的预压力超过了 MSMA 最大的作动输出力。

第5章

表 5-22　MSMA 主动输出力测试工况

工况号	弹簧压缩量/mm	预加压力大小/N
工况 1	12	20
工况 2	17	30
工况 3	23	40
工况 4	28	50
工况 5	34	60
工况 6	40	70

　　部分工况测试得到的电压与 MSMA 作动器输出主动控制力的大小关系如图 5-48 所示。图 5-49 给出了不同预加压力时，MSMA 作动器输出控制力与线圈电压大小的关系。可以看出，当预加压力从 20N 增大到 70N 时，MSMA 作动器输出的主动控制力有所增加，其最大值可以达到 73N。

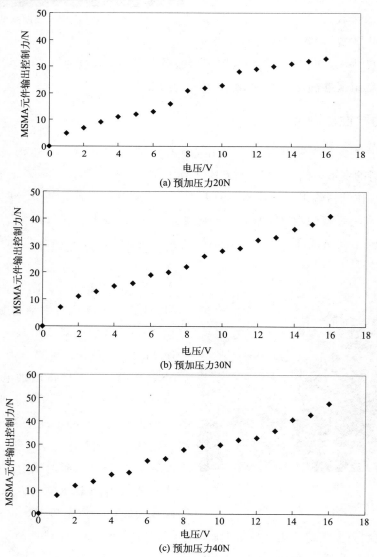

(a) 预加压力20N

(b) 预加压力30N

(c) 预加压力40N

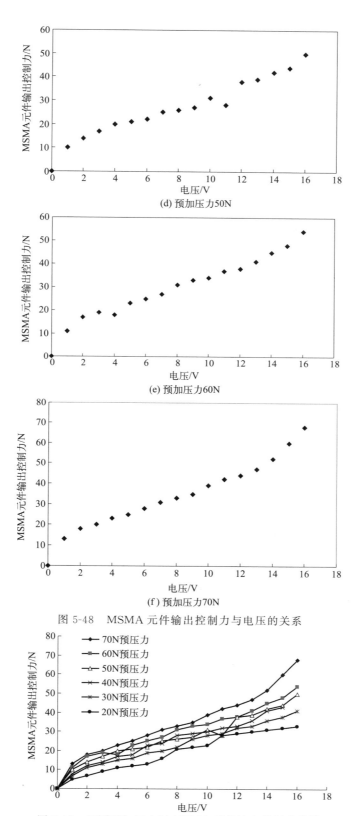

(d) 预加压力50N

(e) 预加压力60N

(f) 预加压力70N

图 5-48　MSMA 元件输出控制力与电压的关系

图 5-49　不同预加压力时 MSMA 元件输出控制力曲线

5.8　智能混凝土

5.8.1　智能混凝土的种类

由于混凝土材料存在的缺陷（抗拉强度低、内部存在气孔等）限制着混凝土性能的发挥，所以在工程实际运行中，几乎所有的混凝土都是带损伤工作的，尽管这些损伤都很微小，但在外荷载、外界化学因素的影响下，这些损伤可能就是混凝土破坏的诱因，从而导致混凝土开裂、强度减弱、耐久性降低。21世纪，人们对混凝土提出了更高的要求，不仅要求满足建筑物的工作性能，还希望混凝土往智能化、多功能化方向发展（能感知本身材料的变化进行自我监控，能进行自我修复来延长混凝土的使用期限等），减轻对环境的压力。

智能混凝土是指在混凝土中添加智能材料，使其具有感知自身变化、进行自我调节及自我修复的特性。智能混凝土的概念于20世纪60年代由苏联科学家第一次提出，20世纪90年代，美国科学基金会资助了关于水泥基智能材料的课题，拉开了关于智能混凝土研究的序幕，此后，各国学者开始了对智能混凝土的研究。在现今的科学研究中，智能混凝土大体分为几类：自感应混凝土、自适应自调节混凝土、自修复混凝土、电磁屏蔽混凝土等。

① 自感应混凝土是指将特殊材料掺入混凝土中来使混凝土具有感知自身变化的特性，如通过掺加导电材料（有机聚合物导电介质、碳质导电介质、金属类导电介质等）来提高混凝土的导电性，通过电阻率的变化来了解混凝土内部结构的变化。美国的D. D. L. Chung教授将一定数量的短切碳纤维添加到混凝土中，发现混凝土具有良好的导电性，电阻率会随着内部结构的损伤情况发生变化。

② 自适应自调节混凝土是指在一些特殊环境条件下，混凝土材料自身能对周围环境进行自我检测并根据需要进行调节，达到自适应周围环境的要求。

③ 自修复混凝土是指能自我感知内部损伤并进行修复的混凝土，是模仿生物体受伤后能自愈的特性，在混凝土中添加修复黏结剂复合成的新型复合材料，如Dry Carolyn教授将用空心胶囊包裹的黏结剂添加到混凝土中，在混凝土开裂时空心胶囊中的黏结剂将会流出来修复混凝土的裂缝。

④ 电磁屏蔽混凝土是指将一定量的电磁屏蔽材料添加到混凝土中，能使其隔绝电磁波的传播。

现今，电视、广播、电脑、雷达等电子设备极速发展，电磁辐射已经遍布人们生活的各个角落，在丰富我们生活的同时，电磁辐射也可能对人体的健康产生危害并影响一些精密电子元件的量测准确度。人们将电磁屏蔽材料（金属粉、金属纤维、石墨、炭黑、废轮胎钢丝等）添加到混凝土中，取得了较好的屏蔽效果。在干燥条件下普通混凝土的电阻率一般为$10^5 \sim 10^9 \Omega \cdot cm$，将导电相（导电颗粒或导电纤维等）掺入普通混凝土中，发现混凝土的电阻率大幅度降低。

混凝土的导电性，是决定混凝土智能化程度的关键。水泥混凝土导电相材料研究主要集中在碳纤维（carbon fiber，CF）、钢纤维、钢渣、炭黑等材料上，近年来随着纳米级材料的兴起，人们对于纳米级导电材料兴趣大增，并针对掺加了纳米炭黑、碳纳米管等微细导电材料的混凝土展开研究。研究包括：不同导电相在混凝土中的导电机制，不同导电相在混凝土中的微观结构以及界面特性，不同导电相的混凝土在不同荷载、温度、干湿等条件下电阻变化率，不同导电相在混凝土中的分散性等。

碳纤维是一种碳含量在 95% 以上的微晶石墨材料，具有低密度、高强度、耐高温、耐磨损、耐腐蚀、耐疲劳、低电阻等一系列优异性能。在普通水泥基材料中掺入适量短切碳纤维，可使其电阻率得到较大幅度的降低，从而具有良好的导电性能。

碳纤维混凝土（carbon fiber reinforced concrete，CFRC）是将适量的短切碳纤维掺入普通混凝土中而制成的一种新型复合材料。碳纤维的加入，不仅可以使混凝土的抗拉、抗折和韧性等力学性能得到改善，而且可以大大降低混凝土的电阻率，使其具有明显的导电性。其电阻率会随着外界条件的变化而变化，碳纤维混凝土因此而具有压敏性、温敏性、电热性和电磁屏蔽等一系列优良的本征及自感应、自调节等功能特性。

利用碳纤维混凝土的温敏性，可对建筑结构内部及周边环境温度变化进行实时监测，还可对结构进行温度自我调节，降低由于温差所产生的应力和变形，优化结构受力状态，提高结构的耐久性。利用压敏性，可对自身的应力状况和损伤程度进行诊断监测，实现桥梁、大坝等重要基础设施工程的实时在线监测和损伤评估，还可应用于道路交通称重系统；在循环荷载作用下，碳纤维混凝土的体积电阻率会随着循环次数的增加而产生不可恢复的单调增加，利用此特性可对混凝土结构的疲劳损伤进行有效监测。利用电热性，可应用于冬季寒冷地区路面、桥面等除冰化雪，还可利用材料热胀冷缩的原理对结构局部进行预升温以使其产生有利的预应力，增大结构的承载能力。利用电磁屏蔽特性，可防止在军事、银行及商业建筑中由于电磁泄漏带来的危害。利用导电特性，可对结构内部受力钢筋实施阴极保护，保护钢筋免遭锈蚀，还可应用于避雷接地材料等。由此可见，碳纤维智能混凝土的研究有很大的现实意义和应用前景。

5.8.2　国内外研究现状

碳纤维混凝土属于智能混凝土的一种，其电学性能的研究始于 20 世纪 90 年代，此后，人们对碳纤维混凝土的研究一直在继续，研究包括：碳纤维在混凝土中的分散性，碳纤维在混凝土中的导电机制，碳纤维混凝土的电阻率模型，碳纤维在混凝土中的微观结构以及界面特性，碳纤维混凝土在不同荷载、温度、干湿等条件下电阻率的变化规律等。

5.8.2.1　碳纤维在水泥基复合材料中的分散性研究

如何实现碳纤维在水泥基材料中均匀分散及与基体界面更好黏结，是碳纤维水泥基复合材料（carbon fiber cement-based composites，CFCC）在研究制备及开发应用过程中遇到的难点问题之一。由于碳纤维质轻，不及水泥密度的一半，而且碳纤维的直径比水泥颗粒粒径小得多，所以两者混匀有一定的难度。因为碳纤维表面具有疏水性，导致碳纤维在水泥浆体中分散困难，须采取多种措施以改善其在水泥基体中的分散情况，这些措施主要有加入分散剂、对碳纤维进行表面氧化处理及采用更合理的搅拌工艺等。

（1）加入分散剂

加入分散剂是改善碳纤维表面疏水性的主要方法之一。常用的碳纤维分散剂主要有甲基纤维素（methyl cellulose，MC）、羧甲基纤维素钠（caboxy methyl cellulose，CMC）、羟乙基纤维素（hydroxyethyl cellulose，HEC）等。

美国纽约州立布法罗大学的 D. D. L. Chung 团队研究发现，MC 作为一种表面活性剂，能在纤维表面形成一层稳定的薄膜，一方面能够阻止已分散开的碳纤维重新聚集成团，另一方面能降低碳纤维表面的张力和水泥基体的表面能，可以有效促进碳纤维在水泥浆体中的分散。另外，MC 的加入会在碳纤维搅拌的过程中引入一定量的气泡，而且 MC 的水溶液属于胀流型流体，还会增加水泥浆体的稠度。为减少气泡的含量和改善水泥浆体的流动性能，通常须同时加入一定剂量的消泡剂与减水剂。

国内张晖、孙清明、李卓球研究了 CMC 和硅灰等表面活性剂对碳纤维分散性的影响。结果表明，随着 CMC 掺量的增加，碳纤维的分散性得到提高。当 CMC 掺量为 0.8%、硅灰掺量为 15% 时，CMC 和硅灰的共同作用使碳纤维在水泥基体中分散性最佳，且当 CMC 掺量为 0.8% 时、CFRC 的电阻率变动系数也最小。王闯等研究了 MC、CMC、HEC 三种常用分散剂掺量对短碳纤维分散性的影响，发现碳纤维的分散性与分散剂的种类及其掺量有关，而 HEC 则是三种分散剂中最为理想的分散剂；另外，采用超声波对短碳纤维进行预分散，然后加入分散剂继续超声分散，能有效提高碳纤维的分散性。钱觉时等通过试验研究，也发现聚羧酸减水剂（polycarboxylate superplasticizer，PC）对碳纤维有良好的分散效果。

掺入超细掺和料也能改善碳纤维表面疏水性能。硅灰又称微硅粉，是一种密度很小的微细颗粒，可以在水泥颗粒之间起到填充孔隙的作用。研究表明，将一定量的微硅粉加入水泥基复合材料中可以有效提高碳纤维的分散性。

（2）碳纤维表面处理

碳纤维表面处理是改善碳纤维分散性的又一重要手段。碳纤维直径细小，表面不含活性基团，呈现疏水性。研究发现，对碳纤维表面进行氧化处理，可以提高碳纤维对水的浸润性，改善纤维表面疏水性。目前，碳纤维的表面处理方法主要分为氧化法和非氧化法两大类。氧化法按氧化介质和化学反应类型的不同主要分为气相氧化法、液相氧化法、气液双效氧化法、电化学氧化法。非氧化法主要分为气相沉积法、电聚合法、涂层法、晶须法、等离子体法等。

① 气相氧化法　气相氧化法是将碳纤维在空气、二氧化碳、臭氧、氧气和水蒸气等氧化性气体中进行氧化处理以改善其表面性能。该方法具有工艺和设备简单、成本低等特点。其中，臭氧氧化法的工艺参数易于控制，处理效果显著，其处理过程是：将碳

纤维置于 160℃、臭氧体积含量为 0.6% 的强氧化环境中，使纤维表面发生氧化反应。研究发现臭氧处理可以改变纤维表面碳元素和氧元素之间的化学键连接形式，从而可以使碳和水的接触角减小到 0°，提高碳纤维对水的浸润性，有效改善碳纤维在水泥基体中的分散性。D. D. L. Chung、贺福等学者用臭氧对碳纤维表面进行氧化处理，研究发现处理后的碳纤维表面活性官能团数量增多、比表面积增大，可改善其在水泥基体中的分散性。W. H. Lee 等将碳纤维在氧气与氮气的混合气体中进行氧化处理，发现氧化处理的纤维和未处理的纤维表面最大的区别是处理后的纤维表面有较多的羰基。

② 液相氧化法　液相氧化法是将碳纤维浸入某种氧化性溶液中，通过氧化溶剂与碳纤维表面发生氧化反应，使碳纤维表面极性含氧官能团数量增多。液相氧化法中使用的氧化剂种类较多，如硝酸、高锰酸钾、次氯酸钠、双氧水、过硫酸铵等，其中硝酸是液相氧化中研究较多的一种氧化剂。这些氧化溶剂多为酸性溶液，对碳纤维表面起到刻蚀作用，有利于纤维与水泥基体界面更好地黏结。中南大学李庆余等学者研究了不同工艺的液相碳纤维表面氧化处理，研究结果表明，采用浓度为 10% 的硝酸、超声波、80℃ 恒温、处理时间 5min 的工艺对碳纤维进行表面液相氧化处理，得到的碳纤维表面含氧基团含量最高。关新春等研究了经过次氯酸钠溶液（NaClO）氧化处理前后碳纤维表面性能、碳纤维与水泥基体界面黏结性能的变化，结果表明，表面氧化处理可以提高碳纤维表面对水的浸润性，改善碳纤维与水泥基材的界面黏结性能，提高碳纤维水泥基材料的压敏特性。武汉理工大学等用双氧水对碳纤维进行表面氧化处理，结果表明，当水泥砂浆中加入经过双氧水处理的碳纤维时，电阻率的变异系数明显小于使用未经处理的碳纤维水泥砂浆（CFRM）。因为经过双氧水处理后，纤维表面的氧含量远远高于处理前，而碳含量大大降低，碳纤维表面活性官能团数量增多。

③ 气液双效氧化法　气液双效氧化法是先用液相涂层，然后气相氧化，使碳纤维自身的抗拉强度及其与复合材料的界面黏结力均得到提高。该方法虽然兼具液相补强和气相氧化的优点，但同时存在气、液相氧化法共同的不足之处，即反应激烈，反应条件难以控制。王大鹏、侯子义等用气液双效氧化法对碳纤维进行表面处理，将溶解有一定量沥青的四氢呋喃溶液作为液相涂层剂，将涂层以后的碳纤维高温烘干。研究发现、碳纤维的气液双效氧化法表面处理可以改善纤维的分散性。而且提高了碳纤维的抗拉强度和复合材料的层间剪切强度。在循环荷载作用下，用这种经表面处理的碳纤维制成的碳纤维混凝土，对应变变化感应的稳定性和可重复性得到有效提高。

④ 电化学氧化法　电化学氧化法即阳极电解氧化法，是利用碳纤维的导电性，将碳纤维作为阳极置于电解质溶液（电解质可以是无机酸及盐、有机酸及盐或碱）中，电解液中含阴离子在电场作用下向阳极碳纤维移动，在其表面放电而生成原子态的氧并进行氧化反应生成含氧官能团，从而改善碳纤维的分散性。北京化工大学刘杰等用浓度为 10% 的 NH_4HCO 溶液为电解质，对碳纤维进行表面氧化处理。研究表明，经电化学氧化改性后，碳纤维表面碳含量降低了 10%～12%，氧含量提高了 75%～86%，氮含量提高了 50% 至 2 倍；改性后碳纤维表面羟基和羰基明显增加。

⑤ 气相沉积法　气相沉积法是在碳纤维表面制备热解碳，改变纤维表面形貌，从而改善碳纤维在水泥基体中的分散性。王闯等研究发现通过气相沉积法进行表面处理，可以显著改善纤维表面结构，增加碳纤维的浸润性，并借助后续超声波和分散剂的协同作用实现碳纤维的均匀分散。但气相沉积法所需温度高，有一定的危险性，而且工艺条件苛刻，还难以实现广泛的工业化应用。

⑥ 涂层法　涂层法主要有偶联剂涂层法和聚合物涂层法。偶联剂涂层法可以改善碳纤维与水泥复合材料界面的黏结性能。但由于碳纤维表面的官能团数量及种类较少，只用偶联剂处理的效果并不理想，偶联剂涂层法与氧化处理结合效果更佳。丁庆军、李悦等通过对碳纤维表面氧化处理、先氧化处理后偶联剂处理两种处理方法的对比，发现两种方法均能提高碳纤维对水泥的增强效果，但氧化处理碳纤维方法效果更佳。

综上可知，碳纤维表面处理方法各有特点。气相氧化法的优点是氧化时所需设备简单，反应时间短；缺点是随着氧化处理时间的延长和温度的升高，碳纤维强度会有所损失，同时，由于氧化反应较激烈，反应条件难以控制，反应温度得不到精确控制，可能导致强度损失过大而影响碳纤维水泥复合材料的力学性能。与气相氧化法相比，液相氧化法更温和，不易使纤维表面产生过多沟槽、裂解等现象，而且在一定条件下含氧官能团数量较气相氧化法多。但液相氧化处理多用于碳纤维的间歇式氧化处理，而且氧化性液体会对设备造成严重氧化腐蚀，还不易从碳纤维表面彻底清除。电化学氧化反应条件缓和，处理时间短，而且可以通过控制电解温度、电流密度、电解质质量分数等工艺条件实现对氧化程度的精确控制，使纤维氧化更均匀。经氧化后含氧官能团和含氮官能团数量明显增加，提高碳纤维与水的浸润性，因此它是目前最具实用价值的方法之一。

5.8.2.2　碳纤维混凝土的电学性能研究

国内外学者对碳纤维混凝土电学性能的研究始于 20 世纪 90 年代。

(1) 短切碳纤维作为导电相材料

美国的 D. D. L. Chung 教授及其课题组对碳纤维水泥基复合材料的机敏性能进行了研究，主要研究内容有：提出并建立了碳纤维插入、拔出压阻模型，认为碳纤维水泥基复合材料在拉应力作用下，纤维拔出，电阻增大，在压应力作用下，纤维插入，电阻减小；研究了碳纤维水泥基复合材料在单调荷载、循环荷载及冲击荷载作用下电阻或电阻率的变化，认为 CFRC 导电性能的变化是材料受载过程中其内部微小裂纹的不断发展和贯穿造成的，当轻微损伤发生时，CFRC 弹性模量保持不变，而不可逆电阻部分增加，当发生严重损伤时，CFRC 弹性模量降低且其基础电阻也在增加，使用 CFRC 可以实现对结构的健康监测；研究了电极的种类和测试方式、极化效应、湿度等对压阻性能的影响，认为四电极法比二电极法可获得更高的应变系数、更有效的应变感知能力，采用植入不锈钢电极比表层涂刷银粉可获得更好的电阻应变线性关系，湿度对材料压阻性能影响不大；在砂灰比一定的情况下，分析了碳纤维掺量、粗骨料和细骨料的含量对 CFRC 渗流阈值的影响，提出了在碳纤维混凝土中存在三种掺量，分别为碳纤维体积掺量、水泥净浆体积掺量、水泥砂浆体积掺量，认为只有当三种掺量同时存在时，CFRC

才能获得最小电阻率。

加拿大的 N. Banthia 等对碳纤维水泥砂浆、钢纤维水泥砂浆和混杂掺入上述两种纤维的水泥砂浆的体积电阻率进行了研究，试验结果表明：在相同纤维体积掺量下，碳纤维水泥砂浆的体积电阻率最小；存在一个碳纤维的体积临界掺量，当超过此掺量时碳纤维水泥砂浆体积电阻率不再明显降低，趋势变缓。

另外，Manuela Chiarello 等对影响 CFRC 导电性能的主要因素（碳纤维掺量、纤维长度、龄期、砂灰比）进行了研究，发现龄期对渗流阈值没有显著影响；碳纤维掺量达到渗流阈值后，再增加碳纤维掺量对导电性能影响不大；随砂灰比增大，CFRC 导电能力下降明显。Dragos-Marian 等采用直流电源，研究在等幅循环加载情况下碳纤维混凝土电阻变化率，发现内部的细小损伤会反映在电阻率的变化上，电阻变化率与应变变化之间具有规律性。S. Ivorra 等研究了硅粉颗粒大小对 CFRC 力学性能的影响，发现 MC 的添加降低了 CFRC 的抗压强度，而硅粉的加入极大地弥补了这一缺陷；MC 的添加降低了 CFRC 的弹性模量，而其抗弯强度没有下降；粒径在 $5 \sim 15 \mu m$ 的硅粉颗粒对 CFRC 抗压强度和抗弯强度提高幅度最大。B. Demirel 等对碳纤维水泥基材料在可变和固定频率下的压阻性能进行了研究，发现随着输入电流频率的增加，材料的导电性得到提高，而在固定频率下，随着荷载的增加，由于内部微观裂缝的闭合导致相邻碳纤维的搭接，导电能力增加，当试块出现折断时，导电能力迅速下降。

张跃等对碳纤维复合材料的导电机制进行了有益的探讨，并提出隧道效应理论，认为水泥基碳纤维复合材料的导电是由于导电良好的碳纤维均匀分散在绝缘的水泥基体中，在电场作用下，碳纤维内部结构中的 π 电子在外加电场的作用下穿透邻近纤维间的势垒，从一根纤维穿透至另一根纤维，形成隧道效应。

黄龙男、张东兴等在混凝土结构中构造一定厚度的碳纤维增强混凝土机敏层，并通过实时监测电阻变化率，可对结构的实时荷载和变形程度进行预报；对 CFRC 抗弯试件进行试验分析，探讨了不同荷载工况下 CFRC 抗弯试件的电阻变化规律，得出 CFRC 抗弯试件上层电阻随荷载的增加先减小后增大，下层电阻随荷载的增加而增大；在重复荷载作用下，CFRC 抗弯试件受拉区电阻不断增大，受压区电阻先减小后增大，残余电阻的存在反映了试件内部存在损伤和损伤积累；在交变荷载作用下，CFRC 试件的电阻随着循环荷载周期次数的增加而增大，直至破坏。

另外，杨元霞等用纤维分散系数及变异系数等评价碳纤维长度及掺量、搅拌工艺、分散剂和水灰比等诸因素对碳纤维分散性能的影响。认为采用合理的搅拌工艺（先掺法投料顺序、合理的搅拌时间）、适宜的水灰比，可以明显改善碳纤维的分散性。而分散剂的应用则是实现 CFRC 中碳纤维以单丝态分散的关键。孙明清等用试验研究了 CFRC 试件在单向受压时试件尺寸和加载速率对其压敏性的影响，发现压敏性随试样尺寸（高度）的增加而增加，这表明试样尺寸对压敏性有影响，而加载速率对 CFRC 的压敏性没有影响。

吴献等研究了碳纤维水泥基复合材料（CFRC）的压敏性。在弹性阶段，对试件施加循环荷载，量测在荷载作用下试件电压，将试验结果进行比较，分析在相同荷载作用下试件电压重复程度以及试件电压与荷载的关系。通过换算，把电压与荷载的关系表示成电阻与压应力的关系，发现在循环荷载周期次数增加的情况下，试件电压变化表现出较好的重复性，试件电压反映了试件内部的变形情况。CFRC 表现出较好的压敏性，碳纤维混凝土荷载与电阻变化率近似呈线性关系，从而可实现动态称重。

王有志等对碳纤维混凝土在水环境作用下的导电及抗渗能力进行了研究，发现混凝土龄期、缺陷面积和水压力对 CFRC 导电性能有较大影响，而与缺陷的数量和位置无关。赵晓华等试验研究了短切碳纤维增强水泥基复合材料的压阻效应，获得了正、负两种压阻效应相互转换的全过程，并从隧道效应和孔隙的连通性角度对该现象的产生机制进行了探讨，结果表明：在连续烘干和单向循环加载条件下，CFRC 的压阻效应会随含水率变化而改变。多数情况下，CFRC 的体积电阻率随压应变单调减小，压阻效应为正；含水率越小，正压阻效应越明显；当含水率减小到 3.19%～4.04% 时，CFRC 的体积电阻率随压应变单调增大，压阻效应为负。

姚武等采用两极法和四极法对 CFRC 电阻值进行测试，结果表明，两种方法都能得到稳定的电阻值，但两极法的测试结果包含了测试电极的电阻和电极与 CFRC 材料之间的接触电阻，难以准确反映 CFRC 材料的真实电阻值，采用四极法测试可消除电极电阻和接触电阻。

唐祖全、李卓球在碳纤维水泥基复合材料基于电学性能的融雪化冰方面的应用作了重点研究。彭勃、朱录涛等对 CFRC 中碳纤维长度分布进行了研究，发现搅拌制度对碳纤维的长度分布有重要影响；在保证充分分散的前提下，碳纤维平均长度越大，其抗折强度越大，电阻率越小。王闯对短切碳纤维在不同分散剂中的分散性进行了研究，得到相同条件下分散剂对碳纤维的分散效果为 HEC＞CMC＞MC，且 HEC 掺量为水泥质量的 0.6%～0.8% 时，碳纤维在水溶液中呈现出良好的分散状态。

杨伟东、孙建刚等分析了硅粉掺量、温度、MC 含量对碳纤维混凝土力电性能的影响，发现硅粉掺量为 15% 时有利于提高碳纤维混凝土的强度和压敏性；吴献等研究了碳纤维水泥基复合材料的压敏性，研究表明 CFRC 表现出较好的压敏性，碳纤维混凝土条块具有的荷载与电阻变化率近似呈线性关系，从而可实现动态称重。

王秀峰等研究了碳纤维水泥复合材料电导率与纤维体积掺量的变化关系，认为可以用渗流理论来描述二者的关系。材料结构中存在导电渗流现象。碳纤维体积掺量决定了碳纤维水泥基复合材料中能否形成导电渗流网络。对于一定结构的材料，纤维长径比确定后，电导渗流阈值便确定，纤维长径比与渗流阈值成反比。姚武等运用隧道效应和欧姆定律建立了描述材料导电性的数学模型，并推导了材料电导率与材料内部微观结构参数、载流子运动参数的关系。

（2）纳米碳纤维作为导电相材料

近年来随着纳米级材料的兴起，人们开始针对掺加了纳米碳纤维（carbon nanofibers，CNF）、纳米炭黑等纳米导电材料的混凝土展开研究。纳米碳纤维是一种新型的纳米材料，通过裂解碳氢化合物制备出来的石墨纤维，其直径分布在 $50\sim200nm$，长度为 $0.5\sim100\mu m$。纳米碳纤维不但具有普通碳纤维的高弹模、导电、导热等特性，还具备纳米材料的一些特性，如结构紧密、缺陷少等。

目前，纳米碳纤维多用在聚合物、陶瓷基体中，应用在混凝土中的研究不多。Ho Michelle、Song Gangbing 等将 CNF 薄纸掺入水泥砂浆中观察其导热性能，发现通电 2h 后均能使水泥砂浆温度从 -20℃恢复至 0℃，起到很好的融雪化冰的效果；Zoi S. Metaxa、Maria S. Konsta Gdoutos 等将纳米碳纤维添加到水泥砂浆中，发现纳米碳纤维能减缓微裂缝的产生，进而提高了抗拉性能；Gay、Catherine、Sanchez、Florence 将羧酸基高效减水剂添加到混凝土中，发现其有利于纳米碳纤维的分散，当加入纳米碳纤维占水泥质量的 0.2% 时，混凝土的劈裂强度提高 22%，同时掺加硅粉的混凝土劈裂强度提高 26%；梅启林、王继辉等采用纳米碳纤维-环氧树脂复合材料研究纳米碳纤维的导电性能，发现纳米碳纤维具有良好的导电性，且其渗流阈值为 $0.1\%\sim0.2\%$；高迪、彭立敏等将纳米碳纤维添加到自密实混凝土中，研究不同掺量的纳米碳纤维对混凝土导电性能的影响、经不同分散剂处理的纳米碳纤维在混凝土中的分散情况和不同加载情况下的电阻变化率，发现采用聚羧酸盐处理，配合使用适量的消泡剂使纳米碳纤维在混凝土中分散良好，体积掺量在 $1\%\sim2\%$ 时，其导电性能较好，纳米碳纤维混凝土在受压情况下，其电阻率随着应变的增大而减小，且电阻变化率与应变间呈现很好的线性关系，掺加体积掺量为 2% 的纳米碳纤维自密实混凝土在循环受压条件下，加载时混凝土电阻率随着应力增大而减小，卸载时其电阻率随着应力的减小而增大，与应力呈对数关系。

碳纳米管是由石墨烯片卷曲形成的纳米级管，是日本电镜学家 Lijima 在 1991 年偶然发现的一种纳米晶体纤维材料，当卷曲壁为单层时，称为单壁碳纳米管（SWCNTs），其直径范围一般在 $0.6\sim2nm$，由于单壁碳纳米管的直径分布范围小，所以具有更高的均匀一致性；当卷曲壁为多层时，称为多壁碳纳米管（MWCNTs），其直径范围一般在 $2\sim100nm$，在形成的时候，层与层之间容易形成各种缺陷，造成卷曲壁上存在各种缺陷。

碳纳米管具有良好的力学性能、导电性能、传热性能。Azhari Faezeh、Banathia Nemkumar 将碳纳米管与碳纤维混合掺入水泥砂浆中，并与单掺碳纤维的 CFRM 进行了对比，发现在不同加载速率下，混合掺入的 CFRM 压敏性更稳定；Li Geng Ying 等将用硫酸、硝酸处理和未处理的碳纳米管添加到混凝土中，进行对比分析后发现碳纳米管的添加使混凝土表现出良好的压敏特性，但经硝酸、硫酸处理后其压敏特性提高了 1.5 倍；姚武、左俊卿等将碳纳米管与碳纤维混合添加到水泥砂浆中，观察电热特性，发现较低掺量碳纳米管的掺入不仅能有效地提高水泥基体性能，而且能提高其电热性能，掺量较低（掺量小于占水泥质量的 0.5%）时就能显著提高砂浆的基本力学性能，密实内部结构，在掺量为 0.5% 时，混合掺入的 CFRM 温差电势率最多可提高 2.6 倍；马雪平、葛智等将分别用十二烷基硫酸钠、十二烷基苯磺酸钠、乙醇等处理的碳纳米管添加到混凝土中，发现不同种类、不同浓度的分散剂对碳纳米管的分散都有影响，同时碳纳米管的掺入会提高混凝土的抗折强度，但是过多的碳纳米管掺量会使用水量增大，影响混凝土的工作性能；张蛟龙、朱洪波等研究了碳纳米管在超声波、PVP 表面活性剂作用下的分散情况以及对混凝土力学性能的影响，发现单独采用超声波分散碳纳米管效果不明显，结合 PVP 表面活性剂和超声波分散有利于碳纳米管在水泥基体中的分散；李庚英、王培铭研究了将碳纳米管掺入水泥砂浆中力学性能的变化及微观结构，发现碳纳米管的掺入使水泥砂浆内部变得更加密实，直径大于 50nm 的内部孔隙降低 0.25%、总孔隙率降低 4.7%，与掺入碳纤维后直径大于 50nm 的内部空隙增加 8.93%、总孔隙率增加 8.8% 相比，显然碳纳米管的掺入能提高砂浆的抗压强度和抗折强度。

（3）碳纤维钢渣作为复合导电相材料

钢渣是一种在炼钢时排出的工业废物，主要由钙、铁、硅、镁、铝等的氧化物（硅酸三钙、硅酸二钙、氧化钙、金属铁、铁铝酸钙等）组成。钢渣中成分及其含量随着炼钢炉的类型、钢种的不同存在较大的差异。钢渣一般在 1500~1700℃ 形成并呈液态，经冷却后呈块状，呈灰色或深褐色。20 世纪初期，人们开始研究钢渣的利用，处理钢渣的方法主要有热泼法和水淬法，热泼法工艺简单，但用水量大，水淬法由日本的新日本钢铁公司采用，周转快，节省空间和投资，对环境的污染较轻。钢渣可以作为炼铁溶剂，直接添加到高炉中，并且循环使用；西欧各国将高磷钢渣掺加到酸性土壤中，钢渣中的钙、硅等微量元素有利于植物的生长；钢渣可以作为填坑和填海的材料；钢渣可以添加到混凝土中，代替部分的水泥熟料，节约能源，减少对环境的污染。

Thannhauser 等对 FeO 电导率进行测试研究发现，FeO 在室温下的电导率可以达到 2000S/m，较一般的碳纤维电导率高；同时发现，在室温下 Fe_3O_4 的电导率为 $2.5×10^4$S/m。在混凝土中添加廉价的钢渣微粉（钢渣微粉是炼钢过程中的废物铁的氧化物，其含量在 18%~30%，市场价为每吨 400 元），可以提高混凝土的导电性；同时碳纤维混凝土中钢渣微粉的掺入一定程度上可以改善混凝土的工作性能。秦鸿根、王元纲等将磨细的钢渣微粉掺加到干粉砂浆中，发现钢渣微粉既是活性剂，也是矿物增稠剂。在干粉砂浆中掺加适量的钢渣微粉后，干粉砂浆表现出良好的工作性能，28d 的抗压强度最大可提高 250%，还具有良好的耐久性、微膨胀、低收缩等特性；孙家瑛等将比表面积 450m²/kg 的钢渣微粉添加到混凝土中，研究不同掺量下的钢渣微粉对混凝土抗压强度、碳化、抗海水侵蚀、抗冻性等指标的影响，发现当钢渣微粉掺量为 10% 时混凝土的抗侵蚀、抗冻性和抗碳化性均优于普通混凝土；许孝春、李晓目等在碳纤维混凝土中掺加水淬钢渣，观察不同细度、不同掺量的钢渣对混凝土抗渗性能、抗冻性能的影响，发现单掺碳纤维会使混凝土抗渗性能降低，掺加钢渣后的碳纤维混凝土的抗冻性提高且随着钢渣的细度、碳纤维的掺量增大而提高；易龙生、温建等通过研究在不同研磨时间下钢渣微粉的粒度特性以及添加到水泥砂浆中工作性能的变化，发现长时间的研磨使钢渣的活性增强，比表面积增大，钢渣粒径在 10~20μm 时对水泥砂浆的抗压强度起促进作用，大于 20μm 时会降低水泥砂浆的抗压强度，提出要使钢渣水泥混凝土具有更好的抗压强度，应该提高 $10 \sim 20 \mu m$ 粒级的含量，同时减小粒径大于 $20 \mu m$ 的含量；唐祖全、钱觉时等将不同掺量的风淬钢渣添加到混凝土中，发现钢渣的掺入有利于混凝土电阻率的降低，电阻率随着钢渣掺量的增大而降低且稳定性提高，钢渣研磨后掺入混凝土中电阻率的降低更明显，研磨时间越长，电阻率的降低越明显；贾兴文、钱觉时等发现钢渣的细度对混凝土的压敏性没有影响，钢渣掺量为水泥质量的 $100\% \sim 400\%$ 时配制的混凝土具有良好的导电性和力学性能，在弹性范围内加载，钢渣混凝土电阻率随着荷载的增加而减小，当荷载超过某一限值时，电阻率下降速度逐渐缓慢，钢渣混凝土的抗压强度随着钢渣掺量的增加而减小，抗压强度较低的钢渣混凝土的压敏性更明显，贾兴文、唐祖全等研究了在不同加载速率、不同上限值循环加载条件下钢渣混凝土导电性能的变化情况，发现钢渣掺量大于水泥质量的 50% 时，混凝土具有良好的压敏性，当循环加载上限值取抗压强度的 50% 时，第一次加载时混凝土的电阻变化率明显高于后面加载的电阻变化率，当循环加载上限值只取 20% 时，第一次加载的电阻变化率要小于后面加载的电阻变化率。

5.8.2.3　碳纤维混凝土的电热性能研究

电热效应是指导电体在绝热条件下，当接通外加电源时，其内部产生电流而使自身温度升高的现象。

加拿大的 Xie Ping、J. J. Beaudoin 等研究了钢纤维水泥基复合材料（复掺了钢屑）的电热效应，在实验室将这种复合材料用于融雪化冰的试验。美国的 Wen 等将质量为水泥质量 0.4% 的钢纤维和 0.5% 的碳纤维以及 15% 的硅灰添加到水泥基中，使水泥基复合材料可作为一种高效的电热器，认为其电热性能接近典型的半导体电热性能。国内李仁福等将石墨粉掺入普通混凝土中，利用其导电性进行了混凝土室内地面采暖的尝试，即将质量为水泥质量 25% 的导电性能良好的石墨掺入普通混凝土中，制成导电性能良好的导电混凝土，在外加电场作用下产生电热效应，可用于地面的采暖。李卓球等对碳纤维混凝土研究发现，当混凝土中碳纤维体积含量为 0.73% 时能满足融雪化冰的要求。车广杰等将碳纤维丝缠绕在直径较小的铁丝上，做成碳纤维发热丝，并埋设于普通混凝土中，认为这种碳纤维的掺加方式在外加电场作用下可以使混凝土均匀发热，满足融雪化冰的要求。赵娇等将高掺量的碳纤维加入水泥基复合材料中，对复合材料的电热效应也做了一定的研究，认为碳纤维含量取水泥质量的 2% 时，水泥基复合材料的电阻具有较好的稳定性。孙明清等认为以玻璃纤维为骨架制作的碳纤维-玻璃纤维格栅，可以埋设于混凝土路表面 5cm 以下，用于路面的融雪化冰。

另外，刘宝举等对碳纤维水泥石电阻率的影响因素进行了研究，发现除其自身的极化特性及测试设备精度对电阻率有影响外，电极的制作和电阻率的测试方法是影响混凝土电阻率的主要因素；同时发现，电极采用内插法要比外贴法得到的混凝土的电阻率小很多。试验表明，水泥复合材料中所采用的电极及电极的布置也将成为碳纤维混凝土板制作工艺中极其重要的环节，影响其后续的应用。

随着混凝土导电性能研究的不断深入，碳纤维作为导电相材料的优越性也逐渐显现。将碳纤维掺加到混凝土中不仅可以对混凝土起到阻裂作用，而且可以克服钢纤维锈蚀、玻璃纤维在高碱下强度受损的缺点。当掺加的碳纤维达到一定量时，可以显著提高混凝土的抗拉强度、改善耐磨性能以及新旧混凝土之间的黏结强度，提高混凝土的耐久性以及抗冻融能力。因此，掺加碳纤维的混凝土，即碳纤维混凝土，不仅具有良好的导电性，而且在一定程度上提高了其耐久性和力学性能。

5.8.2.4　研究中存在的问题

尽管碳纤维混凝土在导电性方面表现出了优越性，但由于碳纤维不易在混凝土中均匀分散，且影响碳纤维混凝土导电性能的因素较多，致使其在电热效应等方面的研究及应用仍然存在一些问题，成为影响碳纤维智能混凝土工程推广及应用的难点。分析总结以往的研究还存在如下问题。

① 在碳纤维分散性问题上，国内学者研究了碳纤维掺量、搅拌工艺、外加剂等对分散性的影响，但对碳纤维分散性影响最大的分散剂的选择及掺量研究较少。

另外，国内对纤维表面氧化处理方面的研究较多，但这些研究侧重于碳纤维在化工材料方面的应用。国外 D. D. L. Chung 教授用臭氧对碳纤维进行表面氧化处理效果较好，但对温度的条件要求高，不易满足实际工程需要。

② 在导电性方面，碳纤维水泥基材料的研究主要集中在水泥砂浆阶段，而对于实际工程应用中较为常见的含粗骨料的碳纤维混凝土，研究相对较少。由于粗骨料的加入，碳纤维混凝土导电性能影响因素较水泥砂浆有所不同；目前研究成果中混凝土配合比的制定呈现出多样性，不利于成果之间的纵向比较；在低电阻混凝土的配制过程中，高掺量的碳纤维丝分散性研究相对较少。

③ 由于纳米材料更容易扩展到混凝土各个部分，发挥更好的填充作用，其中一些导电的纳米材料与碳纤维共同掺入混凝土中，可能会形成更好的导电通道，如在碳纤维混凝土中掺加纳米材料（如纳米炭黑、纳米硅粉、碳纳米管等）来提高混凝土的性能。目前，对于微细导电材料掺入碳纤维混凝土形成的复相导电混凝土的导电特性研究较少。

④ 碳纤维混凝土用于融雪化冰时，其成本价格为等体积普通混凝土板价格的5～6倍。在制作导电发热混凝土中，电极的设计是一个非常重要的环节。现有试验研究中应用碳纤维混凝土电热效应进行融雪化冰的电极布置时，最大间距为33cm，即每1m的距离需要布置4个直电极，每个电极至少引出一根导线，可以想象施工路面上引出的导线之多，并且插入直电极要保证电极方向和它们之间的距离，不便于施工。如能解决上述问题，将会在很大程度上推动碳纤维混凝土在工程中的应用。

5.9　智能材料在土木工程领域的发展前景

智能土木工程材料作为新兴的前沿学科，所涉及的知识面广、研究难度大，但其发展潜力巨大，应用前景深远。智能控制在土木工程领域的应用研究已取得了显著的成绩，极大地影响了结构设计理念和多学科交叉应用的发展。随着现代控制理论、新型智能材料的发展，只要对其深入研究，充分利用现有智能材料的优点，结合人工智能优化监测控制技术，不断研发出更加集成化、高效化的新型监测控制元件、结构及智能监控系统，必将为土木工程领域注入新的发展动力并带来新的发展机遇。其未来发展方向如下所述。

（1）提高智能传感技术

传感技术是实现智能结构和工程施工实时、在线和动态监测的基础，完成这一功能主要是靠传感元件，不同的传感元件具有不同的传感特性。未来应进一步开发不影响结构外形、与主材相容好、信号覆盖面宽、电磁兼容性好以及抗干扰能力强的传感元件。并对这些性能所涉及的光学、电学、力学、仿真学等学科进行深入的分析、探索，以达到优化传感元件和传感网络综合性能的目的。

（2）发展智能驱动技术

驱动技术是智能结构实现形状或力学性能自适应变化的核心问题，也是困扰结构自适应的关键。驱动元件是使结构自身适应其环境的一类功能元件，它可以改变结构的刚度、固有频率、阻尼、摩擦阻力、温度、电场及磁场等，是自适应结构区别于普通结构的根本特征，也是自适应结构从初级形态走向高级形态的关键。未来应着重开发弹性模量大、抗冲击性能强、响应速度快以及驱动力大的驱动元件。

（3）发展智能控制集成技术

控制系统相当于人的大脑，是各元件集成在一起，将控制系统集成于结构中，使得结构处于强耦合性的非线性系统，对结构进行控制时由于环境的可变性加大了控制的难度。所以控制技术的发展关键问题是解决好稳定结构、控制形状和抑制扰动问题。

（4）提高信息处理与传输技术

智能控制系统不仅由传感元件、驱动元件和控制元件构成，还需要有一个与其相适应的分布式的计算结构，这一结构主要包括数据总线、连接网络的布置和信息处理单元，要求具有一定的鲁棒性和在线学习功能，常用的方法有小波分析技术、时间有限元模型理论以及光时域反射计检测技术等。今后，对多传感器数据与信息融合及多传感器的优化配置的研究，也将是智能结构信息处理研究的重要内容。

参考文献

［1］胡仁桂. 土木工程中智能材料的应用研究与发展 ［J］. 江苏建材，2017（3）：19-21.

［2］陶慕轩，聂建国，樊健生，等. 中国土木结构工程 2035 发展趋势与路径研究 ［J］. 中国工程科学，2017，19（1）：73-79.

［3］邓友生，程志和，苏家琳，等. 透光混凝土的研制与应用进展 ［J］. 新型建筑材料，2019，46（7）：1-7.

［4］Davis C M. 光纤传感器技术手册 ［M］. 北京：电子工业出版社，1987.

［5］Bao Xiaoyi，Zhang Chunshu，Li Wenhai，et al. Using distributed brillouin sensor to predict pipedeformation with carbon coated fibers ［C］//The 2nd International Workshop on Opto-electronic Sensor-based Monitoring in Geo-engineering（2nd OSMG-2007）. Nanjing：Nanjing University，October 17-19，2007.

[6] Liu Haowu. Distributed optic-fiber sensing monitoring of cracks and its application to linealstruatural engineering [C]//The 2nd International Workshop on Opto-electronic Sensor-based Monitoring in Geo-engineering (2nd OSMG-2007). Nanjing: Nanjing University, October 17-19, 2007.

[7] 张俊义, 晏鄂川, 薛星桥, 等. BOTDR 技术在三峡库区崩滑灾害监测中的应用分析 [J]. 地球与环境, 2005, 33 (增刊): 355-358.

[8] Shunji Kato, Hidetoshi Kohashi. Study on the monitoring system of slope failure usingoptical fibersensors [C]// Geotechnical engineering in the information technologyage: Proceedings of Geo-congress 2006. Atlanta: February 26-March 1, 2006.

[9] Zhou Tonghe, Song Jianxue. Monitoring and analysis on huge pile axial stress by BOTDR [C]//The 2nd International Workshop on Opto-electronic Sensor-based Monitoring in Geo-engineering. Nanjing: October 17-19, 2007.

[10] 朴春德, 施斌, 魏广庆, 等. 分布式光纤感测技术在钻孔灌注桩检测中的应用 [J]. 岩土工程学报, 2008 (7): 976-981.

[11] 张丹, 施斌, 吴智深, 等. BOTDR 分布式光纤传感器及其在结构健康监测中的应用 [J]. 土木工程学报, 2003, 36 (11): 83-87.

[12] 张丹, 施斌, 徐洪钟, 等. BOTDR 用于钢筋混凝土 T 型梁变形监测中的试验研究 [J]. 东南大学学报 (自然科学版), 2004, 34 (4): 480-484.

[13] 刘杰, 施斌, 张丹, 等. 基于 BOTDR 的基坑变形分布式监测实验研究 [J]. 岩土力学, 2006, 27 (7): 1224-1228.

[14] 刘永莉. 分布式光纤感测技术在边坡工程监测中的应用研究 [D]. 杭州: 浙江大学, 2011.

[15] Clark P W, Aiken I D, Kelly J M, et al. Experimental and analytical studies of shape memory alloy dampers for structural control [J]. Proceedings of SPIE, 1995, 2445: 241-251.

[16] Dolce M, Cardone D, Marnetto R. Implementation and testing of passive control devices based on shape memory alloy [J]. Earthquake Engineering and Structural Dynamics, 2000, 29 (7): 945-968.

[17] 李宏男, 钱辉, 宋钢兵, 等. 一种新型 SMA 阻尼器的试验和数值模拟研究 [J]. 振动工程学报, 2008, 21 (2): 179-184.

[18] 凌育洪, 彭辉鸿, 张帅. 一种新型 SMA 阻尼器及其减震性能 [J]. 华南理工大学学报 (自然科学版), 2011, 39 (6): 119-125.

[19] 王社良, 苏三庆, 沈亚鹏. 形状记忆合金拉索被动控制结构地震响应分析 [J]. 土木工程学报, 2000, 33 (1): 56-62.

[20] 赵祥, 王社良, 周福霖, 等. 基于 SMA 阻尼器的古塔模型结构振动台试验研究 [J]. 振动与冲击, 2011, 30 (11): 219-223.

[21] Li H, Mao C X, Ou J P. Experimental and theoretical study on two types of shape memory alloy devices [J]. Earthquake Engineering and Structural Dynamics, 2008, 37 (3): 406-426.

[22] 陈云, 吕西林, 蒋欢军. 新型耗能增强型 SMA 阻尼器设计和滞回耗能性能分析 [J]. 中南大学学报 (自然科学版), 2013, 44 (6): 2526-2536.

[23] 禹奇才, 刘春晖, 刘爱荣. 一种放大位移型 SMA 阻尼器的减震控制分析 [J]. 地震工程与工程振动, 2008, 28 (5): 151-156.

[24] Indirli M, Castellano M G. Shape memory alloy devices for the structural improvement of masonry heritage structures [J]. International Journal of Architectural Heritage, 2008, 2 (2): 93-119.

[25] El-Attar A, Saleh A, El-Habbal I, et al. The use of SMA wire dampers to enhance the seismic performance of two historical Islamic minarets [J]. Smart Structures and Systems, 2008, 4 (2): 221-232.

［26］ Ullakko K，Huang J K，Kantner C，et al. Large magnetic-field-induced strains in Ni_2MnGa single crystals ［J］. Appllied Physics Letters，1996，69（3）：1966-1968.

［27］ Sozinov A，Likhachev A A，Ullakko K. Crystal structures and magnetic anisotropy properties of Ni-Mn-Ga martensitic phases with giant magnetic-field-induced strain ［J］. IEEE Trans Magn，2002，38（9）：2814-2820.

［28］ Claeyssen F，Lhermet N. Actuators based on giant magnetostrictive materials ［C］// Hubert Borgmann. Actuator 2002，the 8th International Conference on New Actuators. Bremen. 2002：147-153.

［29］ 李爱群，陈鑫，左晓宝. 铁磁形状记忆合金研究进展与展望（Ⅰ）：材料、力学特性 ［J］. 防灾减灾工程学报，2011，31（2）：1-14.

［30］ 薛伟辰，郑乔文，刘振勇，等. 结构振动控制智能材料研究及应用进展 ［J］. 地震工程与工程振动，2006，26（5）：213-217.

［31］ 瞿伟廉，刘嘉，涂建维，等.500kN足尺磁流变液阻尼器设计的关键技术 ［J］. 地震工程与工程振动，2007，27（2）：124-130.

［32］ Li X L，Li H N. Experimental study on semi-active control of frame-shear wall eccentric structure using MR Dampers ［J］. Proceedings of SPIE，2006，6166：1-8.

［33］ 王修勇，宋璨，陈政清，等. 磁流变阻尼器的性能试验与神经网络建模 ［J］. 振动与冲击，2009，28（4）：42-46.

［34］ 孙清，伍晓红，胡志义，等. 磁流变阻尼器性能试验及其非线性力学模型 ［J］. 工程力学，2007，24（4）：183-187.

［35］ 徐赵东，沈亚鹏. 磁流变阻尼器的计算模型及仿真分析 ［J］. 建筑结构，2003，33（1）：67-70.

［36］ Spencer B F，Dyke S J，Sain M K，et al. Phenomenological model of a magnetorheological dampers ［J］. Journal of Engineering Mechanics，1997，123：230-238.

［37］ Mandara A，Durante A，Spina G，et al. Seismic protection of civil historical structures by MR dampers ［J］. Proceedings of SPIE，2006，6169：1-9.

［38］ 欧进萍，杨飏. 导管架式海洋平台结构的磁流变阻尼隔震控制 ［J］. 高技术通讯，2003，6：66-73.

［39］ 张纪刚，吴斌，欧进萍. 海洋平台冰振控制试验研究 ［J］. 东南大学学报，2005，35（A1）：31-34.

［40］ 王修勇，陈政清，高赞明，等. 磁流变阻尼器对斜拉索振动控制研究 ［J］. 工程力学，2002，19（6）：22-28.

［41］ Stavroulakis G E，Foutsitzi G，Hadjigeorgiou E. Design and robust optimal control of smart beams with application on vibrations suppression ［J］. Advances in Engineering Software，2005，36（11）：806-813.

［42］ 陈勇，高喆，陶宝祺. 复合材料构件气动载荷响应主动控制技术研究 ［J］. 东南大学学报（自然科学版），2000（3）：75-79.

［43］ 瞿伟廉，陈波，李学安，等. 压电材料智能力矩控制器对具有不确定参数升船结构顶部厂房地震反应的鲁棒控制 ［J］. 地震工程与工程振动，2001，21（2）：145-151.

［44］ Kamada T，Fujita T，Hatayama T. Active vibration control of flexural-shear type frame structures with smart structures using piezoelectric actuators ［J］. Smart Material and Structure，1998，7（4）：479-488.

［45］ Fujita T，Enomoto M，Arikabe T，et al. Active microvibration control of precision manufacturing facilities with smart structure using piezoelectric actuator ［J］. The Japan Society of Mechanical Engineers，2000，66：2122-2127.

［46］ 马乾瑛，王社良，朱军强，等. 压电主动控制在空间结构动力失稳中的应用及试验研究 ［J］. 振动与冲击，2013，32（17）：123-127，176.

［47］ Chen G D，Garrett G T，Chen C Q，et al. Piezoelectric friction dampers for earthquake mitigation of buildings design fabrication and characterization [J]. Structural Engineering and Mechanics, 2004, 17 (3): 539-556.

[48] Garrett G T, Chen G D, Cheng F Y, et al. experimental characterization of piezoelectric friction dampers [J]. Proceedings of SPIE, 2001, 4330: 405-415.

[49] Durmaz O, Clark W W, Bennett D S. Experimental and analytical studies of a novel semi-active piezoelectric coulomb damper [J]. Proceedings of SPIE, 2002, 4697: 257-273.

[50] Ozbulut O E, Hurlebaus S. Fuzzy control of piezoelectric friction dampers for seismic protection of smart base isolated buildings [J]. Bulletin of Earthquake Engineering, 2010, 8 (6): 1435-1455.

[51] 欧进萍, 杨飏. 压电-T 型变摩擦阻尼器及其性能试验与分析 [J]. 地震工程与工振动, 2003, 23 (4): 171-177.

[52] 赵大海, 李宏男. 模型结构的压电摩擦阻尼减振控制试验研究 [J]. 振动与冲击, 2011, 30 (6): 272-276.

[53] 展猛, 王社良, 朱军强, 等. 安装复位型压电摩擦阻尼器模型结构控振试验研究 [J]. 振动与冲击, 2015, 34 (14): 45-50.

[54] 侯淑萍, 杨庆新, 陈海燕, 等. 超磁致伸缩材料的特性及其应用 [J]. 兵器材料科学与工程, 2008, 31 (5): 95-98.

[55] Hiller M W, Bryant M D, Umegaki J. Attenuation and transformation of vibration through active control of magnetostrictive terfenol [J]. Journal of Sound and Vibration, 1989, 134 (3): 506-519.

[56] Geng J Z, Haynes L S. Six degree-of-freedom active vibration control using the Stewart platforms [J]. IEEE Transactions on Control Systems Technology, 1994, 2 (1): 45-53.

[57] 徐峰, 张虎, 蒋成保, 等. 超磁致伸缩材料作动器的研制及特性分析 [J]. 航空学报, 2002, 23 (6): 552-555.

[58] 顾仲权, 朱金才. 磁致伸缩材料作动器在振动主动控制中的应用研究 [J]. 振动工程学报, 1998, 11 (4): 381-388.

[59] 唐志峰. 超磁致伸缩执行器的基础理论与实验研究 [D]. 杭州: 浙江大学, 2005.

[60] 关新春, 郭鹏飞, 吴阳, 等. 基于微驱动材料的智能摩擦阻尼器试验研究 [J]. 振动与冲击, 2008, 27 (10): 17-22.

[61] Wang S L, Dai J B, Zhao X, et al. Design and experimental study of the vibration control device for large spatial structure [J]. Advanced Materials Research, 2011, 199-200: 1435-1440.

[62] 欧阳平. 三相导电混凝土强度与导电性能试验研究 [J]. 混凝土与水泥制品, 2015, 42 (9): 14-19.

[63] 贾兴文, 张新, 马冬, 等. 导电混凝土的导电性能及影响因素研究进展 [J]. 材料导报, 2017, 31 (21): 90-97.

[64] 石丽娜. 水泥基复合材料导电性能及电热性能试验研究 [D]. 太原: 太原理工大学, 2021.

[65] 孙旭. 导电混凝土在变地站接地网中的应用 [J]. 高电压技术, 2001 (1): 66-67.

[66] 李龙海, 全晔. 机场用导电混凝土除冰雪热功率优化研究 [J]. 中国民航大学学报, 2016, 34 (3): 22-27.

[67] 孔祥东, 陈建康. 导电混凝土传感器的热变形与机敏性研究 [J]. 固体力学学报, 2021, 42 (6): 642-655.

[68] Guo X X, Zhang Z B, Deng M. Study on electro-magnetic shielding effectiveness of nickel fiber-filled cement [J]. Advanced Materials Research, 2011, 167-170: 996-1000.

[69] 曹震, 赵晓华, 谢慧才. 碳纤维水泥基复合材料的阻温特性 [J]. 功能材料, 2003, 4 (34): 446-467.

[70] 王德利. 应用形状记忆合金控制结构地震响应试验与优化分析 [D]. 西安: 西安建筑科技大学, 2015.

[71] 马乾瑛, 王社良, 朱军强, 等. 压电套筒式拉压双向受力主动杆件设计及测试 [J]. 实验力学, 2013, 28 (4): 490-496.

[72] 马乾瑛, 刘志钦, 王社良, 等. 压电网壳抗震主动控制振动台试验 [J]. 振动. 测试与诊断, 2012, 32 (6): 975-980, 1036-1038.

[73]　朱熹育．基于压电摩擦阻尼器的空间杆系结构地震响应半主动控制 [D]．西安：西安建筑科技大学，2014．

[74]　展猛．基于压电摩擦阻尼器的模糊控制分析与试验研究 [D]．西安：西安建筑科技大学，2014．

[75]　欧进萍．结构振动控制——主动、半主动和智能控制 [M]．北京：科学出版社，2003．

[76]　代建波．空间网格结构地震响应主动控制理论与试验研究 [D]．西安：西安建筑科技大学，2011．

[77]　唐志峰．超磁致伸缩执行器的基础理论与实验研究 [D]．杭州：浙江大学，2005．

[78]　Clark A E，Crowder D N. High temperature magnetostriction of $TbFe_2$ and $Tb_{27}Dy_{73}Fe_2$ [J]. IEEE Transactions on Magnetics，1985（5）：1945-1947．

[79]　Schulze M P，Greenough R D，Galloway N. The stress dependence of k_{33}，d_{33}，λ and μ in $Tb_{0.3}Dy_{0.7}Fe_{1.95}$ [J]. IEEE Transacitons on Magnetics，1992，28（5）：3159-3161．

[80]　唐志峰，项占琴，吕福在．超磁致伸缩执行器优化设计及控制建模 [J]．中国机械工程，2005，16（9）：753-757．

[81]　陶孟仑．超磁致伸缩致动器结构设计与器件特性研究 [D]．武汉：武汉理工大学，2008．

[82]　赵明生．电气工程师手册 [M]．2 版．北京：机械工业出版社，2002．

[83]　邬义杰，刘楚辉．超磁致伸缩驱动器设计方法的研究 [J]．浙江大学学报（工学版），2004，38（6）：746-750，760．

[84]　唐志峰，吕福在，项占琴．影响超磁致伸缩执行器中逆效应性能的主要因素 [J]．机械工程学报，2007，43（12），133-137．

[85]　翁光远．大跨空间网壳结构地震响应分析及振动控制研究 [D]．西安：西安建筑科技大学，2011．

[86]　Wang W H，Hu F X，Chen J L，et al. Magnetic properties and structural phase transformations of Ni-Mn-Ga alloys [J]. IEEE Trans Magn，2001，37（7）：2715-2717．

[87]　Jiang C B，Liang T，Xu H B，et al. Superhigh strains by variant reorientation in the nonmodulated ferromagnetic NiMnGa alloys [J]. Appl Phys Lett，2002，81（8）：2817-2820．

[88]　张庆新．磁控形状记忆合金特性及其作动器应用基础研究 [D]．沈阳：沈阳工业大学，2006．

[89]　尚国秀．碳纤维水泥基复合材料纤维分散性及导电性能试验研究 [D]．郑州：郑州大学，2015．

[90]　王敦斌．微细导电材料对碳纤维混凝土导电性能影响的试验研究 [D]．郑州：郑州大学，2015．

[91]　刘大超．钢渣微粉改性碳纤维混凝土的电热效应及温升试验研究 [D]．郑州：郑州大学，2015．

[92]　王福玉．粗骨料碳纤维混凝土导电特性研究 [D]．郑州：郑州大学，2014．

[93]　李源．碳纤维智能混凝土力电性能试验研究 [D]．郑州：郑州大学，2012．

[94]　Han Juhong，Wang Dunbin，Zhang Peng. Effect of nano and micro onductive materials on conductive properties of carbon fiber reinforced concrete [J]. Nanotechnology Reviews，2020（9）：445-454．

[95]　贺福．碳纤维及石墨纤维 [M]．北京：化学工业出版社，2010．

[96]　陈兵，姚武，吴科如，等．受压荷载下碳纤维水泥基复合材料机敏性研究 [J]．建筑材料学报，2002（2）：108-113．

[97]　Wen Sihai，Chung D D L. Piezoresistivity-based strain densing in carbon fiber-reinforced cement [J]. Aci Materials Journal，2007，104（2）：171-179．

[98]　侯作富，李卓球，唐祖全．融雪化冰用碳纤维混凝土的导电性能研究 [J]．武汉理工大学学报，2002，24（8）：32-34．

[99]　唐祖全，李卓球，钱觉时．碳纤维导电混凝土在路面除冰雪中的应用研究 [J]．建筑材料学报，2004（2）：215-220．

[100]　Xu Jing，Wu Yao. Electrochemical studies on the performance of conductive overlay material in cathodic protection of reinforced concrete [J]. Construction and Building Materials，2011（25）：2655-2662．

[101]　张卫东，徐学燕．碳纤维混凝土的特性及发展前景 [J]．森林工程，2004，20（1）：61-63．

[102] 姚武，王瑞卿．内埋 CFRC 材料的混凝土梁的应变主动调节 [J]．同济大学学报（自然科学版），2007 (3)：377-380.

[103] Bontea Dragos-Marian，Chung D D L. Damage in carbon fiber-reinforced concrete monitored by electrical [J]. Cement and Concrete Research，2000 (30)：651-659.

[104] 吴献，周志强，杜志强，等．碳纤维混凝土在动态称重中的应用 [J]．沈阳建筑大学学报（自然科学版），2010 (1)：92-95.

[105] 侯作富，李卓球，唐祖全．融雪化冰用碳纤维混凝土的导电性能研究 [J]．武汉理工大学学报，2002 (8)：32-34.

[106] Sherif Yehia，Christopher Y Tuan，David Ferdon，et al. Conductive concrete overlay for bridge deck deicing: Mixture proportioning，optimixation，and properties [J]. Aci Materials Journal，2000，97 (2)：172-181.

[107] Makkonen L，Ahti K. Climatic mapping of ice loads based on airport weather observations [J]. Atmostheric Research，1995，36 (3)：139-143.

[108] 魏玉新，李雷．冰雪清除法与产品开发 [J]．机械工程师，1999 (3)：36.

[109] 徐家云，刘科，赵勇，等．碳纤维混凝土电热效应提高连续梁承载力研究 [J]．华中科技大学学报（自然科学版），2009 (12)：129-132.

[110] 李克智，王闯，李贺军，等．碳纤维增强水泥基复合材料屏蔽性能的研究 [J]．功能材料，2006 (8)：1235-1238.

[111] Wen Sihai，Chung D D L. Electrical resistance based damage self-sensing [J]. Carbon，2007 (45)：710-716.

[112] Chung D D L. Cement reinforced with short carbon fibers: A multifunctional material [J]. Composites，2000，31：511-526.

[113] 姚康德，许美萱．智能材料——21 世纪的新材料 [M]．天津：天津大学出版社，1996.

[114] Dry Carolyn. Matrix cracking repair and filling using active and passive modes for smarl timed release of chemicals from fibers into cement matrices [J]. Smart Materials and Structures，1994 (2)：118-123.

[115] Wen Sihai，Chung D D L. Model of piezoresistivity in carbon fiber cement [J]. Cement and Concrete Research，2006 (36)：1879-1885.

[116] Mclachlan D S，Blaszkiewicz M，Newnham R E. Electrical resistivity of composites [J]. Journal of the American Ceramics Society，1990，73 (8)：2187-2203.

[117] Bonanos N，Lilley E. Conductivity relations in single crystals of sodium chloride containing suzuki phase precipitates [J]. Journal of Physical and Chemical Solids，1981，42 (10)：943-952.

[118] Fan Z. A new approach to the electrical resistivity of two-phase composites [J]. Acta Metallurgica Et Materialia，1995，43 (1)：43-49.

[119] Weber M，Kamal M R. Estimation of the volume resistivity of electrically conductivecomposites [J]. Polymer Composites，1997，18 (6)：726-740.

[120] 张其颖．碳纤维增强水泥混凝土复合材料的研究与应用 [J]．纤维复合材料，2001 (2)：49-50.

[121] 杨元霞，毛起焰，沈大荣，等．碳纤维水泥基复合材料中纤维分散性的研究 [J]．建筑材料学报，2001，4 (1)：84-88.

[122] 关新春，韩宝国，欧进萍．碳纤维在水泥浆体中的分散性研究 [J]．混凝土与水泥制品，2002 (2)：34-36.

[123] Chen Pu-Woei，Fu Xuli，Chung D D L. Carbon fiber reinforced concrete for smart structure capable of non-destructive flaw detection [J]. Smart Material Structure，1993 (2)：22-30.

[124] Fu Xuli，Chung D D L. Self-monitoring of fatigue damage in carbon fiber reinforced cement [J]. Cement and Concrete Research，1996，26 (1)：15-20.

[125] Chung D D L. Self-monitoring structural materials [J]. Materials Seience & Engineering，1998，22 (2)：57-58.

[126]　孙明清，张晖，李卓球，等 . CFRC 机敏混凝土中碳纤维的分散性研究 [J]. 混凝土与水泥制品，2004
　　　　 (5)：38-41.

[127]　王闯，李克智，李贺军 . 短碳纤维在不同分散剂中的分散性 [J]. 精细化工，2007，24 (1)：1-4.

[128]　Fu Xuli，Lu Weiming，Chung D D L. Improving the bond strength between carbon fiber and cement by fiber
　　　　 surface treatment and polymer addition to cement mix [J]. Cement and Concrete Research，1996，26 (7)：
　　　　 1007-1012.

[129]　Fu Xuli，Lu Weiming，Chung D D L. Improving the strain-sensing ability of carbon-fiber-reinforced cement
　　　　 by ozone treatment of the fibers [J]. Cement and Concrete Research，1998，28 (2)：183-187.

[130]　Lu Weiming，Fu Xuli，Chung D D L. A comparative study of the wettability of steel，carbon，and
　　　　 polyethylene fibers by water [J]. Cement and Concrete Research，1998，28 (6)：783-786.

[131]　Xu Yunsheng，Chung D D L. Carbon fiber reinforced cement improved by using silane-treated carbon fiber
　　　　 [J]. Cement and Concrete Research，1999，29 (5)：773-776.

[132]　关新春，韩宝国，欧进萍，等 . 表面氧化处理对碳纤维及其水泥石性能的影响 [J]. 材料科学与工艺，
　　　　 2003，11 (4)：343-346.

[133]　李庆余，赖延清，李劼 . 碳纤维表面处理对铝电解用硼化钛阴极涂层性能的影响 [J]. 材料科学与工程学
　　　　 报，2003，21 (5)：664-667.

[134]　水中和，赵正齐，李超，等 . 表面处理对碳纤维在水泥浆体中分散性的影响 [J]. 武汉理工大学学报，
　　　　 2003，25 (12)：17-19.

[135]　David G Meehan，Wang Shoukai，Chung D D L. Electrical resistance based sensing of impact damage in
　　　　 carbon fiber reinforced cement-based materials [J]. Journal of Intelligent Material Systems and Structures，
　　　　 2010，21 (21)：83-105.

[136]　Cao Jingyao，Chung D D L. Electric polarization and depolarization in cement-based materials [J]. Cement
　　　　 and Concrete Research，2004 (34)：481-485.

[137]　Wen Sihai，Chung D D L. Effect of moisture on piezoresistivity of carbon fiber-reinforced cement paste [J].
　　　　 Aci Materials Journal，2008，105 (3)：274-280.

[138]　Javier Baeza F，Chung D D L. Triple percolation in concrete reinforced with carbon fiber [J]. Aci Materials
　　　　 Journal，2010，107 (4)：396-402.

[139]　Bontea Dragos-Marian，Chung D D L，Lee G C. Damage in carbon fiber-reinforced concrete，monitored by
　　　　 electrical resistance measurement [J]. Cement and Concrete Research，2000，30：651-659.

[140]　张跃，职任涛，朱逢吾，等 . 碳纤维 (LCF) -无宏观缺陷 (MDF) 水泥基复合材料电学性能的研究 [J].
　　　　 材料科学进展，1992，58 (4)：691-697.

[141]　孙建刚，杨伟东，张斌 . 基于均匀试验的碳纤维混凝土导电性研究 [J]. 大连民族学院学报，2007 (1)：
　　　　 20-23.

[142]　吴献，周志强，王丽娜 . 碳纤维水泥基复合材料在循环荷载作用下的压敏性 [J]. 沈阳建筑大学学报 (自
　　　　 然科学版)，2009 (2)：290-293.

[143]　Xie P，Beaudoin J J. Electrically conductive concrete and its application in deicing [C]//Advances in Concrete
　　　　 Technology. Proceedings Second CANMET/ACI International Symposium，SP-154. Farmington Hills：
　　　　 American Concrete Institute，1995：399-417.

[144]　Wen Sihai，Wang Shouka，Chung D D L. Carbon fiber structural composites asthermistors [J]. Sensor and
　　　　 Actuators，1999，78：180-188.

[145]　李仁福，戴成琴 . 导电混凝土采暖地面 [J]. 混凝土，1998 (1)：47-48.

[146]　车广杰 . 碳纤维发热线用于路面融雪化冰的技术研究 [D]. 大连：大连理工大学，2008.

[147] 赵娇. 碳纤维智能混凝土的电-热-力效应研究 [D]. 南京：南京理工大学，2008.

[148] 祁显宽，孙明清，李红，等. 铺设碳纤维-玻璃纤维格栅的沥青混凝土路面融雪试验研究 [J]. 武汉理工大学学报（交通科学与工程版），2014，38（1）：130-133.

[149] 陈龙凤，丁一宁. 碳纤维混凝土导电性能的试验研究 [C]//新型建筑材料杂志社. 第十二届全国纤维混凝土学术会议论文集. 2008：175-178.

[150] Kang Inpil，Heung Yun Yeo. Introduction to carbon nanotube and nanofiber smart materials [J]. Composites Part B：Engineering，2006（37）：382-394.

[151] Chang Christiana，Ho Michelle，Song Gangbing，et al. Development of self-heating concrete utilizing carbon nannofiber heating elements [C]// Proceedings of the 1st International Postgraduate Conference on Infrastructurtand Environment. Hong Kong：Hong Kong Polytechnic University，2009：500-507.

[152] Melaxa Zoi S，Konsta-Gdoutos Maria S，Shah Surendra P. Mechanical properties and nanostructure of cement-based materials reinforced with carbon nanofibers and Polyviny Alcohol（PVA）microfibers [C]// Aci Spring 2010 Convention. Farmington Hills：American Concrete Institute，2010：115-126.

[153] Azhari Faezeh，Banthia Nemkumar. Cement-based sensors with carbon fibers and carbon nanotubes for piezoresistive sensing [J]. Cement and Conerete Composites，2012，34：866-873.

[154] 姚武，左俊卿，吴科如. 碳纳米管-碳纤维/水泥基材料微观结构和热电性能 [J]. 功能材料，2013（13）：1924-1927.

[155] 马雪平. 碳纳米管水泥基复合材料压敏性能研究 [D]. 济南：山东大学，2013.

[156] 高迪，彭立敏，Mo Y L. 纳米碳纤维混凝土力学性能的试验研究 [J]. 铁道科学与工程学报，2011（3）：18-24.

[157] 孙家瑛. 钢渣微粉对混凝土抗压强度和耐久性的影响 [J]. 建筑材料学报，2005（1）：63-66.

[158] 唐祖全，钱觉时，王智，等. 钢渣混凝土的导电性研究 [J]. 混凝土，2006（6）：12-14.

[159] 贾兴文，唐祖全，钱觉时. 钢渣混凝土压敏性研究及机理分析 [J]. 材料科学与工艺，2010（1）：66-70.

[160] 韩宝国，关新春，欧进萍. 碳纤维水泥基材料导电性与压敏性的试验研究 [J]. 材料科学与工艺，2006，14（1）：1-4.

[161] 伍建平，姚武，刘小艳. 导电水泥基材料的制备及其电阻率测试方法研究 [J]. 材料导报，2004，18（12）：85-87.

[162] 侯作富. 雪化冰用碳纤维导电混凝土的研制及应用研究 [D]. 武汉：武汉理工大学，2003.

[163] 中华人民共和国水利部. 水工混凝土试验规程：SL 352—2006 [S]. 北京：中国水利水电出版社，2006.

[164] 吴科如，陈兵，姚武. 碳纤维机敏水泥基材料性能研究 [J]. 同济大学学报（自然科学版），2002，30（4）：456-463.

[165] 姚武，王婷婷. 碳纤维水泥基材料的温阻效应及其测试方法 [J]. 同济大学学报（自然科学版），2007（4）：511-514.

[166] Li Z J，Li W L. Contactless transformer based measurement of the resistivity of materials：U. S. ，6639401 [P]. 2003：10-28.

[167] 史美伦. 交流阻抗谱原理及其应用 [M]. 北京：国防工业出版社，2001.

[168] 宋文娟，杨正宏，史美伦. 研究水泥基材料性质的时间电流法 [J]. 建筑材料学报，2008（1）：76-79.

[169] 张莹，史美伦. 水泥基材料水化过程的交流阻抗研究 [J]. 建筑材料学报，2000，3（2）：109-112.

[170] Whittington H W，Carter J Me，Forde M C. The conduction of electricity through concrete [J]. Mag Concr Res，1981，33（114）：48-55.

[171] 孙明清. 碳纤维混凝土与素混凝土的力电机敏性及应用研究 [D]. 武汉：武汉理工大学，2001.

[172] 李克智，王闯，李贺军，等. 碳纤维增强水泥基复合材料的发展与研究 [J]. 材料导报，2006，20（5）：

85-88.

[173] 韩宝国，关新春，欧进萍. 基于碳纤维水泥基材料电阻率变化的水化进程监测 [J]. 新型炭材料，2007，22（2）：165-170.

[174] 王忠和. 碳纤维混凝土在几种不同测试条件下压敏性的稳定性研究 [D]. 汕头：汕头大学，2011.

[175] Wen Sihai，Chung D D L. Double percolation in the electrical conduction in carbon [J]. Carbon，2007（45）：263-267.

[176] 杨元霞，刘宝举. 导电混凝土及机敏混凝土电阻测试中电极的研制 [J]. 混凝土与水泥制品，1997（2）：8-9.

[177] 钱觉时，谢从波，邢海娟，等. 聚羧酸减水剂对水泥基材料中碳纤维分散性的影响 [J]. 功能材料，2013（16）：2389-2392.

[178] 李炳良，王闯，马婷，等. 碳纤维在水泥基体中的分散性研究 [J]. 大连交通大学学报，2017（4）：147-150.

[179] 董广雨，丁玉梅，杨卫民，等. 超声波-双氧水联合氧化处理连续碳纤维表面的研究 [J]. 北京化工大学学报（自然科学版），2017（6）：45-49.

[180] Banthia N，Djeridane S，Pigeon M. Electrical resistivity of carbon and steel micro-fiber reinforced cements [J]. Cement and Concrete Research，1992（22）：804-814.

[181] Sassani Alireza，Ceylan Halil，Kim Sunghwan，et al. Influence of mix design variables on engineering properties of carbon fiber-modified electrically conductive concrete [J]. Construction and Building Materials，2017（152）：168-181.

[182] Panagiota T Dalla，Konstantinos G Dassios，Ilias K Tragaziki，et al. Carbon nanotubes and nanofibers as strain and damage sensors for smart cement [J]. Material Today Communications，2016（8）：196-204.

[183] Emmanuel E Gdoutos，Maria S Konsta-Gdoutos，Panagiotis A Danoglidis，et al. Portland cement morta nanocomposites at low carbon nanotube andcarbon nanofiber content：A fracture mechanics experimental study [J]. Cement and Concrete Composites，2016（70）：110-118.

第6章
土工合成材料

　　土工合成材料泛指用于土木工程的合成材料产品，品种繁多且由不同的聚合物原材料生产，同时还可根据不同的使用目的制成各种各样的结构形式。土工合成材料是一种新型的岩土工程材料，它以人工合成的聚合物，即塑料、化学纤维、合成橡胶为原料，制造成各种类型的产品，置于土体内部、表面或各层土体之间，发挥过滤、排水、隔离、加筋、防渗、防护等作用。土工合成材料可分为土工织物、土工膜、复合土工合成材料和特种土工合成材料等类型，广泛用于水利、电力、公路、铁路、建筑、海港、采矿、机场、军工、环保等工程的各个领域。目前证明较成功的应用有：无纺土工织物代替粒状级配滤层应用于反滤排水工程中，土工合成材料加筋挡土墙代替重力式挡土墙，塑料排水带代替砂井，土工膜用于防渗材料等。在应用的初期，最担心的是耐久性，忽视铺放的位置，认为铺土工合成材料总比不铺好。而现在经验证明在土中土工合成材料的耐久性是可以保证的，相反，土工合成材料铺放的位置不当或施工质量差，会降低作用，甚至适得其反。

　　土工合成材料的应用历史可以追溯到20世纪50年代，据现有资料考证，土力学的奠基者太沙基就曾用滤层布（土工织物）作为柔性结构物结合水泥灌浆，用于封闭Mission坝岩石坝肩与钢板桩的间隙。土工合成材料在我国岩土工程和土木建筑工程中的应用，开始于20世纪60年代中期，首先是土工膜在渠道防渗方面的应用，较早的工程有河南人民胜利渠、陕西人民引渭渠、北京东北旺灌区和山西的几处灌区。土工膜主要原料是聚氯乙烯，也有聚乙烯，厚度为0.12~0.38mm，效果都很好。之后推广到水库、水闸和蓄水池等工程。1965年，为了防治辽宁桓仁水电站混凝土支墩坝的裂缝漏水，用沥青聚氯乙烯热压膜锚固并粘贴于上游坝面，取得了良好的防渗效果，这是我国利用土工合成材料处理混凝土坝裂缝的首例。

6.1 土工合成材料的分类

　　土工合成材料的生产主要来源于塑料工业，也就是说，其主要原料由聚合物组成，同时在某些情况下也会用到玻璃纤维、橡胶等天然材料。目前的土工合成材料主要有土工织物（geotextiles）、土工膜（geomembranes）、土工格栅（geogrids）、土工网（geonets）、土工复合材料（geocomposites）及土工其他材料（geo-others）。

6.1.1　土工织物

土工织物是采用编织技术生产的透水性土工合成材料，其形状像"布"，故称为土工布。土工布具有质量轻、整体连续性好、施工简便、抗拉强度高且耐腐蚀等特点。土工织物又可分为有纺土工织物（woven geotextiles）和无纺土工织物（nonwoven geotextiles），有纺土工织物是由单丝或者多股丝制成，或由薄膜切成的扁丝编织而成；对于无纺土工织物则是由短纤维或是喷丝长纤维随机配成絮垫，通过机械的缠合或热黏，或化学黏合而成。

6.1.2　土工膜

土工膜是具有极低渗透性的膜状材料，同时也是土工合成材料的主要产品之一，它的渗透系数为 $11\times10^{-13}\sim1\times10^{-11}$ cm/s，几乎不透水，可作为理想的防渗材料。对比传统的防水材料，土工膜具有渗透系数低、低温柔性好、形变适应性强、质量轻、强度高、整体连接性好且施工简便等优点。因而其透水性低，主要作为防渗和隔离的材料。土工膜主要应用于液体或垃圾填埋设施的覆盖层或衬垫，作为液体或气体的一种隔离屏障，如在水利上主要用于水库和堤坝的防渗。土工膜用于屋顶防漏克服了沥青低温脆裂、高温流淌、抗拉强度低、适应变形能力差、易老化及施工环境恶劣等弊病。另外，土工膜能有效防止污水渗入土壤和河流中，还可用于山区丘陵地区节水灌溉。

6.1.3　土工格栅

土工格栅是土工合成材料中发展很迅速的一个种类。它是一种以高密度聚乙烯或聚丙烯塑料（包括玻璃纤维）为原料加工形成的开口的、类似格栅状的产品，具有较大的网孔。塑料土工格栅可以在一个方向或两个方向上进行拉伸取向以提高力学性能。1980年左右，另一种更灵活的、织物状的土工格栅由英国的 ICI 开发出来，采用的是聚酯纤维，可以在编织机上制造聚酯格栅，产品称为经编（knitted）格栅。在这种工艺中，众多的纤维在一起形成了纵向和横向肋条，上面涂有一些保护材料，如 PVC、乳胶或沥青。此外，还有玻璃纤维（glass fiber）格栅，它也是一种经编格栅。目前，我国已具有上述格栅的生产能力。土工格栅的应用领域广泛，特别是在作为加筋材料方面，它们的作用可以说是独到的。

6.1.4　土工网

土工网是由连线的聚合物肋条以一定角度的连续网孔平行挤出而成。较大的孔径使其形成了像网一样的结构，同时能承受一定的法向压力而不显著减小孔径。其设计功能主要应用在排水领域，即需要输导各种液体的地方。在土中需和外包无纺织物反滤层构成土工复合材料使用。

6.1.5　土工复合材料

土工复合材料的基本原理就是将不同材料的最好特性组合起来，使特定的某个问题能以最优的方式解决。其提供的主要功能就是前面提到的排水反滤、防渗、加筋、隔离、防护和减载等基本作用。

（1）塑料排水带

用薄无纺织物包裹的塑料芯条带，典型断面尺寸为 $3mm \times 100mm$，芯板上有很多排水通道且在压力下不至于缩小，土中水通过无纺织物滤层沿芯板排水通道排出。

（2）土工织物-土工网型复合材料（土工复合排水网）

当土工织物用在土工网上面或下面，或土工网像三明治一样夹在两层土工织物中间使用时，隔离、反滤和排水作用始终是能满足的。还有一种土工复合排水网，在网的一面为土工织物，另一面是土工膜，其隔渗效果更好。

（3）土工织物-土工膜型复合材料（复合土工膜）

复合土工膜是以织物为基材，以聚乙烯、聚氯乙烯等土工膜为膜材，经流延、压延、涂刮、辊压等复合工序形成的土工膜-土工织物的组合物。复合土工膜按其布基材可分为短纤维针刺无纺织物、长丝纺粘针刺无纺织物、长丝有纺织物、扁丝有纺织物等；按膜材可分为聚乙烯（PE）膜、聚氯乙烯（PVC）膜、氯化聚乙烯（CPE）膜等；按结构可分为一布一膜、二布一膜、一布二膜、多布多膜等。目前工程大多采用以无纺织物与土工膜复合而成的复合土工膜。复合土工膜中土工织物对膜起保护作用，能提高土工膜的抗拉强度，增大土工膜与其他土工材料的摩擦系数。

（4）土工膜-土工格栅型复合材料

由于某些土工膜和土工格栅可用同种原料生产，如高密度聚乙烯，它们可以黏合在一起形成一个不透水的屏障，且其强度和摩擦力都有所提高。

（5）土工织物-土工格栅型复合材料

这些低模量、低强度和高伸长率的土工织物（通常是无纺织物）可通过用土工格栅做成复合材料而使其弱点得到克服，共同发挥隔离、反滤和加筋作用。

（6）土工合成材料黏土垫（geosynthetic clay liners，GCLs）

土工合成材料黏土垫是由土工织物或土工膜中间夹有膨润土，通过针刺、黏合或缝合在一起的防渗隔离复合材料。土工合成材料黏土垫可用于环境、防护、交通、土工技术及水利等领域。

6.1.6　土工其他材料

为了解决工程实践中出现的新问题，新型土工合成材料产品不断涌现，将不能或不易归类于上述五种产品的称为土工其他材料。主要有以下几种：

（1）土工格室

土工格室是一种呈菱形或蜂窝网格状结构的土工合成材料，铺设厚度为 50～

200mm，中间空格尺寸为 80～400mm。格中填土、砂、碎石或混凝土，起侵蚀控制作用，亦可用于加筋地基、加筋土挡土墙。

（2）土工条带

该产品用高强度的合成材料或玻璃纤维作抗拉筋材料，外面裹以塑料套，一般在套的表面具有防滑花纹，增大与土的摩擦力。土工条带多用于加筋土挡土墙。

（3）土工泡沫塑料

泡沫塑料的原料为聚苯乙烯，模塑法生产的是 EPS，挤出法生产的是 XPS。因泡沫塑料具有无数小孔，故很轻，压缩性高，除用作隔声、隔热材料外，还可用于挡土墙后或上埋式管道上面的填料，减小土压力。

（4）土工模袋

将双层土工织物按一定间隔用定长的绳索相连，铺在坡面上起模板的作用，在其间充填混凝土或水泥砂浆，凝固后形成板状护块。

（5）土工包容系统

简称土工系统，土工包容系统泛指用土工合成材料（土工织物、土工膜、土工格栅和土工网等）包裹土、石块或水的包容体，包括土工管袋、土工包、土工筐笼等，分别用于护岸、筑堤、挡土墙面板或储水容器等。

6.2　土工合成材料的应用

6.2.1　土工合成材料的基本功能及应用

土工合成材料在工程应用中起到排水反滤、防渗、加筋、隔离、防护和减载等作用，这些作用是以不同形式的产品来实现的。土工合成材料应用目的归根结底有两个：一是使工程项目更加安全可靠；二是节省工程成本，使其更加经济。下面给出各种土工合成材料产品的主要应用场所。

（1）土工织物

① 不同材料间的隔离　路基和地基之间；铁路路基及道碴之间；填埋场和碎石基层之间；土工膜和砂质排水层之间；地基和路堤土之间；地基土和基础桩之间；人行道、停车场和运动场地下面；级配较差的滤层和排水层之间；土坝的不同区域之间；新旧沥青层之间。

② 加筋和防护材料　用在路堤、铁路、填埋场和运动场地的软基上；用于制作土工包；用于路堤、土坝和边坡的加筋；作为在岩溶地区的基础加筋；提高浅基础的承载力；在基桩承台上加筋；防止基层土将土工膜刺破；防止填埋场内的杂质或石料层将土工膜刺破；由于高的摩擦阻力，可导致复合土工膜上更好的坡面稳定。

③ 反滤　在路面和机场道路的碎石基层下或铁道道碴下；在碎石排水层周围；在地下穿孔排水管周围；在产生渗滤液的填埋场下面；制作拦土篱和防雪栏；用在挡土墙

的回填土和墙面板空隙间或在回填土和石笼墙面间；保护土工网和土工复合材料，防止土粒侵入。

④ 排水　作为土坝的垂直和水平排水系统；软基预压堤底的水平排水；作为地下水平排水的截水沟；用在挡土墙后的排水；用在铁路道碴或运动场地下面的排水；用于土工膜下的排水和排气；在霜冻敏感区作为地下毛细水上升的阻隔层；旱地盐碱液流动的毛细管阻隔层；作为铰接混凝土块护坡的基层。

（2）土工膜

土工膜在水利、环境、岩土工程和交通方面主要用作渠道、围堰、堤坝、水库、废液池、太阳池和事故油池的防渗衬垫；垃圾填埋场底部衬垫和顶部封盖层；地下垂直防渗墙；自溃坝的上游面防渗；隧道内的防水衬层；作为水库的浮动覆盖层防止污染和蒸发；防止建筑物下面的水分上升的屏障；防止在敏感土地区的水的入渗；制作土工长管袋作挡水围堰；在沥青铺面下作防水层。

（3）土工格栅

土工格栅的主要功能是加筋，它的网孔从 10mm 到 100mm 不等，在某些情况下，也具有隔离的功能，但仅是对于粗粒料和大粒径材料而言。土工格栅可用于以下方面：未铺砌路面的骨料或铁道的道碴下面；加筋路堤和土坝；修复破坏边坡和滑坡；制作石笼，用于挡墙施工、侵蚀控制结构和桥台跳车；在软基上或岩溶地区作加筋地基；桥接裂缝或岩石和土；在软基上作厚的碎石垫层；沥青铺面加筋；用来加筋填埋场边坡。

（4）土工网

用作挡土墙墙背和原边坡地下水出溢处的排水；用作建筑物地基、运动场地和广场盖板下面的排水；用作公路基层或易冻土层的排水；用于填埋场渗滤液收集层或检测层；用于填埋场的地下排水系统；用于填埋场的顶部和四周的表面排水；用在预压堤下面的水平排水层。

（5）土工网垫

土工网垫主要应用于公路、铁路路堑边坡和填方边坡的防护；无混凝土面板加筋挡土墙墙面防护；堤岸水位变化区和水位以上边坡的防护；垃圾填埋场封顶层防护；原混凝土边坡绿化改造；快速草坪预植、移植。

（6）土工管

穿孔刚性管和波纹管在土木工程中应用很广，如高速公路、铁路及机场的边缘排水；隧道的渗漏排水；挡土墙后的排水；地下渗流的截水沟；用于排水和排污工程以及化学液传输管道；填埋场的渗滤液排放系统；填埋场气体收集和排放的多支管系统；填埋场覆盖层的表层水排放系统。

（7）土工合成材料黏土垫

土工合成材料黏土垫（GCL）是一种土工复合材料，它的应用比较晚，大约在 1986 年以后，作为美国一个固体垃圾场土工膜衬垫的补充防渗层，因效果好得到推广。GCL 对比土工膜有着其独特的优势，如易于连接和缺陷的自愈性等。用在填埋场的主衬层的土工膜下；用在填埋场的土工膜下和黏土层之间，即构成三种成分的衬层；填埋场覆盖层中的土工膜下；放在土工膜上，用来防止粗粒料将土工膜刺破；用作地下储水井的第二层衬层；作为渠道或水池的单独衬层。

6.2.2　土工合成材料的反滤、防渗、加筋、防护等作用

6.2.2.1　土工合成材料的反滤作用

　　土体中有渗流时，常伴随产生渗透变形，例如管涌和流土。这在堤坝和基坑开挖中应特别予以重视，一方面通过防渗、降水或增长渗径的方法来减小水力梯度；另一方面让渗流顺利通过并在出口处设反滤层防止土粒流失，这种情况包括软土地基的排水固结和其他地下排水设施。土工合成材料的不同产品具有良好的排水与反滤（渗滤或过滤）功能，因此可以代替传统的砂、砾料建成排水和滤层结构体。当土工织物与土体相接触并存在渗流的情况下，土工织物的排水和反滤作用是同时存在不可分割的两种作用。水从土体中渗出并流入土工织物时，土工织物既要畅通地排去入渗的水量，又要保护土体不致产生有害的渗透变形。因此，排水和反滤又经常是矛盾的，例如就滤层的孔径来说，排水方面希望孔径大一点为好，而反滤方面则可能希望它小一些更合适。

　　实际工程中常采用无纺织物，因无纺织物既能沿织物平面在其内部排水，又能在垂直平面的方向反滤，它能更好地兼顾排水和反滤两种作用，有时为了兼顾其他作用，也有采用有纺织物的。当要求大的排水能力时，可用土工复合排水材料，例如塑料排水带、排水网、软式排水管和土工织物包裹塑料丝囊等材料和结构。

　　反滤作用是指土工合成材料通过其特殊的结构和性能，阻止水流中的颗粒物质（比如细沙、颗粒状土壤）由高水头区域向低水头区域渗透或通过。这种作用可以保护土壤体和基础设施免受土壤侵蚀和流失的影响，确保工程的稳定性和可靠性。

　　土工合成材料的反滤作用主要体现在以下几个方面：

　　① 阻止颗粒物质的通过。土工合成材料具有较小的孔隙直径和多孔性结构，可以有效阻止大颗粒物质通过其中的空隙，避免沉积物进入工程内部。

　　② 大流量和渗透量。土工合成材料本身具有高度的排水性能，能够在保持水分和液体流动的同时阻止固体颗粒物质渗透。它们可以快速排除多余的水分，减小水压力，防止土壤冲刷和侵蚀。

　　③ 良好的耐久性和抗腐蚀性。土工合成材料经过特殊处理和加入添加剂，在不同环境和介质中具有较高的耐久性和抗腐蚀性。这确保了它们在长时间的使用中不会发生质量衰减和破损，从而持续发挥反滤作用。

　　④ 粒径选择和过滤效果。通过选择不同孔径的土工合成材料，可以实现对不同颗粒物质的过滤和筛分，从而进一步提高反滤效果。

6.2.2.2　土工膜的防渗作用

　　土工膜是一种在平面上扩张的薄膜，透水和透气性很低，它能有效地挡水隔气，所

以被广泛地应用到各种具有防渗要求的工程上。例如，坝工上的挡水、渠道上的防渗、储水池的隔水以及污染源的隔离等。从用量上看，它仅次于土工织物。

（1）土工膜防渗作用的分类

① 聚合物单膜和复合土工膜　用聚氯乙烯或聚乙烯作原料，热熔后用吹塑或压延的方法形成单膜（塑料布），将其压延或喷涂在无纺织物上形成复合土工膜。复合土工膜具有较好的抗拉和抗穿刺性能，并且具有较高的界面摩擦系数，对于较厚的无纺织物还具有一定的沿织物平面方向在其内部传输水和气的能力。常用的为两层织物夹一层膜的制品，称为二布一膜，其表示方法为布的单位面积质量/膜的厚度/布的单位面积质量，例如，250/0.5/250，指两布的质量均为 $250g/m^2$，膜厚为 0.5mm。

② 沥青制品　将沥青加热熔化后喷涂在织物上形成油毡，或喷涂在玻璃纤维上形成纤维加筋的沥青制品。

③ 橡胶垫　橡胶作为防渗材料制成的橡胶坝、闸门及混凝土分缝间的止水等。

不论是塑料还是橡胶，在生产和使用时，常在原材料中掺入一定数量的其他原料，称为添加剂，以改善性能。例如，聚氯乙烯中加入增塑剂，提高流动性能，便于加工；橡胶有高弹性，但强度较差，需要掺入增强剂（炭黑等），以提高强度。为改善聚合物抗老化的性能而掺入一定数量的稳定剂，例如在聚乙烯中添加 2% 的炭黑，可以使抗老化能力增加 30 倍。

总之，土工合成材料通过其独特的结构和性能，能够提供有效的反滤作用，保护土壤和工程设施免受固体颗粒物质的侵蚀和渗透。这在工程建设和环境保护中起着至关重要的作用。

土工膜用作防渗材料时一般用于土石坝和围堰中，一般将土石坝和围堰结合在一起研究，因为它们的结构形式基本相同，但两者也存在不同之处。首先是，围堰的使用寿命短，很少超过五年，特别有利于耐久性较差的土工合成材料；其次，在于围堰要抢在洪水前完成，必须选择施工快的结构形式和防渗材料，因是施工初期，取土和采石场还未全面投入运用，很可能采用不同规格或质量低劣的填料；最后一点不同之处是，围堰承受的水位变化可能更快些。围堰的这些特点对土工膜的选择，防渗层位置，以及防护层、支持层的设置均有影响。

（2）土工膜防渗层的位置

土石坝和围堰防渗层有三种布置形式：防渗斜墙、防渗心墙和斜心墙。

① 防渗斜墙　薄膜或复合土工膜铺设在上游坡面是最常用的方法。其优点主要表现为：a. 施工方便，铺膜可在坝体堆筑完成后进行，无干扰；b. 膜能适应坡面的变形，不致破裂；c. 维修或更换容易。相应的缺点为：a. 为防外界因素（如紫外线、风力、水力及水中漂浮物撞击，人畜破坏）的影响，需设防护层和垫层；b. 存在膜与垫层和防护层结合及稳定问题；c. 和岸边接缝较长，处理困难。

② 防渗心墙　土工膜安装在坝体内部是不多见的，因为在回填土内铺设土工膜施工极不方便，相互影响。而铺设时一般为"之"字形，故膜材用量也不比斜墙少，例如

往返折叠角为 53°时，用量即和 1V：2H 边坡相同。但心墙方案有如下优点：a. 不受外界因素影响，不必考虑老化问题，不受波浪和漂浮物的冲击等；b. 不需验算因土工膜而产生的边坡稳定性；c. 和周围岸坡连接缝较短。

③ 斜心墙　该布置形式介于斜墙和心墙之间，其优缺点也视斜心墙的具体位置而定。

无论是斜墙还是心墙布置，其防渗层的主体是单膜或复合土工膜，其他结构层起保护、支撑等作用。以斜墙布置为例，从膜材向下依次为下垫层、支持层和坝体。下垫层的作用是保护膜，且将上覆力传给支持层，再传递到坝体。另一个作用是提供膜下排水，支持层设在坝体与下垫层之间，当坝体材料粒径较大时，支持层起过渡层作用，不使下垫层小粒径材料流失。从膜材向上为上垫层和防护层，当防护层为刚性材料时，其下应设置上垫层，以保护膜材。防渗层结构如图 6-1 所示。

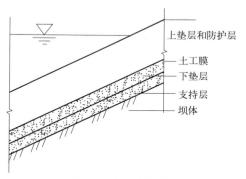

图 6-1　防渗层结构

（3）关于防渗层结构上的建议

① 当防护层不透水，如采用现浇混凝土板、钢筋网喷水泥砂浆及浆砌块石时，应按 2～3m 间隔在防护层上预留排水孔，以便在水位下降时，排除因高水位而渗入防护层的水。

② 采用复合土工膜时，也有不设上、下垫层和防护层的工程实例。

③ 当坡面较陡时，下垫层可采用无砂混凝土，这时可预埋螺栓，借助钢条将土工膜锚固于坡面上，也可用粘接的方法。

④ 无砂混凝土可用水泥，也可以用沥青浇筑。

6.2.2.3　加筋作用

（1）加筋土概念和结构

土具有一定的抗压和抗剪强度，但不能承受拉力。类似钢筋混凝土，将抗拉材料布置在土的拉伸变形区域就构成了一种混合建筑材料，可以增强土体的强度和稳定性，这就是加筋土的概念。掺入草筋制土坯，用芦苇、草席增加软土路面的承载能力是加筋土运用的早期例子。然而，加筋土的迅速发展应归功于 1966 年法国工程师 Vidal 的先锋工作，他用镀镍钢条作加筋材料建筑了挡土墙，同时，他还预见到加筋材料可以改善地基的承载力。目前，加筋土已较多地用于建筑挡土墙、陡坡、路堤和浅基础地基的处理，见图 6-2(a)～(d)；图 6-2(e) 为桥台及路堤结构，加筋土减小路堤对桥台挡土墙的土压力，路堤用群桩支承在软土下的持力层上，为了向群桩均布土体压力和减小软土向桥台方向挤压变形，可用土工合成材料布设在挡土墙后面和铺设在群桩的承台上；图 6-2(f) 是一种挖方边坡的支护结构，土钉可用耐腐蚀的合成材料制成，用其将面板锚固在坡面上或与喷射混凝土（或水泥砂浆）护面结合；图 6-2（g）是一种螺旋锚杆，可自转入土，在坡面布置钢筋混凝土框架梁，节点用锚杆头上的螺母紧固，这种护面的优点是可以紧固螺母来调整和维持对坡面的支护力，同时框架间可用三维植被网保护和促进草籽的生长；图 6-2（h）中土工合成材料起到隔离路面材料与其下路基的作用，还可以因筋材的拉力使交通荷载分布均匀，减缓反射裂纹的发展。

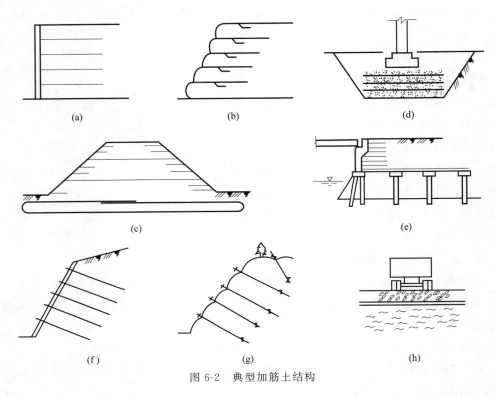

图 6-2　典型加筋土结构

　　随着土工合成材料品种的增多和应用研究的开展，出现了许多新的加筋土结构形式。例如，土工格栅碎石笼用于堤基加固，土工织物碎石枕用于铁路路基的加固，袋装土沿坡面砌成连续的拱圈，用以保护土坡或修复滑动的渠坡和坝坡。还有纤维土，即纤维、碎散纤维网或格栅与土的混合材料等。归根到底，土是松散颗粒的结合体，它需要土工合成材料提供连续性，改善其抗拉和抗剪性能。土工合成材料加筋土具有以下具体优点：

　　① 可以运用特性较差的现场土，或形成较陡的边坡以减少工程量，增大使用面积和节省投资。

　　② 不需大的施工机械，施工方便。

　　③ 结构整体性好，具有柔性，允许大的变形而不失稳，且抗震性能好。

　　④ 便于和其他地基处理技术结合使用。

（2）加筋土组成和作用

加筋土由加筋材料和土组成。在荷载作用下，土与筋材之间产生相对位移和剪应力，其结果是在土工合成材料中产生拉力从而增加了对土横向变形的限制。此外，还使得处于受拉土工合成材料（张力膜）下面的土中应力均匀，减小不均匀沉降。

① 加筋材料的类型和作用　从加筋材料性质上分类，有金属和合成材料；从形式上分，有条棒、网、布和格栅等。更重要的是根据允许的变形可分为典型不可伸长（刚性）材料和典型可伸长（柔性）材料，其分类特性见表 6-1。柔性筋材允许加筋土产生较大的拉伸应变达到主动极限平衡状态，因此，应采用主动土压力计算挡土墙受力，而墙后的破坏面为朗肯破坏面。

表 6-1　加筋材料性能比较

加筋材料类型	应力-应变特点	作用
刚性材料（金属和弹性模量接近金属的合成材料制品）	材料的破坏应变小于没有加筋时土中的最大拉伸应变。因此，加筋材料有可能断裂	使土加强，并阻止内部和边界的变形，例如加筋材料断裂，从而导致建筑物倒塌和破坏
柔性材料（合成材料的条带、织物和格栅）	材料的破坏应变大于没有加筋时土中的最大拉伸应变。因此，只有当土体破坏产生大变形时，筋材才可能破坏	有一定的加强作用，但更主要的是增加土的抗拉伸或抗剪切变形的能力，改善峰值后的强度衰减

② 对加筋材料特性的要求

a. 抗拉强度和伸长率　加筋材料应在较小的伸长变形时发挥大的拉力，要求抗拉强度不小于 20kN/m，达设计拉力时的伸长率应小于 10%。土工格栅、有纺织物、条带等产品是良好的加筋材料，无纺织物在土中弹性模量有较大幅度提高，同时兼有排水作用，也可用于加筋。

b. 界面摩擦特性　加筋材料的拉力是因它与土的摩擦力而产生的，好的加筋材料有大的开孔或表面粗糙，因其与土有较大的摩擦力。筋材与土的摩擦系数应由试验确定。一般土工织物与土的界面摩擦系数大于土的内摩擦角正切值的 2/3，土工格栅由于有孔眼与土粒的咬合作用以及横肋对土的挤推作用，界面摩擦系数大于 0.8 倍土的内摩擦角正切值。

c. 蠕变特性　要求在设计使用期限内，加筋材料不会产生不允许的应变增量，也就不会在使用期内产生挡土墙墙面或坡面的凸出和倒塌事故。

d. 抗铺设磨损性　加筋材料在铺设时受到填土和施工碾压机械的作用会出现磨损、凹痕、撕裂，甚至断裂现象，表现为力学性能降低，因此加筋材料应具有足够的抗磨损性能。

e. 抗紫外光老化性　加筋材料应有一定的抗紫外光老化性能，在运输、储存和施工中应尽量减少日光照射，坡面暴露部分应加以保护；加筋材料要能耐腐蚀，从这个要求看，土工合成材料要比金属材料优越得多。

③ 对土的要求　加筋土要求土能够提供高的剪切阻力，故一般由无黏性土组成，要求塑性指数小于 10，内摩擦角大于 30°，粒径小于 0.05mm 的颗粒所占质量分数小于 15%，内摩擦角高的填料还可以减少筋材的用量。不用黏性土的主要原因有：黏性土抗

剪强度低，特别是不排水强度低，这对施工期的稳定有影响；黏性土不易排水，湿化时强度损失很敏感。其他的原因是击实困难，会产生明显的蠕变，以及黏土中的矿物易腐蚀金属构件等。但在很多工程中往往免不了使用黏性土，例如，加固软弱地基上的堤，这种情况可以考虑采用无纺织物加筋，以利于排水，或者用土工复合排水网，兼具加筋和排水功能，同时与其他地基处理措施结合使用。为了改善黏性土的性能，还可用土工膜包裹土，使内包黏性土的含水量小于最优含水量并保持不变。当设计黏性土填料加筋土结构时，往往忽略黏聚力的作用，这是因为黏性土的有效黏聚力很小，接近零；同时不计黏聚力使设计偏于安全。

6.2.2.4　防护作用

防护作用具有广泛的含义。这里所讲的防护主要指江、河堤岸的防护，河床和海岸以及土坡的防护。防护作用是指利用土工合成材料的排水、反滤、防渗、加筋、隔离等功能控制自然界和土建工程中的侵蚀现象。例如，河岸常年受波浪和水流的直接冲刷，河底受淘刷。在蜿蜒曲折的河道、在坐弯迎流的岸坡，冲刷引起的坍岸现象更为明显。在海岸除受到更大的波浪作用力外，还受到潮汐的作用。因此，为维持岸壁的稳定，必须采取适当的防护措施。天然的土坡和坝、堤等建筑物的边坡，在风、雨水和坡面径流的作用下也会引起坡面土层剥落和流失，甚至发生整体滑动现象。而在土建工程中，由于不恰当的施工，也对各类土体造成危害。这些冲刷和剥蚀现象统称为侵蚀，而防护措施统称为侵蚀控制。很明显，侵蚀现象在暴风、暴雨和洪水发生时更为严重，侵蚀控制是保护环境的重要内容。

传统的侵蚀控制措施主要有下列几种：对河岸采用块石、石笼、混凝土块、混凝土板和护岸桩防护，在坐弯迎流的岸坡修建丁坝和矶头，在河底常用柴排配以块石压重，或用柴石捆等。为了防止岸坡内渗流对防护材料产生过高的水压，要求防护材料都是透水的，为防止岸坡土粒随渗流流失，在块石护坡等空隙较大的透水材料中，又必须将一定级配的滤层设置在土坡与防护材料之间，根据被保护土的粒径及块石的大小，这种砂砾石滤层有时需要多达五种不同的级配。很显然，在水下，特别是在动水条件下，滤层的施工是十分困难的。但缺少适当的滤层保护，水流仍将淘刷细粒基土，以至于土面继续下沉，岸坡塌陷不止，需要年年维修。我国是一个拥有众多江河湖泊的国家，这就更需要一种特别材料，更好地实施侵蚀控制。

土工合成材料应用的优越性主要体现在以下三个方面：

① 经济效益。可节省工程投资 $30\%\sim50\%$，延长工程使用年限。例如，在辽宁省土工织物软体排护岸比传统柴排护岸节省投资 $35\%\sim80\%$，坝体护坡采用土工织物滤层比传统砂石料滤层节省投资 30% 以上，土工膜防渗可比黏土防渗节省投资 $30\%\sim50\%$。

② 生态效益。减少砍伐树木。

③ 社会效益。减少运输量，节约能源，施工简便，工期短，见效快，料场堆放、损耗、占地、施工管理等工序都大幅度减少，并促进了化纤和纺织工业的发展等。随着社会的发展，特别是城市化的发展，产生的废物也越来越多，如何正确有效地处理垃

圾，而不至于过多地占据和浪费宝贵的土地资源，不污染地表水和地下水，避免生态环境的恶化，关系到一个城市乃至一个国家的可持续发展。因此，以环保的理念处理城市固体废物的排放成为一个重大研究课题。土工合成材料的出现，使得城市固体废物安全卫生填埋成为可能，它具有防渗、排水、导气、封闭等多种功能，在垃圾填埋场中被广泛地应用于建造垃圾填埋场的底部垫层、封盖系统和排水排气设施中。

6.2.3　土工合成材料的应用设计

土工合成材料的应用设计方法属于"功能设计"，即根据土工合成材料应用的主要功能和设计理论确定土工合成材料要求的性能指标，根据材料试验结果和不同的折减系数得到土工合成材料的允许特性指标，则设计的安全系数 F_s 用下式计算：

$$F_s = \frac{允许特性}{要求特性}; \quad 允许特性 = \frac{试验特性}{折减系数}$$

其中，设计理论来自相关工程设计中成熟的模型，并结合土工合成材料的特点做一些必要的修正；折减因素须综合考虑材料的蠕变、施工破坏、化学破坏和生物破坏等影响。由于土工合成材料的应用设计相对年轻，目前大多选用较大的安全系数，倾向于保守。当然，设计还应考虑施工方便和投资节省的原则。

6.3　土工合成材料的特性和试验

6.3.1　物理性质

6.3.1.1　单位面积质量

单位面积质量能反映土工合成材料的均匀程度，还能反映材料的抗拉强度、顶破强度和渗透系数等多方面特性，不同产品的单位面积质量差别较大，一般在 $50 \sim 1200 \mathrm{g/m^2}$。测试方法采用称量法。按制样方法在样品上剪取十块方形或圆形试样，每块试样面积约为 $100 \mathrm{cm^2}$，剪裁和测量精度为 1mm。用感量为 0.01g 的天平进行测量，每块试样测量一次。根据测试结果，按下式计算每块试样的单位面积质量，即：

$$m = \frac{M \times 10000}{A} \tag{6-1}$$

式中　m——单位面积质量，$\mathrm{g/m^2}$；

　　　M——试样质量，g；

　　　A——试样面积，$\mathrm{cm^2}$。

根据成果整理的方法计算单位面积质量的算术平均值、均方差和变异系数。用于单位面积质量测试的试样还可以用于其他的试验，因此为节省样品，可以按其他试验的试样尺寸剪裁样品，例如按拉伸试验或渗透试验的试样尺寸制样，但需保证试样面积不应小于 $100 \mathrm{cm^2}$。

6.3.1.2　厚度

土工织物的厚度是指在承受一定压力（一般指 2kPa）的情况下，织物上下两个平面之间的距离，单位为 mm。土工织物的厚度在承受压力时变化很大，且随加压持续时间的延长而减小，故测定厚度应按要求施加一定的压力，并规定在加压 30s 时读数。施加的压力分别为（2±0.01）kPa、（20±0.1）kPa 和（200±1）kPa，可以对每块试样逐级持续加压测读。

测量时将试样放置在厚度测定仪基准板上，用与基准板平行、下表面光滑、面积为 $25cm^2$ 的圆形压脚对试样施加压力，压脚与基准板间的距离即为土工织物的厚度。也可用压缩仪、无侧限压缩仪等土工仪器设备测量织物厚度，要求基准板直径应大于压脚直径 50mm，试样的直径应不小于基准板的直径。土工织物的厚度一般为 0.1～5mm，最大可达十几毫米。对厚度超过 0.5mm 的织物，测量精度要求为 0.01mm，当厚度小于 0.5mm 时，精度为 0.001mm。试样数目为 10 块，结果取平均值，并计算均方差和变异系数。

土工织物的厚度对计算水力学特性指标影响很大，测量时要保证精度。为了便于查找不同压力下的厚度值，通常根据试验成果绘制厚度随压力的变化曲线。其他土工合成材料的厚度可参照土工织物的要求进行。

6.3.1.3　孔隙率

土工合成材料的孔隙率是其孔隙的体积与总体积之比，以 $n(\%)$ 表示。土工织物的孔隙率与孔径的大小有关，直接影响到织物的透水性、导水性和阻止土粒随水流流失的能力。无纺织物在不受压力的情况下，其孔隙率一般在 90% 以上，随着压力的增大，孔隙率减小。孔隙率的确定不需要直接进行试验，可以根据一些已知指标用下式计算：

$$n = \left(1 - \frac{m}{\rho\delta}\right) \times 100\% \tag{6-2}$$

式中　m——单位面积质量，g/m^2；

　　　ρ——原材料密度，g/m^3；

　　　δ——无纺织物的厚度，m。

如果无纺织物由两种或两种以上的纤维组成，或者当原材料不能确定时，可用密度瓶法测出密度，再用式（6-2）计算孔隙率。

6.3.1.4　孔径

土工合成材料的透水性、导水性和保持土粒的性能都与其孔隙通道的大小和数量有关，土工织物孔隙的大小通常以孔径（符号 O）代表，单位为 mm。土工织物的孔径是很不均匀的，不但不同规格的产品其孔径各不相同，而且同一种织物中也存在着大小不等的孔隙通道。同时孔隙的大小随织物承受的压力而变化，因而孔隙只是一个人为规定的反映织物通道大小的代表性指标。现已提出的一些表示孔径的方法有：有效孔径 O_e（effective pore size），其含义是有效地反映织物的滤层性质，亦即阻止土颗粒通过的粒径；1972 年 Calhaun 提出等效孔径（equivalent opening size），简称 EOS，其含义相当于织物的表观最大孔径，也是能通过的土颗粒的最大粒径，这与美国陆军工程师团提出表观孔径（apparent opening size，AOS）一致。不同的标准对 EOS（或 AOS）的规定有所差别，例如美国 ASTM 取 O_{95} 为 EOS，即用已知粒径的玻璃微珠在土工织物上过筛，如果仅有 5%（质量分数）的颗粒通过织物，则该粒径即为 O_{95}。

测定土工合成材料孔径的方法有直接法和间接法两种。直接法有显微镜直接测读法和投影放大测读法，间接法包括干筛法、湿筛法、动力水筛法、水银压入法和渗透法等。其中对干筛法已积累了较多的经验，且操作简便，可以利用土工实验室已有的仪器设备。在确定 EOS 时，一般误差在允许范围内，故虽然还存在一些问题，仍被广泛采用。它既适用于无纺织物，也可用于有纺织物。对孔隙尺寸较大的土工合成材料，如有纺织物和土工网，当孔隙形状比较规则时，可以考虑采用显微镜测读法，该法直观、可靠，直接给出孔隙的数量和大小，然而测读的范围较小（一般取 25.4mm×25.4mm 的试样），故代表性较差，且工作量大。

（1）直接法

① 显微镜直接测读法　该法用具有两个坐标读数的显微镜直接测读有纺织物各孔经纬纤维之间的缝宽 x 和 y，则孔的面积近似为 xy，然后换算成等面积圆的直径作为孔径，即 $O=\sqrt{(xy)/\pi}$。以孔径的对数值为横坐标，以小于某孔径的孔数占测读总孔数的百分比（累积频率）为纵坐标，绘制孔径累积频率曲线，如图 6-3 所示。该曲线反映了织物孔径的分布情况。曲线上纵坐标为 95% 的点的横坐标即为等效孔径，O_{95} 单位为 mm。

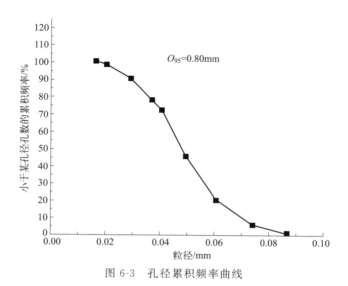

图 6-3　孔径累积频率曲线

② 投影放大测读法　投影放大测读法与显微镜直接测读法原理相同。将试样拍摄后投影放大一定倍数，直接在投影上量测缝宽 x 和 y，然后缩小相同倍数计算。

(2) 间接法

① 干筛法　用土工合成材料（例如织物）试样作为筛布，将预先率定出粒径的硅砂放在筛布上振筛，称量通过筛布的硅砂的质量，计算出截留在织物内部和上部砂的质量占砂粒总投放量的百分比（筛余率）。取不同粒径的硅砂进行试验，测得相应的筛余率，绘制出筛余率与粒径（对数坐标）的关系曲线，如图 6-4 所示。根据曲线可以判断孔径的分布情况，曲线上纵坐标 95% 的点对应的横坐标即为 O_{95}。从曲线上还可查得其他特征孔径，例如 O_{90} 或 O_{50}，以便应用于不同的滤层设计准则，试验前，必须对硅砂粒径进行率定，即用筛分法将硅砂分成不同的粒组，例如 0.06～0.075mm、0.075～0.09mm 等。所谓粒径系指每个粒组界限粒径的平均值。试验中，每次投放一种粒径的硅砂 50g，振筛时间为 10min，采用的标准分析筛，外径为 200mm。用下式计算筛余率，即未通过的质量百分率：

$$R = \frac{M_t - M_P}{M_t} \times 100\% \qquad (6-3)$$

式中　M_t——某粒径硅砂的投放量，g；

　　　M_P——筛析通过织物的硅砂质量，g。

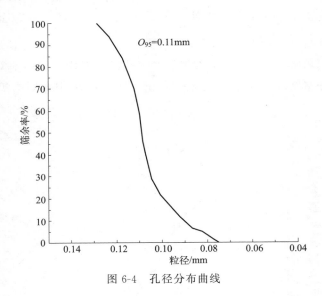

图 6-4　孔径分布曲线

用另一种粒径的硅砂重复上述步骤。取得不少于 3～4 级连续分布的粒径的筛余率后即可在半对数坐标系上绘制孔径分布曲线。

干筛中不采用玻璃微珠的原因是它的静电吸附现象很明显，即当采用较小粒径（例如小于 0.07mm）的微珠时，由于振筛引起颗粒间的相互摩擦产生静电吸附，测得的 M_P，反而比较大粒径的小。硅砂的静电吸附现象不明显，且价格低，故采用硅砂。

在振筛时间规定后，驱使硅砂通过织物的能量还与振筛机的频率、振幅有关，由于振筛机的型号和技术特性各不相同，很难给出统一规定，还需要进一步做对比研究工作。

② 湿筛法和动力水筛法　这两种方法可以消除振筛时的静电吸附现象。湿筛法与干筛法基本相似，只是在筛分过程中把水喷洒在织物试样和标准砂上，最后量测通过试样的烘干砂粒的质量 M_p。动力水筛法是靠水在织物中流动的渗透力带动砂粒通过织物。在试验中水流不断地反复流动，但以某方向为主，见图 6-5。四个过滤框保持铅垂状态随着主轴旋转，不断浸入水中，再离开水面。共延续 20h 以上，经过 2000 次水上、水下循环，测定通过织物集于水槽中的砂粒质量 M_p。动力水筛法的优点是试验条件比较接近于织物滤层的实际工作条件，缺点是需时太长，且操作复杂。

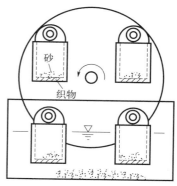

图 6-5　动力水筛法装置

③ 水银压入法　水银压入法是利用许多材料对水银的斥力大于吸力，对细微通道不加压力不能进入的特点，利用 Washbura 方程就可以求得孔径：

$$r = \frac{7500}{p} \tag{6-4}$$

式中　r——孔隙半径，ACIA（1ACIA$=10^{-7}$mm）；

　　　p——加于水银的压力，at（1at$=98066.5$Pa）。

这种方法已广泛地用于测有孔材料的孔径大小，当然也可应用于测定土工织物孔隙的大小。但是由于织物纤维的柔性和孔隙的易变性，测量结果往往不尽可靠。

④ 渗透法　渗透法是利用无黏性土平均粒径与渗透系数之间的经验公式，通过测定织物的渗透系数和孔隙率反求一个所谓的平均孔隙直径。但在滤层设计中，只知道平均孔径往往是不够的，并且织物的渗透系数和孔隙率的测定都有较大的误差，因此渗透法还没有得到广泛的应用。

应力对织物孔径有很大影响。当织物受到沿织物平面的拉力或法向压力作用时，织物的孔径将会发生变化。目前尚无较好的方法测定应力对孔径的影响，一种间接的方法是根据织物厚度的变化推求孔径的变化，但在现阶段仍采用无压情况下测得的孔径作为土工织物滤层设计的依据，并根据大量工程中受压织物滤层运用的经验去建立相应的准则。

6.3.2　力学特性

反映土工合成材料力学特性的指标主要有抗拉强度、握持强度、撕裂强度、顶破强度和刺破强度等。此外，土工合成材料的蠕变特性、跟土的交界面摩擦特性也是土工织物的重要力学性质。

由于土工织物和大部分土工合成材料是布状柔性材料，只能承受拉力，并且在受力过程中厚度是变化的，而厚度的变化又不能精确地测量出来，故织物的应力是以与受拉力方向垂直的织物单位长度上承受的力来表示，单位为 kN/m 或 N/m，而不是用单位截面积上的力来表示，相应的书中拉伸模量也具有相同的单位。

（1）抗拉强度

土工合成材料的工程应用中，加筋、隔离和减荷作用都直接利用了材料的抗拉能力，相应的工程设计中需要用到材料的抗拉强度。其他如滤层和护岸的应用也要求土工合成材料具有一定的抗拉强度，因此抗拉强度是土工合成材料最基本也是最重要的力学特性指标。土工合成材料的抗拉强度是指试样在拉力机上拉伸至断裂的过程中，单位宽度所承受的最大拉力，单位为千牛/米（kN/m）。

$$T = \frac{p_m}{B} \times 1000 \tag{6-5}$$

式中 T——抗拉强度，kN/m；

   p_m——拉伸过程中的最大拉力，kN；

   B——试样的初始宽度，mm。

土工合成材料的伸长率是指试样长度的增加值与试样初始长度的比值，用百分数（%）表示。因为土工合成材料的断裂是一个逐渐发展的过程，故断裂时的伸长不易确定，一般用达到最大拉力时的伸长率表示，即：

$$\varepsilon = \frac{L_m - L_0}{L_0} \times 100\% \tag{6-6}$$

式中 ε——伸长率，%；

   L_0——试样的初始长度（夹具间距），mm；

   L_m——达到最大拉力时的试样长度，mm。

对土工合成材料抗拉强度和伸长率的影响因素主要有原材料种类、结构形式、试样的宽度和拉伸速率。此外，因为土工合成材料的各向异性，沿不同方向拉伸也会获得不同的结果。

不同材料的合成纤维或纱线，它们的拉伸特性是不同的，由它们制成的织物也具有各异的拉伸特性，特别是有纺织物。无纺织物纤维的排列是随机的，拉伸特性主要取决于纤维之间加固或黏合的强度，而纤维本身的性质仅为次要的因素。

有纺织物的经纱（或扁丝）和纬纱，其粗细和单位长度内的根数，甚至材料都可能不同，从而导致经纬向的拉伸特性有一定的差别。至于无纺织物，根据铺网时交错的方式不同，经纬向强度也可能不一样。为反映土工织物的各向异性，一般要进行两个方向的拉伸试验，并分别给出沿经向和纬向的抗拉强度和伸长率。

拉伸试样的宽度一般取 50mm，这是沿用纺织部门窄条试验的标准。拉伸时发现试样发生了横向收缩，但实际工程中土工织物常被埋在土、砂或石料之间，不会发生显著的横向收缩，所以窄条拉伸试验与实际情况不相符合。采用窄条试验时，无纺织物横向收缩很大，有时高达 50% 以上，测得的抗拉强度偏小；而有纺织物的横向收缩量很小，测得的结果要好一些。ISO/TC38/SC21 土建纺织品分委员会于 1987 年 3 月在巴黎召开第二届国际会议，建议试样宽度以 200mm 为基础（如有必要可加宽到 500mm），试样的长度（夹具间距离）为 100mm。这是因为通过宽窄条试样的对比试验，发现 200mm 宽的试样横向收缩的影响较小。

拉伸速率的影响表现为速率越快，测得的抗拉强度越高。当速率由 10mm/min 增大至 100mm/min 时，其强度增加约 10%。因此，许多国家建议适当减慢拉伸速率和加大试样宽度，使试验条件趋近于工程应用中的情况。我国水利部发布的《土工合成材料测试规程》（SL 235—2012）采用的拉伸速率为 20mm/min。

目前我国常用的有纺扁丝织物（原材料为 PP 和 PE）的抗拉强度在 15～50kN/m，单位面积质量为 400g/m^2 的无纺针刺织物（原材料多为聚酯）的抗拉强度在 10～20kN/m，单向土工格栅（原材料为 HDPE）的抗拉强度在 25～110kN/m，双向土工格栅（原材料为 PP）的抗拉强度在 20～40kN/m，以上土工合成材料典型的拉伸过程曲线见图 6-6。

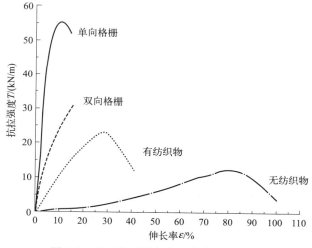

图 6-6　土工合成材料典型拉伸试验过程

由图 6-6 可见，拉伸试验所得荷载-伸长曲线通常是非线性的，因此弹性模量不是常数。根据不同拉伸曲线的特点，可以综合出三种计算拉伸模量的方法。

① 初始拉伸模量 E_t　如果曲线在初始阶段是线性的，则利用初始切线可以取得比较准确的模量值，如图 6-7(a) 所示，这种方法适用于大多数土工格栅和有纺织物。

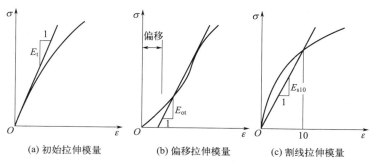

图 6-7　拉伸模量的确定

② 偏移拉伸模量 E_{ot}　当曲线的坡度在初始阶段很小,接着又近似于线性变化时,则取直线段的斜率作为织物的拉伸模量,如图 6-7(b) 所示。此法多用于无纺织物。有纺织物在很慢速率拉伸时也有类似的特征。

③ 割线拉伸模量 E_s　当拉伸曲线始终呈非线性变化时,则可考虑用割线法,即从坐标原点到曲线上某一点连一直线,直线的斜率作为相应于此点应变(伸长率)时的拉伸模量,如图 6-7(c) 所示。当该点对应应变为 10% 时,其模量用符号 E_{s10} 表示。有的规范建议取 E_{s10} 作为土工合成材料的设计依据。

土工织物的拉伸试验,为防止织物的横向收缩,采用平面应变拉伸装置,如图 6-8 所示。拉伸过程中,四根导杆在下夹具孔中自由滑动,间距不变,织物边缘用多个小轴承配合螺钉夹紧,随着织物伸长,轴承沿导杆滚动,从而限制住织物的横向收缩。当无纺织物无横向收缩时,拉伸模量增大,伸长率缩小,而测得的抗拉强度一般偏小。此外,为了模拟织物在土中有可能沿两个方向都受力的特点,还研制了双向拉伸试验机。所有这些试验方法都有各自的特点,多处于探讨阶段。但这些方法和土中织物受拉的边界条件仍相差甚远。许多试验表明,随着土工织物法向压力的增加,织物的拉伸模量增加很快,特别是无纺织物更为显著。例如图 6-9 所示装置,织物在土中的法向压力 p_n 由砝码通过杠杆施加,拉伸荷载取砝码 T_1 和量力环测读值 T_2 的平均值,两根平行的测针固定在土中的织物上,并伸出盒外,分别测得盒外两边的两测针间距变化,取平均值,可以求得织物的伸长应变。改变法向压力 p_n 的大小,分别测得 p_n 为 0、75kPa、150kPa 条件下,有纺织物和无纺织物的荷载-伸长关系如图 6-10 所示。p_n 使拉伸模量增大的原因在于,土工织物具有较疏松的结构,受力时,纤维沿拉伸方向排列并伸长,同时纤维之间相对滑动,使织物变薄,且横向收缩,无疑将使拉伸有效截面积减小。如在织物法向加以约束,将限制这种结构调整。同时,因土中垂直于织物平面的变形不均匀,织物不再是一个平面,而呈波浪形,引起织物纤维(或经纬纱)在不同方向的预拉伸,越过小伸长应变弹性模量较低的阶段。测得土中织物的抗拉强度与无法向约束条件的抗拉强度相比,也有显著提高。表 6-2 列出不同法向压力下抗拉强度提高的比值,其中无纺织物提高的比值更大。

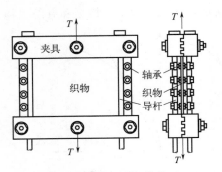

图 6-8　平面应变拉伸装置

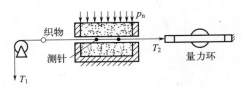

图 6-9　土工织物在土中的拉伸试验

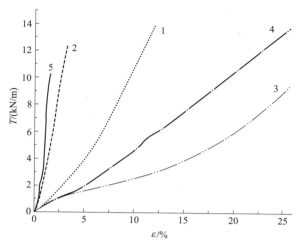

图 6-10　土工织物的拉伸曲线

1—有纺织物无约束拉伸；2—有纺织物在 $p_n=150\text{kPa}$ 砂中拉伸；3—无纺织物无约束拉伸；

4—无纺织物平面应变拉伸；5—无纺织物在 $p_n=150\text{kPa}$ 砂中拉伸

表 6-2　在压力作用下强度增加比值

品种	压力	
	75kPa	150kPa
无纺织物强度增加比值	1.37	1.59
有纺织物强度增加比值	1.11	1.20

　　为了获得实际工程所需要的拉伸特性指标，必须进一步研究土工织物在土中的拉伸特性。

（2）握持强度

　　握持强度又称抓拉强度，反映了土工合成材料分散集中荷载的能力。土工合成材料在铺设过程中不可避免地承受抓拉荷载，而当土工织物铺放在软土地基中，织物上部相邻块石的压入，也会引起类似于握持拉伸的过程。握持强度的测试与抗拉强度基本相同，只是试样的部分宽度被夹具夹持，故该指标除反映抗拉强度的影响外，还与握持点相邻纤维提供的附加强度有关，它与拉伸试验中抗拉强度没有简单的对比关系。

　　握持强度试验的试样尺寸和夹持方法见图 6-11，拉伸速率为 100mm/min。记录试样拉伸，直至破坏过程出现最大拉力并作为握持强度，单位为千牛（kN）。握持伸长率为对应于握持强度时夹具间试样的伸长率（%）。分别沿经向、纬向各进行不少于六次的试验。

　　握持强度试验的结果有时相差较大，一般不作为设计依据，仅用作不同织物性能的比较供设计人员参考。

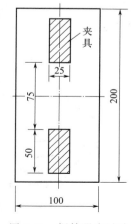

图 6-11　握持强度试验

（3）梯形撕裂强度

梯形撕裂强度指试样中已有裂口继续扩大所需的力，反映了试样抵抗裂口扩大的能力，用以估计撕裂土工合成材料的相对难易程度。梯形撕裂强度的测试方法是在长方形试样上画出梯形轮廓［图 6-12（a）］，并预先剪出 15mm 长的裂口，然后将试样沿梯形的两个腰夹在拉力机的夹具中，夹具的初始距离为 25mm［图 6-12（b）］。以 100mm/min 的速率拉伸，使裂口扩展到整个试样宽度。撕裂过程的最大拉力即为撕裂强度，单位为 kN。分别进行 10 个经向和纬向的试验。

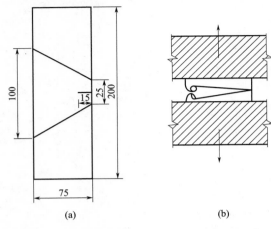

(a)　　　　　　(b)

图 6-12　梯形撕裂强度试验和试样

（4）胀破强度

薄膜胀破试验用以模拟凹凸不平的地基对土工织物的挤压作用，专用的试验装置见图 6-13。取直径至少为 125mm 的圆形试样铺放在试验机的人造橡胶膜上，并夹在内径为 31mm 的环形夹具间。试验时加液压使橡胶膜充胀，加液压的速率为 170mL/min，直至试样胀破为止。记下此时的最大液压值 p_{bt}，及扩张膜片所需压力 p_{bm}，则试样的胀破强度 p_b 为 $p_b = p_{bt} - p_{bm}$，单位为 kPa。共完成 10 个试样的试验。

胀破试验由于靠液压作用，整个试样受力均匀，试验结果比较接近，其缺点是试样较小，需要专用仪器设备，而且不适用于高强度及伸长率过大的材料。

（5）圆球顶破强度

圆球顶破强度也是描述织物抵抗法向荷载能力的指标，用以模拟凹凸不平地基的作用和上部块石压入的影响。试验装置见图 6-14。环形夹具内径为 44.5mm，钢球的直径为 25.4mm。试样在不受预应力的状态下牢固地夹在环形夹具之间，钢球沿试样中心的法向以 100mm/min 的速率顶入，测定钢球直至顶破织物需要的最大压力，即为圆球顶破强度，单位为 N。试验共进行 10 次。

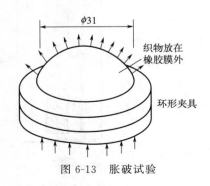

图 6-13　胀破试验

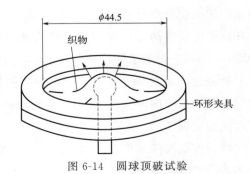

图 6-14　圆球顶破试验

（6）CBR 顶破强度

CBR 顶破强度和圆球顶破强度的基本意义相同，只不过前面两种是沿用的纺织品试验方法，而 CBR 试验源于土工试验，即加州承载比（California bearing ratio）试验，该试验方法在公路部门运用中积累了丰富的经验（图 6-15）。

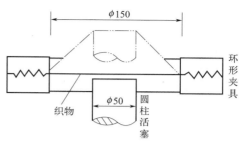

图 6-15　CBR 顶破试验

试验在 CBR 仪上进行，将直径为 230mm 的试样在自然绷紧状态下固定在内径为 150mm 的 CBR 仪圆筒顶部或环形夹具中，然后用直径为 50mm 的标准圆柱活塞以 60mm/min 的速率顶推织物，直至试样顶破为止，记录的最大荷载即为 CBR 顶破强度，单位为 N。共进行 10 次试验。

（7）刺破强度

刺破强度是织物在小面积上受到法向集中荷载直到刺破，所能承受的最大力，单位为 N。刺破试验是模拟土工合成材料受到尖锐棱角的石子或树根的压入而刺破的情况。

刺破试验的试样和环形夹具与圆球顶破试验完全相同（图 6-14），而顶杆为直径 8mm 的圆柱，杆端为平头，以防止顶杆从有纺织物经纬纱的间隙中穿过。顶杆移动的速率规定为 100mm/min，共进行 10 次试验。

（8）落锥穿透试验

该试验是模拟工程施工中具有尖角的石块或其他锐利之物掉落在土工合成材料上，并穿透的情况，穿透孔眼的大小反映了土工合成材料抗冲击刺破的能力。试验中采用的落锥直径为 50mm，尖锥角 45°，重 1kg，试样的环形夹具内径为 150mm，落锥置于试样的正上方，锥尖距织物 500mm，令落锥自由下落，穿透试样，试验结果以刺破孔的直径表示，单位为 mm。为便于测量，可在锥尖上划出环形标记，并标明各环的直径，试验后不取出落锥，直接从锥环上读取孔径值。共进行 10 次试验。

6.3.3　水力学性质

（1）渗透系数和透水率

土工织物起渗滤作用时，水流的方向垂直于织物平面，应用中要求土工织物必须能阻止土颗粒随水流流失；同时还要具有一定的透水性。土工织物的透水性主要用渗透系数来表示。渗透系数是在水力坡降等于 1 时的渗透流速，即：

$$k_n = \frac{v}{i} = \frac{v\delta}{\Delta h} \tag{6-7}$$

式中　k_n——渗透系数，cm/s；

　　　v——渗透流速，cm/s；

δ——土工织物的厚度，cm；

i——渗透水力坡降；

Δh——土工织物上下游测压管水位差，cm。

土工织物的渗透性还可以用透水率来表示。透水率是水位差等于 1 时的渗透流速，即：

$$\Psi = \frac{v}{\Delta h} \tag{6-8}$$

式中　Ψ——透水率，s^{-1}。

从定义及式(6-7) 和式(6-8) 可知，透水率和渗透系数之间的关系为：

$$\Psi = \frac{k_{\text{n}}}{\delta} \tag{6-9}$$

土工织物的透水性能受多种因素影响，除取决于织物本身的材料、结构、孔隙的大小和分布外，还与实际应用中织物平面所受的法向应力、水质、水温和水中含气量等因素有关。

根据式(6-7)，测量渗透系数时，要测量织物的厚度 δ、水位差 Δh 和渗透流速 v。其中流速 v 可通过测得一定时间内的透水量表示：

$$v = \frac{Q}{tA} \tag{6-10}$$

式中　t——测量渗透水量的时间间隔，s；

　　　Q——t 时间内的透水量，cm^3；

　　　A——土工织物试样的透水面积，cm^2。

根据式(6-7)，测量透水率时，不需要测量土工织物的厚度，其他测量与渗透系数测量相同。

试验的仪器设备主要由下面几个部分组成（图 6-16）。

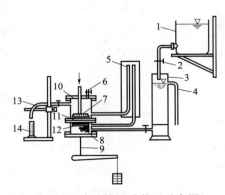

图 6-16　渗透性试验装置示意图

1—供水瓶；2—供水管阀；3—常水头供水装置；4—溢流管；5—测压管；6—排气管；7—加压多孔板；8—玻璃珠或瓷珠；9—加压杆；10—渗透仪；11—土工织物；12—承压多孔板；13—调节管；14—量筒

① 渗透仪　要求能安装一层或数层土工织物试样，试样的有效过水面积一般在

$20\sim100\mathrm{cm}^2$。装配时，试样与渗透仪内壁之间不得发生漏水现象。为防止渗流引起试样变形和便于加压，在试样的上下游应配备透水网（或板）。

　　② 加压设备　通过加压杆和加压多孔板给试样施加法向压力，加压范围在 $0\sim200\mathrm{kPa}$，或根据需要选择。

　　③ 供水系统　采用常水头供水装置，试验用水必须预先脱气。其他装置还有测压管和透水量量取装置。

　　土工织物渗透系数的测量过程与土的渗透系数的测量过程基本相同，测得的渗透系数或透水率要求给出在标准温度（20℃）下的值。一般的无纺织物在不受垂直压力的条件下，渗透系数在 $10^{-3}\sim10^{-1}\mathrm{cm/s}$。渗透系数随铅垂压力的变化可以用图 6-17 的曲线来表示。

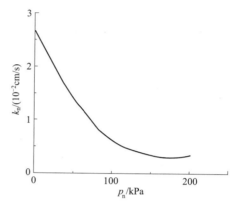

图 6-17　渗透系数和垂直压力的关系曲线

　　土工织物渗透系数的测量十分困难，除严格遵照有关规定，例如做好水和试样的脱气外，还应更换一次试样重复不同压力下的平行测定，取平均值。

　　土工膜等防渗材料的渗透系数很小，用图 6-16 所示装置测量时应采取一些措施提高精度，例如，增高水头、用短而粗的管路以减少水头损失、加大试样透水面积、用小内径量管测透水量和延长测量时间等。

（2）沿织物平面的渗透系数和导水率

　　土工织物用作排水材料时，水在织物内部沿织物平面方向流动。土工织物在内部孔隙中输导水流的性能用沿织物平面的渗透系数或导水率表示。沿织物平面的渗透系数定义为水力坡降等于 1 时的渗透流速，即：

$$k_\mathrm{t}=\frac{v}{i}=\frac{vL}{\Delta h} \tag{6-11}$$

式中　k_t——沿织物平面的渗透系数，cm/s；

　　　　v——沿织物平面的渗透流速，cm/s；

　　　　i——渗透水力坡降；

　　　　L——织物试样沿渗流方向的长度，cm；

　　　　Δh——L 长度两端测压管水位差，cm。

　　根据在一定时间内的输导水量，渗透流速用下式计算：

$$v=\frac{Q}{tB\delta} \tag{6-12}$$

式中　Q——t 时间内沿织物平面输导的水量，cm³；

　　　　t——测定输导水量的时间，s；

　　　　B——试样宽度，cm；

δ——试样厚度，cm。

土工织物输导水流的特性还可以用导水率表示。导水率等于沿织物平面的渗透系数与织物厚度的乘积：

$$\theta = k_t \delta \tag{6-13}$$

式中　θ——导水率，cm^2/s。

将式(6-11) 和式(6-12) 代入式(6-13)，可以推导出：

$$\theta = \frac{q}{iB} \tag{6-14}$$

式中　q——沿织物平面输导水流的流量，cm^3/s。

因此，导水率是水力坡降等于1时，单位宽度织物沿织物平面输导的流量。

土工织物的导水率和沿织物平面的渗透系数与织物的原材料、织物的结构有关。此外，还与织物平面的法向压力、水流状态、水流方向与织物经纬向夹角、水的含气量和水的温度等因素有关。试验的仪器主要由下面几个部分组成（图6-18）。

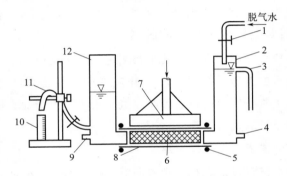

图6-18　测量土工织物导水性的装置

1—供水阀门；2—上游容器；3—溢流管；4—测压管口；5—橡胶圈；6—织物试样；
7—加压装置；8—乳胶套；9—制压管口；10—量筒；11—调节管；12—下游容器

① 渗透仪　要求能安装一层或数层土工织物试样，试样为长方形，宽度应大于100m，长度应大于两倍宽度，长边沿着渗流方向。装样时，试样包于乳胶套内，两边套口与上下游容器相连，以保证试样与乳胶套之间不发生输水现象。

② 加压设备　通过加压杆和盖板给试样施加法向压力，加压范围0～200kPa，或根据需要选择。在试验中应保持恒压。

③ 供水系统　采用常水头供水装置，试验用水必须预先脱气。其他装置还有测压管和输导水量的量取装置等。

测量导水性能的操作过程与土的渗透系数测量基本相同，测得的渗透系数与导水率要求给出在标准温度（20℃）下的值。因为导水性能的各向异性，应该按径向和纬向分别测量，并且要求使用三块试样重复不同压力下的平行测定，取平均值。一般情况下，沿织物平面的渗透系数比织物法向的渗透系数大，但基本处于相同的量级。测量导水性能的仪器也可以采用测量透水性能的渗透仪，这时水流的方向是沿圆环形织物的径向，测得的是径向和纬向的平均值。当采用两层织物试样时，中间以不透水的塑料板隔开，见图 6-19。可以推导出渗透计算公式为：

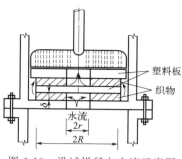

$$\overline{k}_{t}^{20}=\frac{Qn}{2\pi\delta t\,\Delta h}\times\ln\frac{R}{r}\times\frac{\eta_t}{\eta_{20}}\qquad(6\text{-}15)$$

式中　$\overline{k}_{t}^{20}$——标准温度 20℃下试样沿织物平面的平均渗透系数，cm/s；

　　　　n——织物试样的层数；

图 6-19　沿试样径向水流示意图

　　　　R——环形织物试样的外半径，cm；

　　　　r——环形织物试样的内半径，cm；

　　η_t/η_{20}——测量水温和 20℃水的动力黏滞系数比，用于将测得的渗透系数转换为 20℃时渗透系数，可从相应的规范查取。

其他符号与式（6-11）和式（6-12）相同。塑料排水带的渗透试验可参照沿织物平面的渗透试验进行。

6.3.4　耐久性

土工合成材料的耐久性是指其物理和化学性能的稳定性，是其能否应用于永久性工程的关键。土工合成材料的耐久性可以包括多方面的内容，主要是指对紫外线辐射、温度和湿度变化、化学侵蚀、生物侵蚀、冻融变化和机械损伤等外界因素的抗御能力。具体关于土工合成材料的耐久性阐述如下。

（1）老化问题

土工合成材料的老化是指在加工、储存和使用过程中，受环境的影响，材料性能逐渐劣化的过程。老化的现象可分为四个方面：

① 外观手感的变化　如发黏、变硬、变软、变脆、变形和变色等。

② 物理化学性能的变化　如密度、导热性、熔点、分子量、耐热和耐寒等性能的变化。

③ 力学性能的变化　如抗拉强度、伸长率、弹性和耐磨性的变化。

④ 电性能的变化　如绝缘电阻、介电常数的变化。

岩土工程师最关心的是力学性能的变化。

老化现象的内因是高分子聚合物都具有碳氢链式结构，受外界因素的影响会发生降解反应和交联反应。降解反应是高分子聚合物变为低分子聚合物的反应，包括主链断裂和主链分解两种情况，而交联反应是大分子之间相连，产生网状或立体结构，也使材料性能发生变化。高分子聚合物老化的内在因素除上述的分子结构外，还与材料的组成、配方、颜色，成型加工工艺，以及内部所含的添加剂有关。老化的外界因素可分为物理、化学和生物等类型，主要有阳光、氧气、热、水分、工业有害气体和废物、微生物等。

（2）氧化作用

在老化的各种因素中，阳光的辐射有着最重要的影响，阳光中的紫外线具有很大的能量，能够切断许多聚合物的分子链，或引起氧化反应。为研究各种材料的氧化性能，通常采用自然氧化试验和人工氧化试验两种，试验的结果可以用老化系数 K 来表示：

$$K = \frac{f}{f_0} \tag{6-16}$$

式中　f——老化前的性能指标（如抗拉强度和伸长率等）；

　　　f_0——老化后的性能指标。

自然氧化试验主要有大气氧化试验、埋地试验、海水浸渍试验等。其中以大气氧化试验最为普遍，即将试样放在户外暴晒，暴晒时可改变试样与水平面的倾角，或与阳光的夹角，例如成 0°、45°、90°等，暴晒的时间根据需要选定。人工氧化试验有多种，主要的一种是利用气候箱进行加速氧化试验。气候箱可以模拟光照、温度、湿度、降雨等多种气候条件。人工氧化的速率一般比大气氧化快 5~6 倍，有的快十多倍甚至数十倍，人工氧化试验可以研究某种气候条件单独作用的影响，需要周期短，但气候箱所模拟的条件与自然条件总有一定的差距，不如大气氧化试验直接、可靠。各种聚合物材料暴露在阳光中，以聚丙烯、聚乙烯氧化速率最快，聚酰胺、聚乙烯醇（维尼纶）和聚氯乙烯次之，聚酯和聚丙烯腈纤维最慢。白色和浅色的氧化快，深色和黑色的氧化慢。光氧化和热氧化反应一般是在材料的表面进行的，首先引起表面高分子的老化，并随着时间逐步向内层发展。因此，细纤维的薄型织物、扁丝织物，其表面积大、老化快；粗纤维或厚的织物老化慢。一些试验表明，白色聚丙烯轻型无纺织物（150g/m^2）在室外暴晒八个星期，握持强度下降 50% 以上，有的织物不到半年就变脆了，以至于强度丧失殆尽。而黑色聚丙烯单丝有纺织物（$175\sim260\text{g/m}^2$）及灰色涤纶针刺无纺织物（$150\sim270\text{g/m}^2$）在室外暴晒接近一年，强度下降不到 5%。

添加剂对抗老化起着重要的作用，例如，纯净的聚丙烯因碳原子上存在着易于迁移的氢原子，不能在室外使用。一些添加剂，如水杨酸苯酯和炭黑，具有吸收紫外线的作用，炭黑还起到遮蔽作用，同时炭黑中具有许多自由电子，可阻止聚合物的降解。国内早已研制出防老化聚丙烯产品，其老化寿命达到普通聚丙烯的 20 倍。

土工合成材料在有覆盖的情况下（如埋在土中），老化的速度要缓慢得多。1958 年在美国佛罗里达州海岸护坡工程中使用的聚氯乙烯有纺织物，27 年后取样检查，性能仍良好。法国对一些应用土工织物的代表性工程，如土堤、坝坡护面、排水系统、路基垫层，进行观测研究，十多年来，使用良好，并仍能较好地发挥应有的作用。取出的试样，无论是强度还是伸长率都未显示出有超过 30% 的损失率，而这种降低的原因仅 10%~15% 归咎于环境长期老化的作用，其余的部分是由于施工的机械应力所致。因此，土工合成材料是可以在永久性工程中加以应用的，当然更长期的检验也是必要的。

（3）抗化学侵蚀能力

聚合物对化学侵蚀一般具有较高的抵抗能力，例如，在 pH 值高达 9~10 的泥炭土中加筋的土工织物，15 年后发生的化学侵蚀是轻微的，可以说，所有聚合物在处于远超过土中实际存在的 pH 值溶液中，都表现出良好的抗侵蚀能力。但是某些特殊的化学材料或废液对聚合物也有侵蚀作用，柴油对聚乙烯有一定的影响，碱性很大（pH＝12）的物质对聚酯、酸性很大（pH＝2）的物质对聚酰胺的影响都是很严重的。盐水对某些土工织物也有一定影响，例如，有的织物在盐水中浸渍六个星期，强度下降 30％，但有的织物强度就没有显著的变化。氧化铁沉积在土工织物上可能发生化学反应产生淤堵，影响滤层的透水性。当利用土工膜作为污水池或废物储存池的防渗材料时，对其化学稳定性能更要认真对待。除聚乙烯、氯醇橡胶的化学稳定性特别好外，其他原料的土工膜都应进行试验，目前试验的方法通常是把试样浸泡在该种化学试剂的溶液中，经过一定的时间，比较浸泡前后的各种性能指标。

（4）抗生物侵蚀能力

土工合成材料一般都能抵御各种微生物的侵蚀。但在土工织物或土工膜下面，如有昆虫或兽类藏匿和建巢，或者是树根的穿透，也会产生局部的破坏作用，但对整体性能的影响很小，有时细菌繁衍或水草、海藻等可能堵塞一部分土工织物的孔隙，对透水性能产生一定的影响。

（5）温度、水分和冻融的影响

在高温作用下（例如在土工合成材料上铺放沥青时），合成材料将会发生熔融，如聚丙烯的熔点为 175℃，聚乙烯为 135℃，聚酯和聚酰胺约为 250℃。有时温度较高，虽未达到熔点，聚合物的分子结构也可能发生变化，影响材料的强度和弹性模量。试验的方法有连续加热和循环加热两种，都一直加热到破坏为止，记录热空气的温度，观测材料外观、尺寸、单位面积质量的变化，以及其他性质的改变。在特别低温条件下，有些聚合物的柔性降低，质地变脆，强度下降，给施工及拼接造成困难。

水分的影响以聚酰胺为例，干湿强度和弹性模量不同，应区分干湿状态进行试验。聚酯材料在水中会发生水解反应，即由于水分子作用引起长链线性分子的断裂，这种反应的过程随温度升高而加快，但试验表明，土工合成材料在工程应用期限内，水解的影响不大。此外，干湿变化和冻融循环可能使一部分空气或冰屑积存在土工织物内，影响它的渗透性能，必要时应进行相应的试验以检查性能的变化。为了考虑以上各种老化因素对土工合成材料强度的影响，特引入老化强度折减系数比 RF_D，对抗拉强度折减。

（6）抗磨损能力

所谓磨损是指土工合成材料与其他材料接触摩擦时，部分纤维被剥离，有强度下降的现象。土工合成材料在装卸、铺设过程中会发生磨损；施工机械碾压、运行中荷载作用都会产生磨损。不同的聚合物材料抗磨损能力不同，例如，聚酰胺优于聚酯和聚丙烯，单丝厚型有纺织物具有较强的抗磨损能力，扁丝薄型有纺织物抗磨损能力很低，厚的针刺无纺织物，表层容易被磨损，但内层一般不会被磨损。土工合成材料的抗磨损的室内试验主要有摆动滚筒均匀摩擦法和旋转式平台双摩擦头法两种。织物试样放在橡胶板上，用总重 1000g 的摩擦轮进行 1000 次循环的摩擦，然后取样检查质量的损失和抗拉强度的减小。

参考文献

[1]　陆士强，王钊，刘祖德．土工合成材料应用原理［M］．北京：水利电力出版社，1994．

[2]　《土工合成材料工程应用手册》编写委员会．土工合成材料工程应用手册［M］．北京：中国建筑工业出版社，2000：1-77，179-270．

[3]　王钊．土工织物加筋土坡的设计与模型试验［D］．武汉：武汉水利电力大学，1988．

[4]　王钊，王协群，谭界雄．复合土工膜选材试验的数据处理和决策［J］．大坝观测与土工测试，1998，22（4）：40-42．

[5]　杨果林，肖宏彬．现代加筋土挡土结构［M］．北京：煤炭工业出版社，2002．

[6]　包承纲，汪明远，丁金华．格栅加筋土工作机理的试验研究［J］．长江科学院院报，2013，30（1）：34-41．

[7]　杨广庆，徐超，张孟喜．土工合成材料加筋结构应用技术指南［M］．北京：人民交通出版社，2016．

[8]　Raju D M，Fannin R J. Monotonic and cyclic pull out resistance of geogrids［J］. Geotechnique，1997，47（2）：331-337．

[9]　高江平．土压力计算原理与网状加筋土挡土墙设计理论［M］．北京：人民交通出版社，2004．

[10]　管振祥．土工格栅加筋土挡墙水平变形影响因素敏感性分析［J］．铁道建筑，2008（5）：74-77．

[11]　包承纲．土工合成材料应用原理与工程实践［M］．北京：中国水利水电出版社，2008：127-155．

[12]　杨晓华，戴铁丁，许新桩．土工格室在铁路软弱基床加固中的应用［J］．交通运输工程学报，2005，2（1）：4-6．

[13]　周志刚，郑健龙，宋蔚涛．土工格栅加筋柔性桥台的机理分析［J］．中国公路学报，2000，1（5）：74-77．

[14]　刘宗耀．近代土工合成材料的发展［J］．岩土工程学报，1988，10（2）：87-96．

[15]　王钊．国外土工合成材料的应用研究［M］．香港：现代知识出版社，2002．

[16]　于志强．土工合成材料在德国的应用［C］//王育人．全国第六届土工合成材料学术会议论文集．香港：现代知识出版社，2004：607-611．

[17]　王殿武，曹广祝，仵彦卿．土工合成材料力学耐久性规律研究［C］//王育人．全国第六届土工合成材料学术会议论文集．香港：现代知识出版社，2004：516-524．

[18]　张彤宇，李振，董树本，等．土工织物耐久性能分析［C］//王育人．全国第六届土工合成材料学术会议论文集．香港：现代知识出版社，2004：581-585．

[19]　王伟．有纺土工织物加筋软土地基的模型试验和机理研究［J］．岩土工程学报，2000，22（2）：750-753．

[20]　徐小曼．堤坝下软基土工织物加筋机理分析［J］．福州大学学报，1996，24（5）：76-81．

[21]　徐小曼，康进王．堤坝下软基预应变土工织物加筋效果分析［J］．福建建筑，1996，51（增刊）：5-7．

[22]　施建勇，赵维炳，曾三平．土工织物的加筋加固研究回顾［J］．水利水电科技进展，1995，15（4）：8-11．

[23]　徐小曼．堤坝下软基土工织物加筋效果与尺寸效应［J］．岩土工程学报，1999，21（1）：126．

[24]　刘吉福，龚晓南，王盛源．一种考虑土工织物抗滑作用的稳定分析方法［J］．地基处理，1996，7（2）：1-5．

[25]　Chew S H，Schmertmann G R，Mitchell J K. Reinforced soil wall deformations by finite element method［C］//British Geotechnical Society. Proceedings of International Reinforced Soil Conference：Performance of Reinforced Soil Structures. Glasgow. 1990：35-40．

[26]　何光春．加筋土工程设计与施工［M］．北京：人民交通出版社，2004．

[27]　雷胜友．台阶式加筋土挡土墙的原型试验研究［J］．工程地质学报，2001，9（1）：44-51．

[28]　周宏元，丁光文．土工格栅加筋土高挡墙的应用与试验分析［J］．路基工程，2003（4）：8-14．

[29]　王祥，周顺华，等．路堤式加筋土挡墙的试验研究［J］．土木工程学报，2005，38（10）：119-126．

［30］ 余建华. 单级超高加筋土挡墙的原型观测及数值计算分析［D］. 成都：四川大学，2002.

［31］ 高洁. 土工格栅拉伸机理及工艺研究［J］. 北京石油化工学院学报，2002，10（2）：28-31.

［32］ 岳红宇，陈功，陈加付. 土工格栅工程特性的试验分析及其在处理公路路基中的应用［J］. 公路交通科技，2004，21（6）：20-24.

［33］ 周亦唐，马存明. 塑料土工格栅加筋土在工程中的应用［J］. 工程力学，2000，3（A03）：524-528.

［34］ 殷跃平，鄢毅，陈波，等. 三峡库区巫山新城超高加筋挡墙变形破坏及修复研究［J］. 工程地质学报，2003，11（1）：88-99.

［35］ Vidal H. The principle of reinforced earth［J］. High-way Research Record，1969，282：1-16.

［36］ Love J P，Burd H J，Milligan G W E，et al. Analytical and model studies of reinforcement of a layer of granular fill on a soft clay subgrade［J］. Canadian Geotechnical Journal，1987，24（4）：611-622.

［37］ Brand W Edward，Pang P L Richard. Durability of geotextiles to outdoor exposure in Hong Kong［J］. Journal of Geotechnical Engineering，1991，117（7）：979-1000.

［38］ Rome R K. Numerical modeling of reinfoced embankment constructed on weak foundation［C］//2nd It. Symposium on Numerical Models in Geomechanics. 1986：543-551.

［39］ Bolton M D，Pang P L R. Collapse limit states of reinforced earth retaining walls［J］. Geotechnique，1982，32（4）：349-367.

［40］ Shrestha S C. Greep behavior of geotextiles under sustained loads［C］//2nd International Conference on Geotextiles. Las Vegas. 1982.

［41］ Barry R Christopher，Jorge G Zornberg，James K Mitchell. Design guidance for reinforced soil structures with marginal soil backfill［C］//Sixth International Conference on Geosynthetics. 1998.

［42］ Juran I，Chen C L. Strain compatibility design method for reinforced earth walls［J］. Ceotechnical Engineering Division，ASCE，1989，115（4）：435-455.

［43］ Grycamanski M，Sekowski J. A composite theory application for analysis of sitesoe in a subson reinforced by geotextile［C］//Proceeding of 3rd International Conference on Geotextiles. 1986：181，186.

［44］ Mahmoud F F，Mashhour M N. An elastoplastic finite element for the anaillysis of soilgeotextiles system［C］//Proceeding of 3rd International Conference on Geotextiles. 1986：229-231.

［45］ Andrawes K Z，McGown A，Wilson-Famhmy R F，et al. The finite element method of analysis of applied to soil geotextile systems［C］//Proceeding of the 2nd International Conference of Geotextiles. Las Vegas. 1982：695-700.

［46］ Karpurapu R，Bathur St R J. Behaviour of geosynthetic reinforced soil retaining walls using the finite element method［J］. Computers and Geotechnics，1995，17（3）：279-299.

［47］ Holtz R D. Laboratory studies of reinforced earth using a woven polyester fabrics［C］//Proc Int Conf on the Use of Fabrics in Geotechnics. Paris. 1997：113-117.